건강을 지켜주는 뇌와 신체의 생명과학 이야기

건강을 지켜주는 뇌와 신체의

생명과학 이야기

양철학 지음

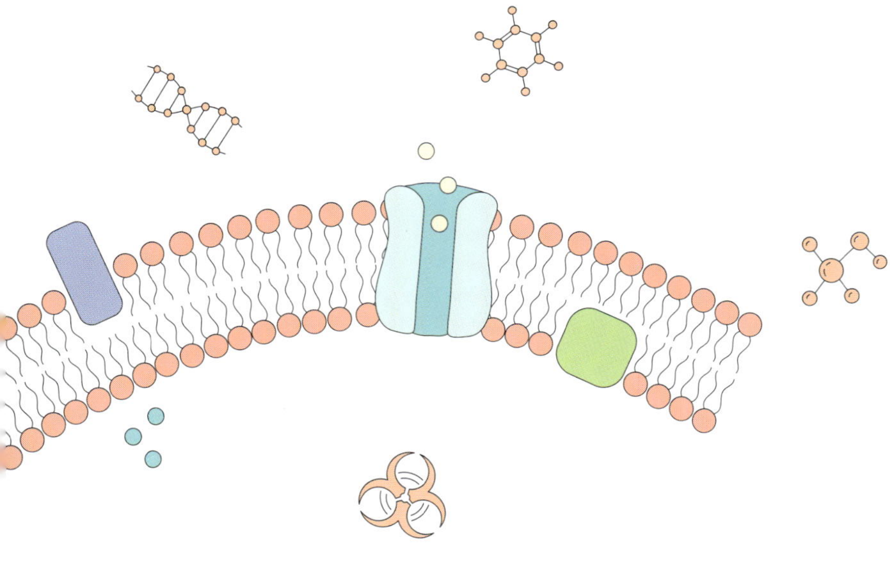

자유아카데미

머리말

세상 모든 사람들의 공통된 바람은 일생을 젊고 건강하게 살다가 때가 되면 세상과 이별하는 것이다. 그러나 생각보다 많은 사람들이 살아가는 동안에 질병으로 고생하거나, 쇠약해진 상태로 인생의 말년을 보내며 본인과 주위 사람들을 힘들게 하면서 일생을 마치고 있다. 필자는 사람이 살아가는 동안 건강보다 더 중요한 것은 없다고 생각한다. 필자의 경험에 따르면 젊음과 건강은 돈을 주고도 살 수 없는 것이다. 현재 건강한 장수를 염원하는 미국의 기업가들 중 혁신적인 기업인 구글의 창업자나 아마존의 전 회장은 수명 연장 연구에 막대한 투자를 시작하였으며, 젊은 세포를 만들어 불로장생하려는 진시황의 꿈을 실현시키려는 시도를 하고 있다. 하지만 과연 성공할 수 있을지는 장담할 수 없다.

필자는 생체 내부의 모든 생명현상을 분자 수준에서 연구하는 생화학을 전공하였으며, 이를 바탕으로 하여 세간에 잘못 알려진 사실을 바로잡고자 《효소와 건강》이라는 책자를 저술한 바 있다. 여기서 더 나아가 건강을 지키기 위해 뇌가 수행하는 역할이 무엇인지 철저히 파악하고, 습득한 지식을 부지런히 실천하는 것만이 우리가 젊음과 건강을 유지하는 방법임을 모두에게 알리기 위해 이 책을 저술하였다. 또한 우리나라는 근래에 선진국으로 진입하였는데, 국민들이 이에 걸맞는 좀 더 수준 높은 건강 관련 지식을 갖출 필요가 있다는 생각도 동기가 되었다.

젊고 건강하게 생명을 유지하기 위해서는 외부 위험을 감지하는 감각체계와 이에 대처하는 기능을 총괄하는 뇌의 역할을 잘 이해할 필요가 있다. 신체 내외부에서 발생하는 위험인자들과 위험요소가 어떻게 인지되고 처리되는지 이해하는 것은 건강관리의 중요한 요소이다. 오랫동안 과학자들이 성취한 인지 및 대처 방법에 대한 연구내용을 소개하는 것은 아마 이 책에서 처음 시도하는 것으로, 모두가 이해할 수 있도록 가능한 쉽게 설명하였다. 특히 강조하고 싶은 내용은 신체 중에서도 뇌가 건강관리를 총괄하는 핵심부분이라는 사실이다. 앞서도 말했듯이 뇌가 열심히 기능하고 우리도 습득한 지식을 부지런히 실천해야 건강할 수 있다. 따라서 잘못된 지식에 현혹되지 않고 젊고 건강하게 일생을 살아가는 데 보탬이 되었으면 하는 간절한 바람으로 이 책을 저술하였다.

책 곳곳에 신체의 중요한 기능이나 급격히 발전한 생명과학, 획기적인 연구업적을 이루어낸 노벨상 수상자들의 연구내용을 소개하였다. 노벨상 수상자들의 연구업적 내용은 모두 노벨재단(https://www.nobelprize.org)에서 입수한 것들로, 인용문헌을 일일이 덧붙이지 않고 생략하였다. 이러한 내용이 앞으로 건강과 관련된 생명과학 분야의 연구에 뛰어들고자 하는 이들에게 도움이 되기를 바란다. 여기에 더해 만능이라 여겨지는 인공지능기술로도 해결이 되지 않은 생명과학 분야의 연구대상과 실제 실험 연구를 통해 해결해야 할 연구내용도 소개하였다.

책 후반부에는 누구도 대신해줄 수 없는 건강을 잘 관리하여 병원비도 절감하고 노후를 행복하게 마무리할 수 있게 해주는 여러 중요한 정보들을 모아 보았다. 항암면역치료와 같은 최근 연구 사례를 다룬 부분을 비롯한 일부 내용은 유전자나 면역학 등의 분야에 생소한 독자들에게는 다소 어렵게 느껴질 수 있다. 이러한 독자들의 이해를 돕기 위하여 도입부에 특별히 생체현상에 관한 생화학적인 기초지식을 소개하는 부록을 삽입하였다. 본문 역시 가능한 쉽게 소개하고자 노력하였으니, 주위에 환자가 있거나 공부의 필요성을 느끼는 독자들이 원하는 정보를 얻고 건강한 삶을 유지하는 데에 활용해준다면 더욱 보람될 것이다.

2024년 1월

루신 양철학

루신(慺信)은 단백질을 구성하는 필수아미노산 이름 중의 하나이나, 한자의 의미에서처럼 필자가 살아가는 동안의 신조로 항상 겸손하고 남에게 신뢰받는 자세로 살고 싶어서 선택한 것이다.

감사의 말

이 책이 나올 수 있도록 도움을 준 분들께 특별한 감사 인사를 전하고자 한다.

영인과학 이순길 회장은 오랫동안 필자를 물심양면으로 도와주었다. 이에 대해 진심어린 고마움을 표한다. 영인과학그룹은 기초과학 연구에 필수적인 정밀분석기기의 연구, 생산 및 공급으로 우리나라의 과학 발전에 기여하고 있다. 영인과학그룹의 끊임없는 노력이 첨단 연구 분야에서 결실을 거두길 기대한다.

더 3.0 피부과 의원의 황은주 원장은 필자에게 경제적, 정신적인 지원을 아끼지 않았다. 이 자리를 빌려 깊이 감사드리며, 임상의사로서 유별나게 연구를 사랑하고 학계에 많은 성과를 내고 있는 황은주 원장의 피부과, 피부과학 연구소, 관련 화장품 및 바이오 사업이 앞으로도 더욱 번창하길 바란다.

사랑하는 가족은 언제나 필자의 힘이 되어주었다. 지금껏 필자를 지지해 준 아내에게 감사와 사랑을 전하고 싶다. 미국에 사는 아들 내외와 세린·수혁이, 국내의 딸 내외와 민찬·나형이도 이 책을 저술하는 큰 원동력이 되어주었다. 이들의 지지가 아니었다면 이 책은 나오지 못했을 것이다.

차례

머리말 • 5

감사의 말 • 9

책을 읽기에 앞서 • 13

제1장

우리 몸은 어떻게 외부 유해 물질을 인식하고 대처하는가? • 25

1. 신체 외부로부터 공격 • 32
2. 공격을 감지하는 감각체계 • 39
3. 신체의 통제와 조절 • 43
4. 정보 및 물질의 전달과 운송 • 46

제2장

외부정보를 인지하는 생체감각의 체계 • 57

1. 감각체계 연구의 역사 • 60
2. 오감 인식의 생화학 • 68
3. 감각을 전달하는 신경망과 뇌의 대응 • 76
4. 기억의 저장방법과 통제 • 83

제3장
문화생활과 생체감각의 역할 • 95

1. 초기 인류문화의 시작 • 96
2. 감각체계와 우리의 문화 예술 • 100
3. 감각에 대응하는 뇌의 세계 • 109
4. 인공지능의 이용 • 121

제4장
군대의 통신체계와 같은 신체의 신경망 • 131

1. 외부 공격정보의 감지 • 132
2. 정보의 전달체계: 신경망 • 139
3. 생명유지의 총사령부: 뇌의 역할 • 146
4. 뇌와 관련된 질병의 발생 • 149

제5장
신체의 기관은 어떻게 조절되고 통제되는가? • 169

1. 호르몬의 발견 • 173
2. 호르몬의 종류와 작용 방법 • 182
3. 생식과정에서 호르몬의 역할 • 191
4. 호르몬 관련 질환 • 199

제6장
신체 내부에서 독성물질의 해독작용과 세포성장의 조절 – 암의 정체 • 211

1. 우리의 생명을 위협하는 독성물질 • 212
2. 독성물질의 인지 및 해독기능 • 222
3. 생체의 폐기물 처리기능 • 227
4. 암의 발생원인과 예방 및 치료 • 234

제7장
우리의 몸은 어떻게 외부 침입자로부터 방어되는가? • 265

1. 미생물 박테리아의 침입과 백신에 의한 방어 • 267
2. 병원균 바이러스의 정체 • 282
3. 미생물을 공격하는 요격용 방어체계: 백신의 연구 • 291
4. 면역체계를 활용한 면역항암제 연구 • 297

제8장
일생동안 건강을 지키기 위한 생명과학의 이해 • 311

1. 젊고 건강한 노후를 위한 준비 • 312
2. 점점 쇠퇴하는 우리의 몸 • 324
3. 통증의 원인과 대비 • 335
4. 생명 정지과정의 생명과학 • 343

책을 읽기에 앞서

우리 신체 구성 및 기능을 이해하기 위해 반드시 알아야 할 기본적인 생화학 지식

탄수화물: 신체의 에너지원

- 쌀, 밀, 옥수수, 감자 등에 주로 들어 있는 생명 유지의 필수요소로, 체내에서 붕괴되는 과정에서 우리 몸에 필요한 힘의 원천인 생체에너지(아데노신 3인산, ATP)를 생산한다. 이 에너지는 근육의 운동 및 뇌 활동에 필수적이기 때문에 우리는 항상 음식물을 적절히 섭취해야 한다.
- 뇌에서 생체에너지의 70%를 사용한다. 특히 성장하는 어린이에게 탄수화물 섭취는 필수적이다.
- 탄수화물이 분해되어 에너지를 생산하는 과정에는 에너지 대사에 필요한 효소들의 기능에 보조효소(비타민)들인 티아민(비타민 B1), 리보플라빈(비타민 B2), 나이아신(비타민 B3), 판토텐산(비타민 B5) 등이 필수적이다. 이들 조효소는 효모(yeast)에 많이 들어 있으며, 이 비타민류의 공급이 부족해지면 근력이 떨어지고 무기력해질 수 있다.
- 신체에서 만들어지는 힘의 기본요소인 ATP(아데노신 3인산)는 ADP(아데노신 2인산)로 바뀌는 과정에서 ATP 1몰(분자량)당 7,300cal 에너지를 생산한다.

- 탄수화물은 잘 씹어 먹으면 침에서 분비되는 효소인 아밀레이스에 의해서 쉽게 분해되기 때문에, 소화제를 따로 먹을 필요가 없다.
- 탄수화물은 신체에서 사용하고 남으면 지질로 바뀌어 뱃살의 원인이 된다. 다이어트의 기본은 탄수화물의 섭취를 줄이고, 많이 움직이는 것이다.

단백질: 신체의 구성 요소

- 단백질은 20개의 아미노산들로 만들어진다. 이 중 9개는 외부에서 섭취해야 하는 필수아미노산으로 히스티딘, 아이소루신, 루신, 라이신, 발린, 메티오닌, 트레오닌, 페닐알라닌, 트립토판이 있으며, 11개는 우리 몸에서 만들 수 있는 비필수아미노산으로 알라닌, 아르기닌, 아스파라긴, 아스파트산, 시스테인, 글루탐산, 글루타민, 글리신, 프롤린, 세린, 타이로신이 있다. 이들 아미노산은 마치 20개의 서로 다른 모양을 가진 구슬들로 만들어진 목걸이처럼 특정한 순서로 연결되어 펩타이드를 형성하며, 펩타이드가 여러 개 모이면 큰 분자량의 단백질의 입체구조가 생겨난다. 이러한 단백질의 입체구조는 신체 내부에서 중요한 여러 기능에 필수적이다.
- 단백질은 효소 촉매로 기능하거나, 우리 몸을 지탱하는 골격구조를 형성하고 모든 기관과 머리털, 손톱 등을 구성하는 기본물질이 된다. 사람은 20세가 지나면서부터 매년 몸무게의 1%씩 단백질이 감소한다. 관절 주위의 단백질이 감소하면 관절이 손상되기 쉬워진다.
- 단백질을 구성하는 아미노산의 연결 순서는 유전자인 DNA의 염기 순서(코드)에 따라 결정된다. 사람이 가진 유전자는 26,383개의 단백질을 만들어 낼 수 있으며, 그중 25%는 효소들이다.
- 40대 이후부터 소고기, 돼지고기를 비롯한 붉은 육류(red meat)는 나쁜 지방을 포함하고 있으므로 섭취를 줄이고, 생선이나 콩을 통한 단백질의 섭취를 늘려야 한다. 마른 멸치, 생선전, 북어포 등은 노년 세대의 가장 이상적인 단

백질원이다.

- 음식물로 섭취된 모든 단백질은 장에서 2~3개의 펩타이드로 분해되어 흡수된다. 대부분의 단백질은 분자량이 600Da(dalton)이 넘으므로 피부를 통해 신체 내부에 침투할 수 없다.

생체촉매, 효소

- 효소는 신체 내부의 온화한 조건(37℃, 주로 중성 pH)에서 생명의 유지 및 관리에 반드시 필요한 수많은 유기생체 물질들을 만들어 내는 반응과정의 필수적인 촉매인 단백질이다.
- 효소는 크기가 상당히 큰 단백질(분자량이 15,000 이상)이다.
- 일부 효소들은 촉매기능을 위하여 물에 녹는 비타민, 금속이온을 필요로 하며, 이들 효소의 기능에 필수적인 물질을 보조효소(조효소)라고 부른다.
- 질병의 치료에 쓰이는 대부분의 현대의약품들은 주로 효소의 기능을 방해하거나 증진함으로써 약물로 작용한다.
- 효소단백질은 음식물로 섭취되어도 소화과정에서 붕괴되어 신체 내부에서 거의 기능을 하지 못하고, 체내에 필요한 단백질을 만드는 원료인 아미노산으로 사용된다. 단, 돼지의 췌장에서 얻을 수 있는 펩신(pepsin) 같은 효소는 위액과 같은 pH 2의 강산 속에서도 정상적으로 기능하며, 단백질의 소화에 사용될 수 있다. 소변에서 얻을 수 있는 유로키나제는 혈관에 주입되면 혈전을 용해하기 때문에 혈전치료제로도 사용된다.
- 곡물을 발효한 물질은 효소라고 부르는 것이 아니라 그 각각의 이름인 젓갈, 막걸리, 발효 인삼주 등으로 부르는 것이 옳다. 유기 합성반응에서 화학촉매로 백금을 사용하여 수소를 첨가하는 반응에서 생겨난 물질을 백금이라고 하지 않고 만들어진 물질의 이름으로 부르는 것과 같은 원리이다.
- 위의 강산에 견디는 소화 효소약제를 지속적으로 먹으면 체내에서 필요한

효소가 더 이상 만들어지지 않아 소화불량이 생길 수 있다.

- 나이가 들면서 효소의 생산이 약간 줄어들 수 있으나, 생명이 유지되는 동안은 유전자가 가진 정보에 따라 필요한 효소가 계속 만들어져 보충된다. 외부에서 효소를 계속 보충하면 유전자는 더 이상 효소를 제조할 필요가 없다고 판단하여 생산을 중단할 수 있다.

핵산의 유전정보

- **유전정보** 핵산인 DNA의 염기의 순서(코드)의 정보에 따라 펩타이드 속 아미노산의 순서가 결정된다.

위와 같은 순서로 체내 주요 단백질이 생성된다.

- **전사활성인자** 세포의 핵 속에서 DNA의 정보에 따라 단백질이 만들어지는 과정에서 RNA가 만들어지는 전사과정을 조절하는 주요 조절 물질이다.
- 전사활성단계를 통하여 특정 단백질의 제조를 조절하여, 신체에서 세포를 성장시키고 노화시키는 모든 과정에 관여한다.
- 일부 암을 유발하는 유전자(oncogene)는 세포의 성장 및 조절단계의 모든 과정에 관여하며, 이들 유전자가 돌연변이를 일으키면서 세포를 무한정하게 성장시킴으로써 암이 발생한다.

비타민(vitamin)

- 비타민은 생명의 유지에 필수적인 물질이다. 대부분의 비타민은 사람이 스스로 만들어 내지 못하고, 주로 외부에서 음식물로 섭취하거나 장 내부 세균들이 만들어 낸다. 물에 녹는 비타민들은 신체에서 가장 중요한 기능인 생체반

응의 촉매효소에 필수적인 역할을 한다. 이는 마치 재단사(효소)에게 반드시 필요한 가위(비타민, 보조효소)와 같다. 비타민이 부족해지면 효소가 제대로 기능하지 못해 에너지를 만들지 못하고, 질병이 발생하기 쉬워지고, 빨리 노화를 겪는다.

- 탄수화물의 분해로 에너지가 생성되는 과정에 반드시 필요한 효소보조제인 물에 녹는 비타민에는 대표적으로 티아민(B1), 리보플라빈(B2), 나이아신(B3), 판토텐산(B5), 비오틴(B7), 폴산(B9) 코발아민(B12) 등이 있다. 이 조효소들은 생체 내부에서 젊음을 유지하고 노쇠를 억제하는 데 가장 중요한 물질이다.
- 비타민은 하루에 필요한 양 이상을 섭취하면 체외로 배출된다.
- 비타민 C는 오래전 미국에서 노벨화학상 수상자인 라이너스 폴링 박사가 항암제로 주장한 적이 있으나, 과학적으로 증명되지 않아 지금은 항암물질이 아닌 것으로 판명되었다.
- 비타민 C는 강산이어서 위벽을 헐게 하기 때문에 다량 섭취는 주의해야 한다. 비타민 C가 작용되는 유일한 조효소의 기능으로 페닐알라닌 붕괴과정의 탈수소반응의 수소수용체로 기능하거나 피부 연골조직의 구성물질인 콜라젠 합성 과정에 필요하다. 비타민 C에 의해서 얻어진 콜라젠은 연골조직이나 피부에 주름살을 형성하는 원인이 된다. 비타민 C가 부족하면 괴혈병의 원인이 된다.
- 비타민 C는 항산화제로 기능하지만, 체내에서 그보다 강력한 항산화 방법인 효소 카탈레이스 등의 작용에 의해서 활성산소가 제거되기 때문에 다량 섭취할 필요가 없다.
- 또한 비타민은 암 같은 질병의 치료에 효과가 없다는 것이 이미 과학적으로 증명되었으므로 다량 섭취할 필요가 없다.
- 물에 녹지 않는 지용성 비타민 D, E, A는 신체 기능에 반드시 필요하나, 너무 많이 섭취하면 간에서 독성물질로 작용한다.

- 비타민 이외에도 철분, 아연, 마그네슘, 구리, 코발트 등 금속이온이 효소의 작용에 반드시 필요하므로, 음식물, 특히 채소나 과일을 골고루 섭취하여 보충해 주어야 한다.

발암성 유전자

- 발암성 유전자가 만들어 내는 물질로는 정상세포에 이미 존재하는 세포성장인자 조절인자, 세포 성장의 신호전달 수용체 단백질, 내부 조절단백질, 신호전달 인산화효소, 핵 내부의 전사활성단백질들이 있다. 이들이 관여하는 물질들을 만드는 유전자를 원발암성 유전자(proto-oncogene)라고 부른다.
- 외부에서 섭취되는 발암물질은 오랜 기간 동안 세포의 유전자에 돌연변이를 일으킨다. 원발암성 유전자가 발암성 유전자로 변형됨으로써 암이 발생한다.
- 모든 바이러스성 암 유전자는 정상세포에 존재하며, 정상적인 상태에서 세포를 암세포로 변형시키는 능력은 없으나 바이러스에 옮겨 간 후에는 발암능력을 갖는다. 세포의 유전자가 바이러스에 옮겨 가는 과정에서 바이러스의 RNA가 DNA로 바뀌는 역전사를 통해 변이를 일으켜 정상유전자가 발암성 유전자로 변형된다. 세포에 이러한 바이러스성 암 유전자가 감염되면 정상세포가 암세포로 변형된다.

암 억제 유전자

- 세포에서 종양의 형성을 억제하는 기능을 하는 유전자는 종양세포가 만들어지지 않도록 한다.
- 돌연변이로 형질이 전환된 세포에서 주로 발현되어 생생되는 53kDa 단백질이 암의 생성억제의 기능을 갖는다는 것이 밝혀졌다.
- 종양 억제 유전자가 잘못 변이되면 유방암과 난소암 환자의 수용체를 과량으로 생산하여 암이 발생한다.

- 종양세포에서 암 억제 유전자 p53이 하는 기능은 단백질의 생성을 유도하여, 종양 생성 억제 기능을 수행한다.
- 암 억제 유전자는 유전자의 돌연변이를 억제함으로써 결과적으로 암의 유발을 방지하는 기능을 수행한다.
- 종양억제 유전자가 세포에서 사라지거나 돌연변이를 일으켜 기능이 정지되면 정상세포는 암세포로 바뀔 수 있다.

호르몬(hormone)

- 신체의 모든 기능을 조절하고 통제하는 신호물질로, 내분비기관에서 분비된 호르몬은 혈액을 통해 표적기관으로 전달된다.
- 분비된 호르몬은 그것을 받아들일 수 있는 특별한 세표 표면의 수용체에만 작용하기 때문에, 필요한 정보를 한정된 영역의 세포에만 보낼 수 있다.
- 호르몬은 에너지를 생산하는 신진대사, 성장, 행동, 생식, 발생과정들의 신체의 중요한 기능을 수행하는 모든 과정에 반드시 필요한 정보 전달의 전령물질로 작용한다.
- 호르몬은 뇌의 시상하부, 뇌하수체 후엽, 갑상선, 췌장, 그리고 남녀의 생식기에서 주로 생산되고 분비된다.
- 특정 호르몬의 분비를 자극하는 작은 크기의 분자인 '호르몬 분비호르몬'이 먼저 뇌의 지시로 만들어지고, 그 자극에 따라 생식이나 성장에 관여하는 호르몬들이 만들어져 성장, 수정, 난자의 정착 등을 가능하게 한다.
- 호르몬은 그 화학적 구성요소에 따라 아민호르몬, 펩타이드-단백질 호르몬, 스테로이드 호르몬 그리고 간단한 유기화합물들로 구분된다.

뇌의 기억 방법

- 기억은 뇌의 신경세포들 사이에 신호전달의 네트워크가 새롭게 형성되고 확

산되는 작용을 통해 복잡하고 유기적으로 축적된다.

- 뇌에서 스스로를 인식하고 사고하는 단계는 뇌 속에서 감각을 인식하는 신경연접부의 2백~3백만 개의 신경섬유다발이 연속적으로 상호작용하는 현상이다.
- 간단한 단기기억은 신경세포 내부의 단백질을 인산화함으로써 형성된다. 그러나 장기기억은 잠자는 동안 여러 단백질의 형성과 변화를 통하여 신경연접부의 모양이 변화하고 신경망이 새로 형성되면서 만들어진다.
- 우리의 기억은 신경연접부의 기능 변화로 뇌 속 신경세포망 내부에 위치한다. 모든 기억들은 신경세포들이 교차된 새로운 신경망을 구성함으로써 축적된다. 즉, 기억은 뇌 속에 형성된 물질의 복잡한 구성의 변화이다.
- 학습을 통해 외부에서 얻은 모든 지식은 뇌 신경계에서 처리되어 신경회로망의 신경연접부들을 강화하거나 또는 약화하는 형태의 변화를 통하여 축적된다.

신경연접부(synaps)

- 감각의 정보, 또는 체내의 모든 위험과 안전의 관리에 필요한 정보가 해당 부위로부터 뇌에 전달되고, 뇌에서 해당하는 정보를 외부에 보내는 과정은 신경세포의 신경연접부를 통해 이루어진다.
- 모든 감각 정보는 감각기관의 최전방의 신경세포 사이의 공간에 통합과정과 상호작용을 통해서 정보를 접수하고 이전하며, 신경연접부를 통하여 신경전달 물질을 사용하여 뇌에 전달한다.
- 뇌의 신체조절 기능은 신경연접부를 통하여 신경전달 물질을 해당 지역에 전달하여 수행된다.

수용체(receptor)

- 수용체란 세포 밖으로부터 다양한 신호가 유입되어 세포 내부로 전달되는

과정에서 외부의 모든 신호를 제일 먼저 접수하는 부분으로, 세포막 바깥쪽에 존재하는 관련 구조체를 말한다.

- 세포외벽의 수용체는 호르몬, 신경전달 물질, 시각, 후각, 미각을 통해 얻은 신호를 접수하고, 그 정보를 뇌의 내부로 전달하는 기능을 한다.
- 대표적 수용체인 7-TM 수용체는 긴 펩타이드가 세포막에서 7번 내외부에 걸쳐져 있고, 외부의 신호를 내부로 전달하는 과정에서 정보를 여러 단계를 거쳐 화학적으로 전환하여 보내는 기능을 수행한다.
- 질병의 발생이나 억제의 조절에 수용체의 기능이 필수적이며, 이곳에 관여하는 물질들이 약물로 개발되어 사용된다.

면역 항암제

- **항원(antigen)** 박테리아나 바이러스의 분자 또는 용액에 녹는 외부물질로 사람의 면역세포 내부에 들어가면 항체단백질과 결합되는 물질을 항원이라 부른다.
- **항체(antibody)** 외부에서 침입한 항원에 대항해서 우리 면역체계는 수많은 항체단백질 분자를 만들어 내며, 이 항체의 작용이 우리의 생명을 보호한다.
- 차세대 항암 치료약인 면역 항암제는 암세포의 뿌리를 뽑아 재발이나 전이가 일어나지 않게 한다는 큰 장점이 있다.
- **종양항원** 정상세포가 암세포로 바뀌면 세포 사이의 통신에 관여하는 면역체계의 주된 조직적합체(MHC)와 함께 새로운 항원을 만들어 내는데, 이를 종양세포관련 항원이라 부른다. 이는 암세포인 항체에 결합될 수 있는 외부물질로, 종양항원을 사용하면 마치 안내자처럼 항원을 암세포의 항체단백질에 인도하여 부착시키기 때문에 항암세포의 파괴기능 물질이 정확히 암세포에 전달될 수가 있다.
- **암 백신** 암환자의 골수나 혈액에서 면역세포인 수지상 세포를 분리한 다음,

수지상 세포에 특정 종양세포관련 항원(TAA)을 주입하여 배양시킨다. 이렇게 새로 얻은 종양세포관련 항원을 환자에게 주입하면 T세포가 특정 암에 해당하는 항원을 발현하고, 또 면역세포인 T-세포가 활성화되어 암세포의 성장을 억제하는 강력한 능력을 발휘한다.

- **입양세포 면역 요법** 암 환자의 혈액에서 림프구를 분리한 다음 인터루킨-2와 함께 배양하면 림포카인에 의해 활성화된 살생세포를 얻을 수 있다. 이렇게 얻은 혼합체세포를 암 환자에게 주입하면 암 세포 인근에서 자연살생세포(NK세포)가 증식하고 세포독성 T-세포의 활성을 갖게 되어 암 세포를 정확하게 죽일 수 있다.
- **조작된 항체 수용체-T-세포(chimeric antigen receptor, CAR-T cell)** 수용체 유전자를 사용하여 인위적으로 설계하며 생성된 특수단백질이 원하는 목표물질에 부착되도록 할 수 있다. 이 수용체는 항체에 부착되는 능력과 T-세포를 활성화하는 능력을 갖도록 제작된다. 환자의 혈액 또는 건강한 기증자의 T-세포를 얻어, 그 세포막 단백질의 항원을 인지하는 항체에 CAR-T세포를 탑재하여 환자에게 투입하면 암세포를 정확하게 찾아 죽일 수 있다.
- **단일클론 항체** 면역세포인 B-세포와 골수종세포를 융합하여 얻는 하이브리도마 세포는 하나의 항원 결정기에만 대응하는 항체를 만들어 낸다. 이러한 방법으로 항암 활성을 갖는 단일클론 항체를 만들어 낼 수 있다. 이 단일 클론항체는 특정 암세포에 결합하고 항암활성을 강화하여 항암면역치료제로 기능한다.

노쇠(frailty) 현상

- 노화의 현상 중 하나로, 신체기능을 회복하는 능력이 급속히 저하되는 것을 노쇠라 부른다. 노쇠가 오면 체중의 감소, 심각한 피로, 보행의 어려움 그리고 활동량의 현저한 감소 등이 나타난다.

- 사람의 신체는 한계가 있어서 노화에 따라 근력이 약화되고 체력이 쇠퇴하여 노쇠 현상을 겪는다. 체력의 쇠퇴는 근력이 약화되어 근육에 힘이 없어지는 상태이고, 음식물이나 비타민 섭취의 부족으로 신체에서 에너지 생산에 문제가 발생하여 나타난다.
- 인간의 육체노동이 점점 줄어드는 방향으로 문명이 발전한 것이 노쇠를 앞당기는 가장 큰 원인 중 하나이다.
- 60대 이후부터 동식물성 단백질을 골고루 섭취하여 필수아미노산을 충분히 보충하고, 근력운동을 해서 근육의 힘을 키우고 근감소증을 예방하면 노쇠를 늦출 수 있다.
- 과학자들은 노쇠 현상이 혈액 줄기세포의 누적된 돌연변이로 나타나며, 혈액세포의 다양성이 감소하고, 기능이 쇠퇴한 돌연변이 세포가 70대 후반부터 급격히 증가하여 나타나는 것으로 보고 있다.
- 노쇠를 늦추는 방법으로는 60대 이후부터 빠른 걸음으로 매일 걷고, 일주일 2~3회 부지런하게 땀이 나는 운동을 하는 것이 있다. 또한 과학적으로 건강한 식단을 유지하고, 스트레스를 적게 받고, 긍정적인 자세로 항상 즐거운 마음으로 생활하려고 노력하는 것이 도움이 된다.

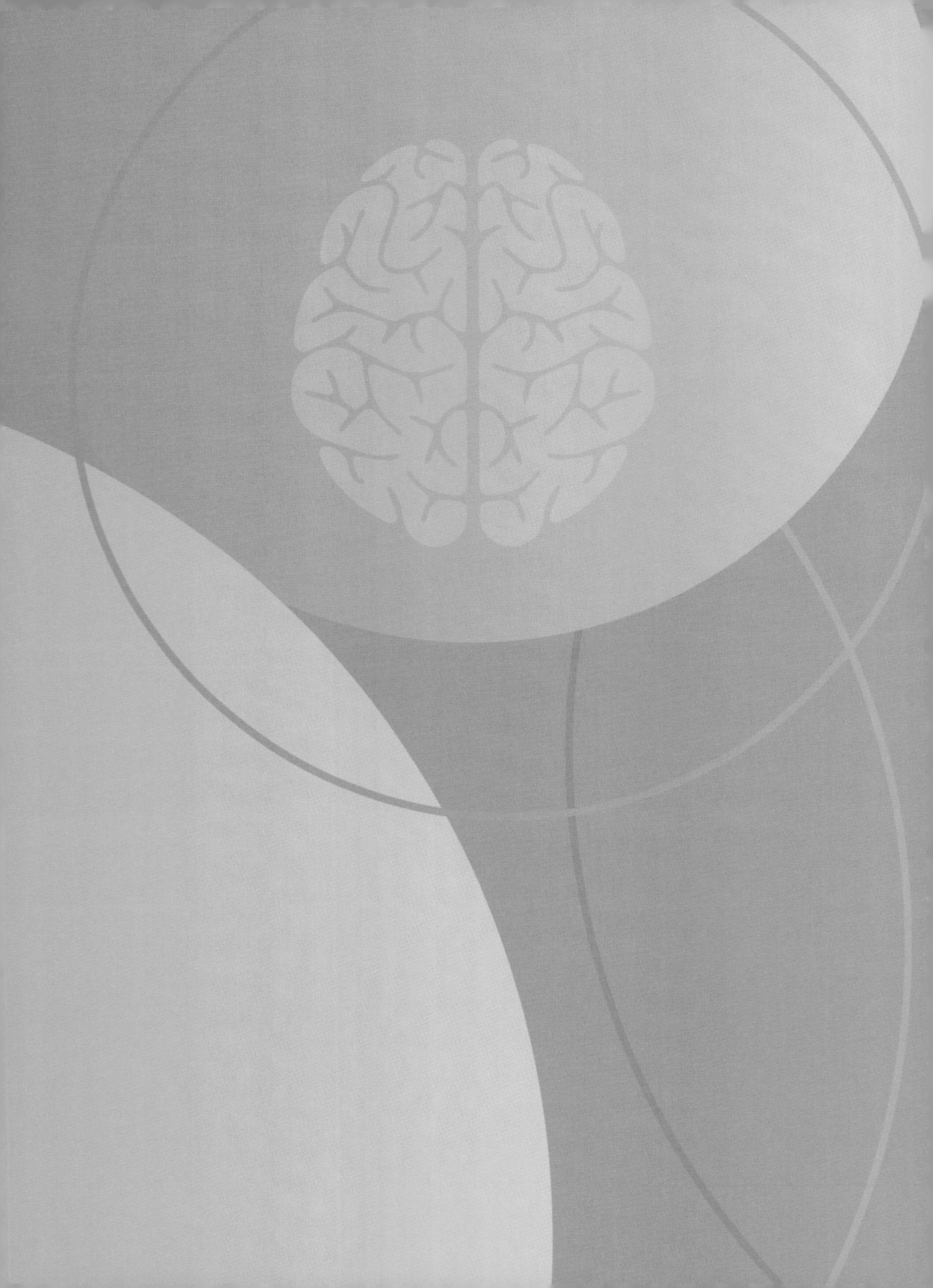

제 1 장

우리 몸은 어떻게 외부 유해 물질을 인식하고 대처하는가?

나는 얼마나 오래 건강하게 살 수 있을까?

이 책은 당신의 이러한 질문에 대답하려고 한다. 인류의 수명이 연장되는 과정들을 살펴보면 여러 가지 재미있는 사실들을 발견할 수 있다. 예수 탄생 전후에는 사람들의 평균수명이 20세 정도였다고 한다. 당시에는 어린이의 사망률이 높아서 평균수명이 매우 짧았던 것으로 보인다. 19세기에 들어서 사람의 평균수명은 20세에서 45세로 늘어났는데, 평균수명이 2배로 늘어나기까지 1900년이 소요된 것을 알 수 있다. 18세기 이전에는 기껏해야 민간요법을 사용하여 치료했고, 병에 걸리면 쉽게 나을 수 없어서 수명이 매우 짧았다. 우리나라에서는 1945년의 평균수명이 35세로, 당시에는 60세를 맞이한 사람은 환갑 잔치를 열고 온 동네 사람들이 크게 축하하는 관습이 있었다.

2000년대에 들어서면서 우리의 평균수명은 75세로 급격히 늘어났다. 지난 100년 동안 평균수명이 2배로 늘어난 것이다. 20세기에는 기초생명과학이 빠른 속도로 발전하기 시작하면서 동시에 의학도 급격히 발전하게 되었다. 그동안 전세계적으로 수많은 생명과학과 의학 연구자들의 노력으로 질병을 치료하는 다양한 의약품과 항생제가 등장했다. 21세기에 들어서면서 과학기술 발전의 속도는 더욱 빨라져서, 인간 유전체의 여러 가지 비밀이 밝혀지고 체내에서 벌어지는 거의 모든 신진대사의 현상을 분자 수준에서 설명할 수 있게 되었다(표 1-1).

과학 기술의 발전에 따라 사람의 수명도 빠른 속도로 늘어나서 2000년부터 2050년까지의 50년 동안 수명이 20년 늘어날 수 있으리라고 예측된다. 장기를 동물에게서 만들어 이식하거나, 유전자를 사용하는 의료기술을 통해 인간의 수명이 획기적으로 연장될 수 있기 때문이다. 이런 추세로 의학 기술이 계속 발전한다면 2050년부터 2100년의 50년 사이에는 인간 수명이 30년 더 늘어나 사람이 평균 125세까지 살 수 있으리라고 예측할 수 있다. 지금도 100세 이상의 노인 인구가 큰 폭으로 증가하고 있는 만큼, 앞으로 사람들이 건강을 잘 관리한다면 불가능한 일은 아니다. 이렇게 급속

표 1-1 생명의학 연구와 인간 수명의 증가

기간(년)	평균수명(증가)	소요기간	의생명과학 발전
0~1,900	20~40(20세)	1900년	미신 및 민간요법
1,900~2,000	35~75(40세)	100년	면역의 이해, 백신의 개발, 유전자 및 대사과정의 이해
2,000~2,050	75~95(20세)	50년	장기이식, 유전자치료 가능
2,050~2,100	95~125(30세)	50년	장기계량 및 생체물질의 대체로 생명연장이 가능

한 수명의 연장은 역사상 전례가 없었던 일이기 때문에 우리는 앞으로 오래 사는 문제에 관하여 진지하게 생각해 보고, 그 대책을 마련할 필요가 있다.

한국의 경우 2017년에 탄생한 사람의 평균기대수명(0세의 출생아가 향후 살 것으로 기대되는 수명)이 82세이고, 그중 남자가 79세, 여자가 85세로 매우 빠른 속도로 수명이 연장되고 있다. 또한 한국인이 건강하게 살 수 있는 건강수명은 73세로, 앞으로 세계에서 3위가 된다는 보고도 있다. 여기서 놀라운 사실은 세계에서도 한국인의 수명이 연장되는 속도가 유독 빠르다는 것이다. 특히 한국의 여성은 세계 장수 순위가 2006년에 6위로 지난 6년 동안 13계단 상승했다. 이러한 추세에 대해 통계청은 2070년에 한국인의 수명은 OECD 38개국 중에서 가장 앞서는 세계 최장수국이 되어 평균기대수명이 91.2세가 될 것이라는 전망을 내놓았다.

한국인의 유독 빠른 수명연장의 원인으로는 한국인의 독특한 기질을 짐작해 볼 수 있다. 필자가 미국에서 10년을 거주하고 또 여러 나라들을 여행해 보았지만, 한국에서만큼 주말에 많은 사람들이 도시 근처의 산에 등산하는 모습은 보지 못했다. 실제로 서울에 있는 북한산은 2007년의 연간 등산객의 수가 천만 명을 넘어, 세계에서 단위 면적당 가장 많은 등산객 수를 기록한 산이다. 지금도 북한산은 수도권 시민 2천만 명의 훌륭한 운동 장소로서 매년 6백만 명이 넘는 등산객이 방문한다. 한국인은 교육 수준이 전반적으로 높고 경제적으로도 여유가 있으며 건강을 챙기려는 성향도 강하다. 또한 의료 수준이 선진국 수준이고 건강보험제도가 우수하여 모두가 의료 혜택을 골고루 누릴 수 있는 것도 한국인의 수명이 빠르게 연장되는 이유 중 하나일 것이다.

오래 사는 것도 중요하지만, 건강하게 일생을 사는 것은 더욱 중요하다.

통계에 의하면 사람이 질병에 시달리지 않고 건강하게 사는 기간, 즉 건강수명은 나라마다, 또 의료 환경에 따라 큰 차이가 나타난다. 한국 건강보험심사평가원의 통계에 따르면 기대수명이 82세일 때 평균 건강수명은 70.7세로, 국민이 일생에서 평균적으로 10년은 병치레를 겪으며 살아간다는 의미이다.

건강 관리에 있어서 식습관은 대단히 중요하다. 사람은 세포 내부에서 거의 만여 종의 효소가 참여하는 수많은 화학반응을 통해 흡수한 음식물을 원료로 사용하여, 음식물의 분해과정에서 에너지를 비롯해 생존에 필요한 모든 화학물질을 만들어 생존한다. 다시 말해서 사람의 신체는 엄청난 다양한 물질을 합성할 수 있는 정밀화학공장을 가진 세포집단으로 구성된다. 음식물의 섭취를 소홀히 하여 필요한 원료를 제때에 공급하지 못하면 질병에 걸린다는 사실을 이해하는 것이 건강관리에 대단히 중요하다. 평생 효소를 연구한 생화학자로서 필자는 건강에 관한 여러 잘못된 지식들을 바로잡기 위해 서울대학교 출판부에서 출판한 《식탁에서 나누는 바이오이야기 I: 효소와 건강》에서 음식물의 섭취에 관한 내용을 자세히 다룬 바 있다.

아무리 몸에 좋은 음식이라고 해도 편식은 절대 금물이다. 같은 음식물의 지속적인 섭취는 영양의 불균형을 초래하고, 시간이 지나면 질병을 유발하기 때문이다. 심지어 몸에 필수적인 비타민이나 운동도 과도하면 노화를 촉진하고 질병을 일으킨다.

예를 들어 과거에는 특정 비타민의 과잉섭취를 권장하는 경우가 있었으나 이제는 비타민 과잉섭취는 특별한 이점이 없다는 결론이 난 상태이다. 대부분의 수용성 비타민은 효소의 보조제로 기능하고 일일 권장량 이상을 섭취하게 되면 전부 밖으로 배출되는 것이 정상이다. 수용성이 아닌 비타민은 과잉섭취하면 몸에 축적되어 질병을 일으키기도 한다. 비타민에 항암 효과가 있다는 주장이 제기되기도 했으나 암의 발생 원인을 고려할 때 이는 근거가 없는 것으로 판단된다.

또 운동을 권장하는 경우에도 사람마다 체질에 맞게 적절하게 운동을 해야 하며 무리하면 탈이 나게 된다. 필자가 얻은 결론은 건강 관리는 마치 외줄타기를 하는 것과 같아서 균형이 무너지면 노화를 촉진하고 심지어 건강을 잃게 된다는 것이다. 과학적인 건강지식을 바탕으로 균형적인 식습관을 유지하고 부지런하게 운동해서 관리해야만 100세까지 건강하게 살 수 있다.

우리가 얼마나 오래 건강하게 살 수 있을지는 음식물을 골고루 섭취하여 인체의 세포 내 합성공장에 필요한 원료를 적절히 공급하는 데 달려 있다. 동시에 우리 신체를 보호하고 우리 몸의 건강을 관리하는 뇌의 역할도 잘 이해하여 항상 부지런하게 움직이는 것도 중요하다.

이 책에서는 건강하게 오래 살기 위해서 우리 신체가 스스로 외부 물질이나 위험인자를 방어하는 여러 가지 메커니즘을 소개하려고 한다. 또한 신체의 관리는 모두 뇌가 관장하는 것이며 마음먹기에 따라 건강한 일생이 좌우된다는 것, 다시 말해서 건강하게 살고자 하는 의지가 건강을 지키는 가장 중요한 요소이며 이 의지를 올바르게 실천해야 한다는 사실을 강조하고자 한다. 이 책의 내용을 잘 이해하고 실천한다면 건강하고 행복한 노후를 보내는 데 큰 도움이 될 것이다.

최근 건강보험심사평가원의 통계자료 보고에 의하면, 대부분의 한국인은 70대 후반부터 관상동맥 질환, 심장판막, 퇴행성 질환 등 여러 노년기 질환에 시달린다. 한국인의 뇌출혈 발생빈도는 70대 이상의 노년층이 30대의 젊은 층보다 34배 이상 높다. 뇌경색의 경우에도 2014년 기준으로 50대 환자는 5만 명이었으나 70대 환자는 9만 명으로 급격하게 증가한다. 뇌질환도 70대 환자 수가 60대 환자 수의 3배이다. 이렇게 70대 후반에는 질병의 절벽에 놓이게 된다.

이러한 통계자료에 근거해서 질병에 쉽게 걸리는 시기를 무사히 보내고 큰 부상이나 사고를 겪지 않는다면 건강한 장수가 가능하다는 결론을 얻을 수 있다. 다시 말해서 50~60대들이 노년기 질환을 잘 대비하고 70대 후반에서 80대 초반까지 폭증하는 질병의 절벽을 넘어서면 100세까지 건강하게 살 수 있을 것이다. 보통 20대 이후로는 매년 근육의 1%가 감소하기 때문에 이에 대한 대책을 세워야 하며, 60대부터는 가족력이 있는 질병에 대비하여 정기적인 검진을 받아야 한다. 특히 유전성이 높은 유방암이나 대장암에 관심을 가져야 한다.

이 과정에서 건강하게 살고 싶다는 의지도 중요하지만, 신체의 건강에 필수적인 과학적 지식을 쌓고 그 지식을 근거로 합리적인 관리를 하는 것도 중요하다. 과학적인 지식을 반드시 갖추어야 하는 까닭은 검증되지 않고 근거가 없는 내용에 현혹되지 않기 위해서이다.

1 신체 외부로부터 공격

물리적, 화학적, 생물학적 위해요인

외부의 위협요인에 대한 인간의 진화

인류가 이렇게 오래 건강하게 살 수 있게 된 것은 인체의 여러 감각체계가 위험 요소를 곧바로 인지하도록 진화했고, 그에 맞춰 두뇌도 지속적으로 진화했기 때문이다. 인간은 자연환경에서 수없이 많은 위험 요소를 접하면서 스스로, 또는 선조들로부터 배워 익힌 지식을 통해 대처하며 살아남았다. 생존에 위협을 가하는 여러 가지 요소들, 예를 들어 외부에서 오는 공격 또는 부상, 음식물 섭취를 통해 외부에서 침입하거나 체내의 대사과정에서 발생하는 여러 가지 화학적 위해인자들, 또 우리에게 기생하여 생존하는 박테리아나 바이러스 같은 수많은 생물학적인 위해인자들에 대항해서 오랫동안 우리 생체 내부의 체계가 스스로 생존할 수 있도록 학습된 것이다.

역사의 발전 과정을 돌이켜 보면, 인류는 꾸준히 자기방어능력, 통제능력, 그리고 생식능력을 개선함으로써 생존해 왔다. 신체 내외에서 발생하는 위해상황의 정보를 감각체계가 알아내고 뇌에 전달하면 뇌는 즉시 그것에 대한 대응을 신경망을 통하여 전달한다. 개인에 따라 대처하는 데 걸리는 시간이 조금씩 다르긴 하지만, 숙련된 감각체계를 가진 사람은 적대적인 상황에 더 신속하게 대처한다.

감각체계가 전달하는 정보에 따라 호르몬의 분비를 통해 체내의 대사활동을 지시하기도 하고, 외부에서 침입하는 외부물질에 대항하는 면역 단백질을 생산하여 림프를 통하여 방어하기도 한다. 해로운 외부 생명체인 박테리아나 바이러스의 공격은 림프계를 통한 면역방어체계가 담당하여 퇴치한다. 이러한 면역방어체계는 침입한 물질의 정보를 확인하고 기억해두었다가, 훗날 똑같은 물질이 침입하면 똑같은 면역 단백질을 사용하여 곧바로 대처한다.

사람들은 자신에게 위험한 상황을 시각, 후각, 청각, 촉각 등의 감각체계에 전달되는 신호 또는 압력을 통해 감지한다(그림 1-1). 이러한 위험신호는 신경망을 통해 곧바로 뇌에 전달되며, 뇌는 종합적인 판단을 통하여 운동의 조절과 신체의 움직임을 통하여 방어하거나, 또는 기억과 학습으로 효과적인 대응을 하게 된다. 어릴 때는 위험한 외부 상황을 잘 인지하지 못하더라도 경험이 축적되면서 어려움에 더 잘 대처할 수 있게 되어 인류가 생명을 오래 유지할 수 있게 된 것이다. 한편 나이가 들면 감각기관의 인지능력이 쇠퇴하고 즉각적인 대처를 할 수 없게 된다. 그래서 우리가 건강하게 오래 생존하려면 여러 위험을 미리 알고 준비해야 한다.

20여 년 전까지만 해도 우리 몸이 어떻게 다섯 가지 감각기관인 시각, 청각, 후각, 미각 및 촉각을 통하여 해로운 외부 인자들을 확인하고 뇌에 전달하는지를 분자 수준에서 이해하지는 못했다. 생명과학자들의 끊임없는 연구를 통해 이제 우리는 감각체계가 어떻게 작동하는지 거의 완벽하게 이해할 수 있게 되었다. 이러한 감각체계를 최대한 활용하였기에 생명 유지

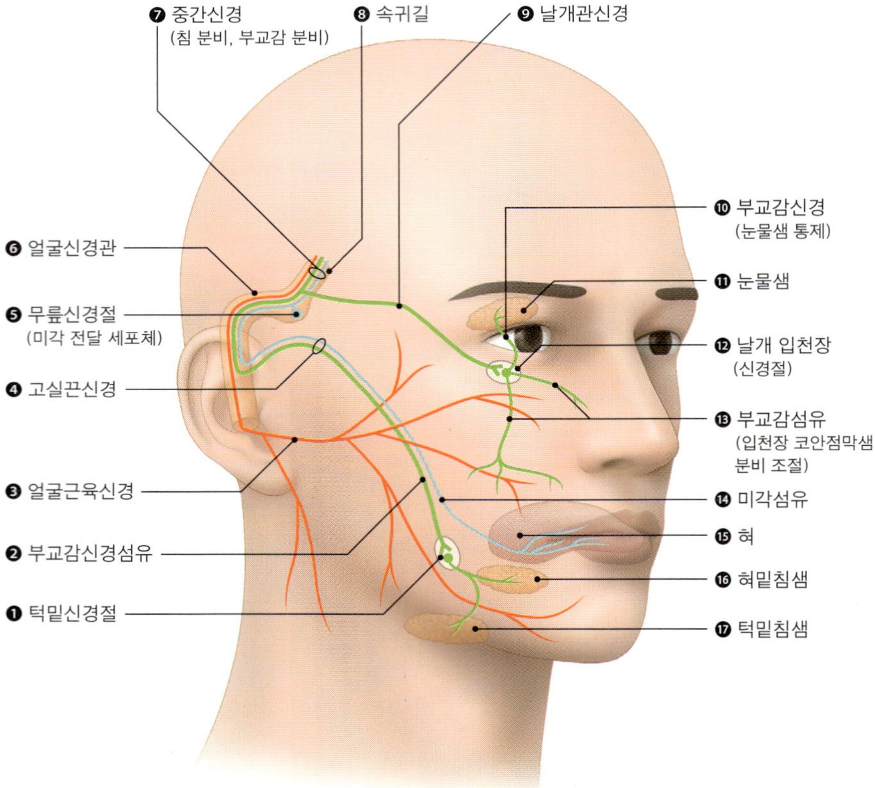

그림 1-1 얼굴의 신경망은 주요 감각체계의 정보를 받아들이는 곳으로, 우리의 생명을 보호하고 관리 유지하는 데 필수적인 모든 정보가 여기에서 수집된다. 얼굴에 분포된 감각기관은 우리 일상생활에 필수적인 모든 정보를 뇌에 보내고 적절한 대처를 하도록 주관하는 주요기능을 하여 우리를 보호해주고 일생 건강하도록 해준다.

는 물론이고 동물들과는 달리 마음속의 느낌을 글로 표현하는 문학, 사물을 보고 시각적으로 구현하는 미술, 아름다운 소리를 만들고 공감하는 음악, 스트레스를 해소하는 운동을 즐기면서 더욱 풍요로운 인생을 살 수 있게 된 것이다.

신체 외부로부터의 공격-물리적 화학적 및 생물학적 위험요인

우리 몸은 어떻게 스스로를 보호하여 오래 살 수 있게 되었을까?

사람이 나이를 먹으면 청각기관의 감퇴로 균형 감각이 말을 듣지 않게 된다. 인간은 두 발로 서서 생활하므로 균형감각이 대단히 중요하다. 필자가 겨울철에 미끄러운 길을 걷다가 균형을 잃고 넘어질 뻔했을 때, 다른 쪽 발로 몇 발짝 내디뎌 겨우 균형을 잡았다. 이때 평소 테니스를 치면서 단련된 균형감각 덕분에 넘어지지 않았다는 것을 깨닫고 운동감각의 중요성을 실감했다. 어렸을 때부터 균형감각을 훈련하는 것은 대단히 중요한데, 실제로 유럽과 미국에서는 성장기 청소년들이 각종 운동을 열심히 하도록 권장한다. 또한 스포츠는 판단능력, 협동 정신, 결과에 승복하는 자세 등을 키우는 인성 훈련에도 도움이 된다.

일반적인 가정의 화장실은 구조상 넘어지면 머리를 크게 다치기 쉽다. 특히 비누가 바닥에 떨어지면 미끄러지기 쉬운데, 이렇게 머리를 부딪쳐 사망하는 사람이 적지 않기 때문에 이와 같은 사고를 항상 조심해야 한다. 목욕탕에서는 가능한 여러 곳에 손잡이를 두어 잡고 걸을 수 있어야 한다. 나이가 들면 청각의 균형 상태가 손상되거나 시각이 감퇴하여 넘어지기 쉬워지므로 걸을 때는 항상 주머니에서 손을 빼고 걸어야 한다. 특히 계단을 오르내릴 때 손이 즉각 대처하기 힘들어 넘어지기 쉽다. 넘어질 때는 항상 유도에서 낙법을 사용하듯 양팔을 벌리고 넘어지는 것이 중요하다. 노인들은 밑창이 딱딱한 신발을 신으면 비나 눈이 오는 날에는 마치 스케이트를 타듯이 미끄러질 수 있기 때문에 착용을 피하는 것이 좋다. 이렇듯 일상에서 위험한 상황에 대처하는 데에는 청각과 시각이 큰 역할을 하기 때문에 만약 이러한 기능을 상실하면 부상을 당하기 쉬워진다.

식물은 스스로 생존하기 위하여 독성을 가진 물질을 합성하도록 진화했다. 아름다운 색깔의 버섯은 먹으면 생명을 위협할 수 있다. 살인개미나 뱀의 독도 우리 신체에 들어오면 에너지 생성에 관여하는 효소의 기능을 중단시켜 목숨을 앗아갈 수 있다. 또한 치명적인 화학성분인 시안화이온(KCN, 청산가리)은 미량이라도 생체에 흡입되는 즉시 생체에너지 생성에 관여하는 효소들의 기능에 필수적인 금속을 시안화이온(CN^-)으로 교체한다. 그 결과 효소의 기능이 곧바로 상실되어 심장의 작동이 멈추고, 순식간에 생명을 잃게 된다.

이러한 여러 가지 화학적 위해인자들은 대부분 시각이나 미각을 통해서 체내에 흡수되지 않도록 통제된다. 만약 섭취한 음식물에 독성을 가진 화학성분이 들어 있으면 우리 몸은 그것을 밖으로 토해 낸다. 화학적인 위험성분을 감지하면 우리 몸은 신경계를 통하여 위험요소를 전달하고 뇌에서 이에 즉각 대처한다. 입을 통해 들어온 외부 물질은 우선 기관지에 있는 섬모들이 1초에 16번씩 격렬하게 움직이며 걸러 내거나 재채기와 기침을 통하여 밖으로 배출된다. 목을 통해 들어온 이물질은 식도와 위를 통과하는 과정에서 변형되기도 한다. 이 모든 것을 뚫고 폐까지 진입한 이물질은 허파꽈리의 대식세포가 파괴하여 우리를 보호한다. 이때 내분비계의 호르몬을 사용하여 대사를 조절하거나, 림프계를 통하여 섭취된 위해물질에 대처하는 면역체계가 동원되는 방어기능이 작동하기도 한다.

우리가 식사를 통하여 흡수한 물질이 대사과정에서 독성물질로 바뀌면 간에서는 곧바로 해독 작용을 한다. 신체대사과정에서 만들어진 화학 반응성이 강한 독성 물질은 간에서 주로 탄수화물인 글룩유론산을 반응성이 강한 독성물질에 화학적으로 결합시키고, 곧바로 해독하여 체외로 배출한다. 흥미로운 사실은 해독된 물질이 장을 통과하여 배출되는 과정에서 장에 머무르는 기간이 길어지면 장내에 서식하는 미생물이 가진 글룩유로니데이스•라는 효소의 작용으로 도로 독성 물질로 되돌아가 다시 발암물질로 작동할 수도 있다는 것이다. 그래서 변비가 빨리 해결되지 않고 오래 지속되면 장암에 걸릴 확률이 대단히 높아진다.

생물학적인 위험요소로는 우리 몸에 기생하여 살아가는 대부분의 해로운 미생물들이 있다. 우리 몸에 위해한 미생물로는 세균, 바이러스, 균류, 원생생물 및 고균류 등이 있다. 우리 몸에 기생하는 미생물은 그 무게가 1킬로그램이 넘으며 종류는 백만여 종에 달한다. 그중에서 우리 몸에 질병을 일으키는 미생물이 무려 1,400여 종이나 된다. 포유동물에 기생하는 바이러스의 수는 수십만 종에 이른다. 지금까지 알려진 병원성 바이러스는 586종이나 되며, 사람에게 질병을 일으키는 바이러스의 수는 263종이나 되고, 질병을 일으키는 미생물 중에서 18%가 바이러스 때문인 것으로 알려졌다.

인류가 지금까지 건강하게 오랫동안 살아남은 것은 전염성이 강한 미생

• 우리나라에서 글룩유니다아제로 부를 수 있으나 이는 잘못된 말로, 글룩유로니데이스는 효소라는 의미가 있다.

물과의 끊임없는 투쟁에서 인간이 승리한 결과이다. 2004년에 등장한 급성 호흡기 질환 사스, 2012년에 등장한 중동호흡기 질환 메르스, 그리고 2019년에 등장한 신종코로나 바이러스(COVID 19) 등의 호흡기 질환은 모두 매우 작은 크기의 생물학적인 위해물질인 바이러스의 감염으로 일어난다.

전염병으로 인해 인류가 겪은 고통스러운 역사로는 14세기를 강타한 페스트를 꼽을 수 있다. 페스트균은 중국에서 처음 등장하여 이탈리아 제노바에 상륙하였고, 이후 마르세유를 통하여 네덜란드를 거쳐 모스크바에까지 이르러 세계인구의 1/3을 사망에 이르게 만들었다. 페스트의 피해로 프랑스 노르망디 지방은 인구의 70%가 사망했다. 또한 천연두는 한 세기 동안 무려 1억 명을 죽인 전염병이다. 1520년 스페인 군대에 의해서 남아메리카에 전파된 천연두는 2천만 명 이상의 원주민들의 목숨을 앗아갔다. 1918년 크게 유행했던 스페인 독감으로는 대략 2천만 명이 희생되었는데, 이는 제 1차 세계대전에서 사망한 군인의 수보다 많은 숫자이다.

2 공격을 감지하는 감각체계

사람은 위험한 상황이 발생하면 시각, 후각, 청각, 미각, 촉각 등 신체의 모든 감각체계를 동원하여 감지하고, 이에 즉각 대처한다. 원시적 인류로부터 지금의 인류에 이르기까지 외부로부터 오는 위기 상황을 인식하고 전달하기 위해 인간이 시각, 후각, 미각, 청각 및 촉각을 활용하는 속도는 빠르게 발전했다. 또한 사람의 감각체계는 생명을 보호하기 위한 신호 감지 기능을 넘어서 마음을 기쁘게 하는 여러 가지 문화를 만들어 내고 즐기는 수준까지 발전했다.

원시적 인류의 생존에는 시각을 통해 적의 공격을 예측하거나, 청각을 통해 동족과 의사소통을 하는 등 감각체계를 통한 신체방어가 필수적이었다. 그러나 인류가 안전한 거처에 정착하고 다른 동물들이 다루지 못하는 도구와 불을 이용할 수 있게 되면서 일부 감각체계는 사용할 필요가 없어졌고, 이에 따라 감지능력이 점차 퇴화했다. 영장류가 인간으로 진화하면서 코는 점점 짧아지고 눈이 얼굴의 중간으로 이동하면서 시력은 강화되고 후각은 약화했다는 주장도 있다.

많은 동물들의 경우 여러 감각체계 중에서 시각이 정보를 받아들이는 가장 중요한 통로가 되어 시각이 특히 발달했고, 반면 냄새를 확인하는 화학적 감각 수용기의 분포는 점차 몸의 일부로 한정되었다. 유달리 뛰어난 시각을 가진 동물인 송골매는 눈에 광수용기가 밀집되어 있어 먼 곳의 물체를 선명한 이미지로 생성할 수 있는데, 이는 먹이를 발견하기에 적합하다. 또 포유류에게 미각은 독성물질과 먹을 수 있는 것을 구별하는 수단이 되어 위험을 피해 생존할 수 있게 도와주었다.

인간의 청각도 민감하지만 코끼리의 청각은 월등히 뛰어나 사람이 듣지 못하는 200헤르츠의 저주파음도 탐지가 가능하다고 한다. 특히 아프리카의 코끼리는 500킬로미터 떨어진 곳에서 폭풍우의 천둥 소리가 내는 초저주파음도 들을 수 있다고 한다. 돌고래 또한 사람이 듣지 못하는 초저주파음을 들을 수 있다. 사람은 어린아이일 때는 높은 주파수(10,000~15,000헤르츠)의 음을 들을 수 있지만 나이가 들면서 점차 듣지 못하게 된다. 박쥐는 200,000헤르츠의 소리까지 청취하고, 청각을 통해 주변 환경을 인지할 수 있을 정도이다.

후각 또한 생존에 필수적인 감각체계이다. 후각은 오염물질이나 부패물질에 거부작용을 일으켜 정상물질로부터 구분할 수 있게 한다. 후각동물 생물체인 도롱뇽, 꿀벌, 개미, 누에나방은 먹이, 이성, 적 등을 발견하고 인지하는 데 후각을 주로 사용한다. 또한 후각동물 중에는 암컷이 내는 냄새를 수컷이 수 킬로미터 밖에서도 맡을 수 있는 동물도 있다고 한다. 아프리카에서 동물들이 이동할 때도 주로 후각을 통해 무리가 함께한다. 알래스카에 사는 울버린은 1킬로미터 밖에 있는 냄새도 맡을 수 있고, 눈 속에 깊이 묻어 둔 먹이도 찾아낼 수 있는 고도로 발달된 후각을 가지고 있다. 어류는 머리의 앞부분에 달린 코가 후각으로 기능하며, 연어는 냄새 물질이 8백억 분의 1로 희석되어도 감지가 가능할 정도의 뛰어난 후각을 갖고 있다. 대부분의 포유류와 파충류는 후각기관으로 주후각기관과 부속후각기관이 있는데, 주후각기관은 휘발성 기체입자를 감지하고, 부속후각기관은 액체 입자를 확인한다.

후각은 좋은 냄새를 기억해 두었다가 다시 회상함으로써 냄새가 좋은 냄새인지 아닌지 구별한다. 좋은 냄새는 우리의 생활을 더욱 윤택하게 해준다. 봄이 오면 아름다운 꽃들이 피며 향기로운 냄새를 발산한다. 식물이 냄새가 나는 화학물질을 스스로 합성하여 방출하는 것은 자신의 번식을 위하여, 또는 다른 동물의 침범을 막기 위해서이다.

예를 들어 장미가 만들어 내는 향기분자는 제라닐 아세트산과 모노터펜 등 상당히 여러 종류의 냄새를 만들어 방출하는데, 그중 소수인 장미케톤화합물이 합쳐져서 장미 특유의 향기를 만들어 낸다. 이러한 화학분자는 식물이 가지고 있는 유전자 정보에 따라 형성되는 효소 단백질을 통해 식물세포 내부에서 탄소와 수소로 구성된 유기분자를 합성하여 향기를 만들어 내는 것이다. 그런가 하면 나쁜 냄새분자는 대부분 질소와 유황이 포함되어 있다. 이는 사람들이 싫어하는 고약한 냄새를 만들어 낸다.

한편 촉각은 피부에 전달되는 압력을 감지해 위해요소를 인지한다. 이 정보가 뇌에 전달되면 뇌는 종합적인 판단을 내려 운동의 조절이나 신체의 움직임을 통해, 또는 기억과 학습을 통해 효과적인 방어나 대응을 하게 된다. 피부가 감지하는 고통의 신호는 척추에 있는 고통처리체계를 통하여 뇌에 전달되는데, 신경세포 말단에 있는 특수한 감각수용체인 노시셉터에 의해서 정보를 인지한다. 사람의 촉각은 호르몬의 생성 등 의외로 큰 성과를 얻는 데 사용되기도 하였다. 촉각 중에서 온도를 감지하는 우리의 피부는 대단히 예민하여 우리의 신체를 보호하는 중요한 수단이 되어준다.

이와 같이 생물체의 내부에는 아주 정밀한 화학공장이 있는데, 상온 또는 온화한 조건에서 화학반응이 가능한 것은 전적으로 효소라는 단백질생체 촉매 덕분이다.

지난 반세기 동안 이러한 신체감각체계를 분자 수준에서 이해하기 위해 생화학적인 메커니즘을 연구한 결과, 감각의 신호를 감지하는 단백질수용체가 세포막 사이에 있다는 사실이 발견되었다. 감각신호의 전달 방법에 따라 후각, 미각, 시각의 신호를 받아들이는 세포막에 걸쳐 있는 단백질인 '7-TM 수용체(세포막 내외부에 걸쳐 7번이나 왕복된 단백질분자가 외부정보를 확인하고 내부로 전달하는 세포막 단백질)'의 존재가 확인된 것이다. 한편 청각과 촉각을 통해 얻은 정보는 '이온통로'라는 전달방법을 통하여 신호가 뇌에 전달된다는 사실도 밝혀졌다. 이와 같은 정보의 전달체계의 자세한 원리는 다음 장에서 자세히 소개하려고 한다.

3 신체의 통제와 조절

신경계세포는 신경망을 통하여 신경세포, 근육세포, 그리고 내분비 세포를 포함한 여러 다른 세포들의 기능을 조절한다. 이때 신경계세포의 신호는 호르몬의 분비를 조절할 수 있어 신경계와 내분비계는 서로 중복되어 신체 조절작용에 참여하기도 한다. 호르몬은 생명체의 생존 유지에 반드시 필요한 대사과정, 즉 생체 내부에서 각종 물질을 생산하고 분해하는 과정을 통제하는 데 필수적인 조절체로 기능한다.

호르몬에 대한 연구는 19세기 중반에 고유한 통로는 없으나 혈관과 연결된 특별한 샘(혈관 샘)이 있다는 사실이 밝혀지면서부터 시작되었다. 당시만 해도 갑상선, 림프선, 흉선, 부신 등은 단순히 해부학적으로 발견된 상태였으며, 혈관의 샘에 속한다는 것 정도가 알려져 있을 뿐이었다. 이때 클로드 베르나르(Claude Bernard)가 간에서 탄수화물인 글리코겐이 붕괴되어 포도당을 만들어 내는 과정이 신체 내부에서 일어나고 있다는 의미로 내분비(internal secretion)라는 용어를 처음 사용했다. 그 후로 어떤 물질이건 신체조직 내부에서 생성되고 혈액을 통하여 이동하면 그 과정의 물질을 내분비물질이라고 부르게 되었다.

20세기에 들어와서도 대부분의 생명과학자들은 신경 섬유를 따라 전달되는 전기적인 신호가 인체 내부에서 일어나는 모든 대사 활동을 통제하는 신호를 발생시킨다고 믿었다. 그러나 생체에서 일어나는 현상을 화학분자를 통해 설명하는 생화학이 발전하면서 화학물질이 전기신호처럼 신체 기관의 작동을 명령한다는 사실이 처음 발견되었다. 당시 이러한 새로운 연구 개념의 도입은 내분비학 연구에서 획기적인 것이었고, 신경생리학에서는 혁명적인 사건이었으며, 인체내부의 연구 중에서 가장 중요한 변화 중의 하나로 평가된다.

여기서 생화학이란 생체의 모든 현상을 화학분자들을 통해 연구하고 설명하는 학문이다. 생화학의 발전으로 생명과학 연구자들은 분자 수준에서 모든 생명 현상의 원인을 밝혀낼 수 있게 되었으며, 결과적으로 질병의 근본적인 원인을 규명할 수 있게 되었고, 또 치료에 필요한 약물을 설계하여 제조하고 개선하는 등 인간 수명의 연장에 획기적인 기여를 하게 되었다. 호르몬은 우리 신체의 건강관리와 대단히 밀접한 관련이 있으며 건강한 수명 연장에도 매우 중요한 요소이다. 일반적인 호르몬의 발견 및 기능에 관해서는 5장에서 자세하게 소개하고자 한다.

최근의 비만 연구에서 밝혀진 흥미로운 사실에 따르면, 식탐은 유전적인 성향이 크며, 또 남녀에 따라 차이가 있다. 성장하는 어린이들을 살펴보면 선천적으로 타고난 유전자 때문에 식욕의 강도가 제각기 다르다. 특히 여성은 임신과 수유에서 아기에게 영양분을 제공해야 하는 생물학적 역할 때문에 뇌에서 호르몬이 분비되어 더 많이 먹도록 진화했다. 초기 인류는 식량을 취득하면 가능한 많은 양을 몸에 비축하고 필요시에 사용하도록 하는 유전자를 갖도록 진화했다. 그래서 인류는 문명이 발전하면서 더욱 기름지고 열량이 풍부한 음식을 많이 섭취하게 되었다. 과잉으로 섭취된 영양분과 이를 제때 소모하지 못하는 신체의 불균형이 현대인을 비만으로 만들게 된 것이다.

비만과 당뇨를 일으키는 호르몬의 작용 메커니즘을 살펴보면, 전근대 시대에 오히려 선택적으로 호르몬의 생성이 변화해 왔음을 알 수 있다. 문명이 발달하면서 자동차와 같은 편리한 이동수단이 발명되고 육체노동은 줄어들어, 인간은 먹는 음식의 양에 비교해서 운동량이 점점 줄어들었다. 사람의 체중은 전적으로 뇌의 지배를 받는다. 식욕은 주로 뇌의 시상하부에서 호르몬의 분비로 조절된다. 이곳은 체온과 호흡기능, 혈압 등의 생체의 중요한 활동을 자동으로 조정하는 곳인데, 포만중추는 식후 만족감을 느끼게 하고, 섭식중추는 음식을 섭취하도록 지시하거나 증진하는 기능을 호르몬을 사용하여 수행한다. 인간을 비롯한 대부분의 고등동물들은 일정한 체중을 유지하려는 경향이 있다. 그래서 무제한적인 식사를 제공해도 일정 체중을 유지하기에 충분한 만큼만 섭취하고 있는 것이다.

4 정보 및 물질의 전달과 운송

혈액, 림프 및 신경체계

혈액의 순환

생명 유지에 가장 중요한 기능을 수행하는 기관인 심장은 신체의 곳곳에서 필요로 하는 물류의 공급을 통제하는 기능을 담당하고 있다. 인체의 수많은 세포들은 생명 유지에 필요한 다양한 물질을 제조하는 중소 화학공장 집단이다. 이 세포의 공장에서 생명 유지에 필요한 여러 가지 원료물질들을 공급받고, 만들어진 제품을 필요한 곳으로 운반하고, 또 발생한 폐기물을 처리하는 운송기관으로서 심장은 혈액을 순환시킨다.

생명체는 장에서 흡수한 아미노산이나 탄수화물 등의 영양분, 그리고 폐를 통해 공급받은 생체화합물에 필수적인 산소를 혈액의 순환을 통해 신체 곳곳의 세포들에 전달하며, 반응의 부산물인 탄산가스는 외부로 배출한다. 또한 생체의 조절물질인 호르몬도 혈액을 통해 각종 장기의 세포에서 세포로 배달된다. 나아가 혈액은 신체의 기능 유지에 필요한 적정 체온과 pH(산도)를 유지하여 사람의 생존과 항상성을 유지하는 중요한 역할을 수행한다.

사람의 혈액은 혈장, 적혈구, 백혈구 및 혈소판 등으로 구성되며, 심장의 동력을 통해 필요한 물질들을 모든 기관에 공급하는 배달 트럭과 같은 역할을 한다. 심장혈관(cardio-vascular, 어원은 심장과 용기[容器]를 뜻하는 라틴어)체계는 혈액, 심장, 혈관을 포함하는 운송체계를 말한다. 사람에게 발생하는 수많은 질병들이 이러한 혈액 순환계에 의해 발생한다고 알려지며, 그중에는 심장혈관 질환과 림프계 질환들이 있다. 특히 혈액순환계에는 혈액이 산소와 결합되는 연결고리인 폐의 순환계(pulmonary circulation)와 나머지 신체에 산소가 포함된 혈액을 공급하는 체계적 순환계(systemic circulation)로 구성된다. 평균적인 성인 혈액의 양은 4.7~5.7리터로 체중의 약 7%를 이룬다.

특히 심장은 뇌의 관리를 받지 않고 독자적인 펌프 기능을 통해서 폐에서 공급받는 산소를 포함한 혈액을 신체의 각 부위로 보내는 역할을 한다. 사람의 심장은 혈액의 순환을 위해 한 개의 심방과 한 개의 심실을 갖추고 있으며, 두 개의 순환적인 체계와 폐의 순환계를 위해 좌심방, 좌심실, 우심방, 우심실로 이루어진 총 4개의 방을 갖추고 있다. 우심방은 심장의 우측에 있는데 여기서는 신체의 곳곳으로부터 돌아온 혈액이 산소가 거의 소모된 상태이다. 우심실을 통과한 뒤 다시 산소를 충전하기 위해서 폐동맥을 통해 폐로 이동하는데 이때 폐에서는 탄산가스를 제거한다. 좌심방에서는 새롭게 산소로 포화된 혈액을 폐와 폐정맥으로 보낸다. 이때 폐정맥은 강력한 운동능력을 가진 좌심실을 통과해 혈액을 신체의 모든 기관으로 보낸다.

혈관은 산업국가의 도로망과 같은 기능을 하며 생명의 유지에 대단히 중요한 역할을 한다. 동맥(artery)은 산소를 포함한 혈액이 왼쪽 심실을 떠나서 체계적인 순환을 하도록 하는 혈관으로, 크고 두꺼운 벽으로 둘러싸인 소동맥을 통해서 신체 여러 곳으로 보내는 고속도로와 같다. 이때 혈액은 신체의 상부에 있는 흉관의 척추골(vertebra) 수준에서 가로막의 대동맥의 열림으로 신체의 상층부에 먼저 공급되고, 이어서 복부로 흘러들어간다.

대동맥의 높은 신축성은 신체 전체가 일정한 혈압을 유지하게 한다. 혈액은 혈압에 의해서 신체 곳곳으로 흘러갔다가 되돌아오기를 반복하며, 이 과정이 맥박을 계속 뛰도록 한다. 그리고 혈액은 대동맥의 곁가지이자 더 작은 동맥인 소동맥으로 흘러가는데, 이때 혈관의 신축성은 계속해서 감소하고, 반대로 혈압은 증가한다. 나아가 혈액은 더 작은 모세혈관으로 흘러들어 간다. 이때 모세혈관에서 소정맥으로 혈액을 집중시킨 다음 정맥으로 흘려보낸다. 정맥체계는 주로 두 곳으로 혈액을 보내는데, 상부 대정맥(vena cava)에서는 심장 위쪽으로 보내고, 하부 대정맥에서는 심장 아래쪽으로 보낸다.

심장의 혈액은 체계적 순환계의 작은 고리를 통해서 산소와 각종 영양분을 공급받고, 4개 방 내부에 있는 혈액의 일부는 밖으로 순환하도록 한다. 관상동맥의 순환계는 두 개의 관상동맥인 우관상동맥과 좌관상동맥으로 대동맥이 시작하는 부근에서 시작된다. 관상동맥은 심장근육에 영양분을 공급하고, 관상정맥을 통해서 관상의 움푹 들어간 곳으로 혈액이 되돌아오게 되며, 최종적으로 혈액은 우심방으로 흐르게 된다. 심장이 수축할 때에 동맥에서 혈액이 반대방향으로 흐르지 못하도록 하는 테베시우스판에 의해서 혈액이 차단된다.

상부대정맥과 하부대정맥에서 산소가 결핍된 혈액은 심장의 우심방으로 들어와서 삼첨판을 통과하여 우심실로 들어간다. 이후 혈액은 폐반월판을 통해서 폐동맥으로 들어간다. 폐로 진입한 혈액에서 탄산가스를 배출하고 산소를 흡수하는 기체의 교환이 일어난다. 폐정맥은 산소가 풍부한 혈액을 좌심방으로 보낸다. 또한 별도의 순환체계를 통해서 기관지에 순환되는 혈액을 폐의 큰 기도의 조직에 공급한다. 폐순환계를 지나며 산소가 보충된 혈액은 심장을 거쳐 다시 대동맥을 통해 신체의 곳곳에 공급되고, 반대로 산소가 바닥난 혈액은 심장으로 되돌아간다.

뇌는 대동맥의 앞과 뒤에서 혈액을 이중으로 공급받는데, 이를 전방순환과 후방순환이라고 한다. 전방순환은 내부 경동맥으로부터 시작하여 주로 뇌의 앞부분에 혈액을 공급한다. 후방순환은 척추 대동맥에서 시작하여 뇌의 뒤쪽과 뇌간에 혈액을 공급한다. 뇌 전면과 후면의 혈액순환은 윌리스의 환(circle of Willis)에 의해서 합쳐진다.

심장, 혈액 및 혈관과 관련된 여러 질환의 예방은 사람의 건강한 수명을 유지하는 데 대단히 중요한 역할을 한다. 흔히 발생하는 심혈관계 질환인 관상동맥질환(CVD)의 예로는 혈관이 급속도로 수축하며 통증이 수반되는 협심증, 또한 관상동맥이 혈전으로 갑자기 막히면서 나타나는 심장발작인 심근경색, 뇌혈관이 부분적으로 급속히 장애를 일으켜 나타나는 뇌졸중 등이 있다. 그 외에도 혈압이 비정상적으로 높아 나타나는 고혈압(수축기 혈압 140mmHg, 이완기 혈압 90mmHg)이나 류마틱 심장질환, 심근증(cardiomyopathy), 비정상 심장 리듬, 선천적 심장질환, 심장판막 심장질환(valvular heart disease), 심방병, 동맥류(aortic aneurysms), 말초 동맥질환(peripheral artery disease), 혈전 색전(thromboembolic disease), 정맥혈전증(venous thrombosis) 등 수많은 혈액 순환 관련 질환들이 있다. 위에 제시된 모든 심혈관 관련 질환은 주로 고혈압, 당뇨, 운동 부족, 비만, 높은 혈중 콜레스테롤, 흡연 등이 원인이다.

의사들의 의견을 종합해 보면, 이와 같은 혈관 관련 질병은 90%가 예방 가능하다. 예방을 위해서는 어려서부터 잘 관리하는 습관을 길러야 한다. 음식물을 골고루 섭취하고, 운동을 충분히 하며, 반드시 금연하고, 가능한 한 술은 적게 마시면 혈관 질환은 쉽게 예방할 수 있다.

80년대 초반에 주택에서 사용하는 수돗물의 유속이 느려져 수도 배관을 교체해본 적이 있는데, 수도 배관이 노후화되어 녹슬거나 막히면 수돗물이 잘 배출되지 않는다는 사실을 알게 되었다. 이와 비슷하게 사람도 나이가 들면 혈관의 내벽에 콜레스테롤 등 이물질이 쌓여 신축성이 떨어지고 혈류를 조절하는 능력을 상실하여 여러 종류의 혈관 질환이 발생하며 건강에 악영향을 미친다. 생명과학자로서 수명이 다한 혈관을 구리관이나 스테인리스관으로 대체할 수 없을까 생각해 본 적도 있지만, 앞서 언급했듯이 젊어서부터 붉은색 고기는 자제하고, 가급적 생선을 먹으며, 식물성 기름을 섭취하고, 운동을 충분히 하면 구태여 혈관의 교체 없이도 건강한 노년이 보장된다.

림프계의 역할

신체 내부에서 외부물질에 대한 대응과 조절, 그리고 신진대사는 주로 혈액과 림프액의 순환으로 각종 조절물질을 운송함으로써 이루어지고, 신경망과 뇌는 이를 총괄하여 조절한다. 우리 몸에서 각종 원료물질과 조절물질의 운송을 담당하는 순환계는 혈관계와 림프계 두 종류가 있는데, 실제로는 이 두 순환계가 완벽하게 나뉘어 있지는 않다.

림프계는 림프가 순환하는 체계로 림프절, 림프관, 림프조직 등으로 구성되는데, 이 기관이 직접 혈관과 연결되어 있으므로 림프계와 혈액순환계가 같이 역할을 한다고 본다. 림프관은 주로 세포간질 내의 물이나 단백질, 기타 물질들을 혈액으로 환류하는 작용을 수행한다. 림프관이 폐쇄되면 단백질의 환류가 억제되어 혈장 단백질의 농도 및 혈액의 교질삼투압이 정상 이하로 떨어지므로 체액의 불균형이 생겨 부종을 비롯한 여러 가지 질환이 나타난다. 또한 림프계는 외부 침입에 대응하는 면역반응을 수행함으로써 생체를 방어하는 중요한 역할을 한다. 도로망이 부실하면 국가 전체의 경제가 원활하게 기능하지 않듯이, 혈관과 림프관의 건강은 신체가 원활하게 기능하는 데 필수적이다.

또한 림프의 순환은 과잉으로 존재하는 혈액 속의 플라스마를 계속해서 내장용액으로부터 여과하고 림프체계로 돌려보내는 역할을 한다. 모세 림프관은 세포간격에서 시작되며 형태는 혈액 순환의 모세관과 같으나, 다만 한쪽 끝, 즉 소동맥과 연결되는 부위인 관이 끝나도록 되어 있다. 이러한 모세 림프관은 마치 나뭇가지처럼 펼쳐졌다 다시 하나로 모인다. 신체의 중앙선을 경계로 목, 가슴 부위와 오른쪽 상지에 분포하는 림프관을 우 림프관, 그리고 나머지 상반신의 왼쪽 주위와 하반신에 분포하는 림프관을 합쳐서 흉관 또는 좌 림프관이라 부른다. 우 림프관에 유입되는 림프액은 우 쇄골 아래 정맥으로 유입된다. 나머지 신체 부위의 림프액은 좌정맥과 연결하는 좌 쇄골과 정맥으로 유입되며, 이 흉관은 림프관 중 가장 굵지만 대정맥보다는 가늘다.

건강한 일생을 위해서는 외부물질의 침입을 방어하는 신체 면역체계에 대해 어느 정도는 반드시 알아 두어야 한다. 홍역, 수두, 장티푸스 등 균의 감염으로 인한 병에 한번 걸렸다 나은 사람은 다시는 그 병에 걸리지 않는다. 몸에서 병원체에 대한 면역이 형성되었기 때문이다. 인체가 세균이나 바이러스에 감염되면 세포는 면역반응을 일으켜서 면역의 능력을 획득하며, 그 결과 병원체가 제거될 수 있다. 이처럼 면역은 감염증으로부터 개체를 방어하는 중요한 방어기구이다.

혈청학의 발전에 따라 우리는 신체 내외부 물질에 저항하는 면역체계의 작동에 대해 알게 되었다. 외부에서 침입하는 물질은 '항원(antigen)', 면역반응으로 만들어진 혈청 내의 단백질을 '항체(antibody)'라고 부른다. 세균이나 바이러스뿐만 아니라 다른 동물의 단백질(이종단백질)도 항원이 될 수 있으며, 단순한 화학물질 중에서도 항원성을 가진 것이 있다. 항원과 항체가 결합하는 항원항체 반응은 시험관 내에서도 관찰할 수 있다. 또 특수한 물질에만 부착되는 항체의 성질을 활용하여 감염증을 진단하거나 항원을 구별하는 데 이용되기도 한다. 그래서 환자의 혈청에서 특정한 병원체에 대한 항체가 확인되면 그 병원체에 감염되었다는 것을 증명할 수 있으며, 전립선암의 조기진단에도 항원이 사용된다.

전염병의 원인 물질인 박테리아나 바이러스의 일부분을 사용한 백신을 접종하여 감염을 예방하거나, 항혈청을 주사하여 감염증이나 뱀 중독 등을 치료하는 혈청요법 등 면역체계를 이용한 치료방법이 있다. 최근 연구에 의하면 면역반응에서 주로 기능을 발휘하는 것은 림프구이다. 면역은 감염증에 대한 방어뿐만 아니라 체내에 침입한 여러 가지 물질, 다른 개체로부터 이식된 조직, 바이러스에 감염된 세포, 나아가 자신의 체내에서 발생한 병적인 세포, 노폐세포, 대사산물, 또는 개체 본래의 구성성분과 다른 물질

(not self)을 자기(self)와 구별하여 몸에 해가 되는 것을 제거함으로써 개체로 하여금 정상을 유지하도록 끊임없이 활동하는 중요한 방어수단이다. 오늘날에는 감염, 알레르기, 장기이식, 자가면역질환, 면역결핍증은 물론이고 심지어 염증, 노화, 임신 그리고 암 등의 문제에 있어서도 면역의 역할이 매우 중요하다는 것이 밝혀졌다.

신경계

신경계는 뇌를 중심으로 수많은 정보의 전달에 관여하는 신경세포들을 포함한다. 사람이 살아가는 과정에서 신체 외부 또는 내부에서 수집된 모든 정보는 신경계를 통해 전달되고 또 그에 대응하는 명령도 신경계를 통해 전달된다. 신경계는 마치 통신체계처럼 정보의 전달통로로서 기능하며 신경정보의 전달은 신경세포를 통하여 수행된다.

스페인의 생리학자 카할(Cajal)은 신경세포를 확인하는 염색법을 연구하면서 신경계에 관심을 가지게 되었다. 그는 신경세포가 정보를 전달하는 방식은 신경세포가 관측이 거의 불가능할 정도로 미세한 틈을 두고 서로 연결되면서 이루어진다고 주장했다. 이후 영국의 생리학자 셰링턴(Sherrington)은 신경세포들 사이의 틈새를 신경연접부(시냅스, synapse)라고 명명했다. 이 미세한 틈새는 1950년대에 전자현미경을 통해 확인되었다. 따라서 카할의 연구는 신경세포(뉴런)의 구조뿐만 아니라 신경세포들 사이의 연결이라는 새로운 연구의 분야를 개척하는 큰 성과를 가져왔다.

신경계 중에서도 중추신경계에 속하는 뇌에 대한 연구는 이미 기원전부터 시작되었다. 기원전 400년경 의학 연구의 선구자인 히포크라테스는 뇌가 감정과 지능에 관련된 일을 한다고 최초로 주장하였다. 16세기 이탈리아의 의사 바롤리오(Costanzo Varolio)는 뇌를 최초로 해부한 사람이다. 19세기에 들어서는 본격적으로 뇌의 기능에 대한 연구가 시작되어, 지적 활동에서 대뇌피질의 역할, 운동에서 선조체(corpus striatum)의 역할 및 감정표현에서 중뇌의 역할 등이 연구되었다.

10세기경에 페르시아의 의사인 라제스(Rhazes)에 의해서 말초신경계의 신경전달 연구가 시작되었으며 7개의 뇌신경과 31개의 척수신경을 확인하여 발표하기도 했다. 1600년대에는 잉글랜드의 의사 윌리스(Thomas Willis)가 11번째 뇌신경을 확인하였고, 1778년에는 독일의 의사이자 해부학자인 죔머링(Samuel Thomas von Sömmerring)이 총 12개의 뇌신경을 현대 분류 체계로 분류했다. 벨(Charles Bell, 1811)과 마장디(François Magendie, 1821)는 척수신경에서 전근은 운동성과 관련이 있고 후근은 감각과 관련이 있다는 사실을 벨-마장디(Bell-Magendie) 법칙의 이름으로 발표했다.

신체의 여러 부분에서 뇌에 신호를 전달하는 척수에 관한 연구도 꾸준히 진행되었다. 독일의 외과의 슈틸링(Benedikt Stilling)은 1842년에 최초로 척수를 구간별로 연구했다. 영국의 의사 홀(Marshall Hall)은 동물 실험을 통해 척수와 연수 사이를 절단하면 척수의 기능이 일시적으로 상실되는 현상을 발견하고, 이것을 상위중추로부터 오고 있던 흥분이 갑자기 끊겨서 일어나는 현상으로 규명하며 척수쇼크라고 명명했다. 랭글리(John Newport Langley)는 감정, 대사활동, 소화, 호흡, 땀의 분출처럼 인간이 의식적으로 제어할 수 없는 영역을 관장하는 신경계는 뇌와는 독립적으로 기능하는 체계라고 여겨 '자율신경계'라고 불렀고, 1905년에는 이것을 '부교감신경계'라고 고쳐 불렀다.

신경계 연구에 비하면 반사에 대한 연구는 비교적 늦게 시작되었다. 뇌 기능의 연구에서 반사(reflex)라는 용어는 1736년에 프랑스 의사 아스트뤽(Jean Astruc)이 처음 만들어 사용하였다. 예를 들어 무릎반사는 1875년 독일의 의사 에르브(Wilhelm Heinrich Erb)와 베스트팔(Carl Friedrich Otto Westphal)이, 신장의 반사는 1924년 영국의 신경생리학자 쉐링턴(Charles Scott Sherrington)이 처음으로 관찰했다. 선천적 반사인 무조건반사와, 반대로 조건자극에 대해 반사를 일으키는 조건형성반사는 1903년 러시아의 생리학자 파블로프(Ivan Pavlov)가 개에게 먹이를 주는 실험을 통해 발견했다.

18세기에 이탈리아의 해부학자 갈바니(Luigi Galvani)가 우연히 개구리의 발차기 현상을 발견한 데서 시작한 신경생리학은 이후 뇌의 여러 기능들을 밝히는 데 기여했으며 현재 감각, 기억, 정서, 운동, 학습, 인지 등의 여러 분야로 확대되어 연구되고 있다. 100억 개 이상의 신경세포들로 구성된 뇌의 연구는 앞으로는 한 단계 더 진보할 것으로 보인다. 지금까지는 살아 있는 인간의 뇌를 실험 대상으로 사용할 수 없기 때문에 뇌의 연구에 한계가 있었다. 그러나 앞으로 뇌의 연구는 의학 분야에서는 정신관련 질병과 치매를 치료하려는 노력으로 연결되고, 공학에서는 사람의 인지능력을 닮은 기계를 개발하는 데 기여하며 획기적인 진전을 이루게 될 것으로 보인다.

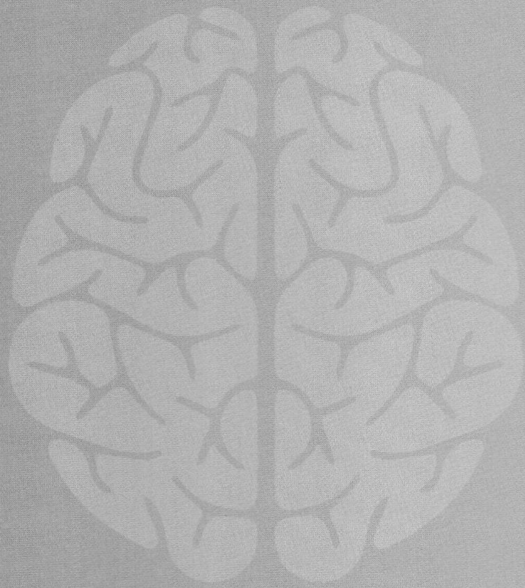

제 2 장

외부정보를 인지하는 생체감각의 체계

보통 사람이 살아가는 동안에 겪는 감각체계 기능의 쇠퇴는 다음과 같다. 먼저 사십대 후반부터 시각기능이 감퇴하기 시작한다. 육십대 초반부터는 청각기능이 빠르게 악화되며, 다음으로 후각, 미각, 촉각 감각 등의 기능들이 서서히 나빠지게 된다.

이러한 오감체계의 기능 저하는 노화, 관리의 부실, 유전 등 개인마다 원인에 차이가 있긴 하지만 젊어서부터 최대한 이 과정을 늦추기 위해 노력할 필요가 있다. 예를 들어 청력은 이어폰을 자주 사용하고 큰 볼륨으로 들어서 귀를 혹사하면 기능이 빨리 저하된다. 시각은 핸드폰을 많이 사용하면 빠른 속도로 나빠진다. 난청에는 치료약이 거의 없고, 노년에는 우울증의 원인도 될 수 있기 때문에 젊어서부터 잘 관리해 두어야 한다.

위험한 외부 신호를 포함한 다양한 정보를 감지하는 체계는 주로 얼굴에 있는 눈, 코, 귀, 입 같은 감각기관과 피부의 촉각 등을 통해 이루어진다. 사람이 선천적인 이유로 또는 질환 때문에 청각이나 시각을 상실하면 평생 큰 불편을 겪으며, 후각, 미각, 촉각도 상실하면 비록 심각한 장애는 아닐지언정 살아가는 데 상당한 어려움이 따른다.

감각체계는 여러 신체 기능의 연구 중에서도 가장 최근에 연구된 분야이다. 또한 그 내용이 다양하고 복잡하다. 이번 장에서는 오감의 감각체계가 얻은 외부정보를 어떻게 인지하고 뇌에 전달하는지 알기 쉽게 설명해 보려고 한다. 여기서 흥미로운 사실은 시각, 후각, 그리고 미각의 일부는 정보를 뇌에 전달하는 방식이 생화학적으로 동일하지만 청각과 촉각은 전혀 다른 방식으로 전달한다는 것이다.

1 감각체계 연구의 역사

시각연구의 소개

신경세포(뉴런)에서 감각 신호를 뇌에 전달하는 경로에 관한 연구는 영국의 생리학자 에이드리언(Edgar Douglas Adrian)과 그의 동료들이 처음 시작했다. 이를 통해 말초신경 세포의 기능에 대해 새로운 사실들이 밝혀졌다. 에이드리언과 쉐링턴(Charles Sherrington)은 신경세포(neuron)의 기능을 밝힌 업적으로 1932년 노벨생리의학상을 수상했다.

핀란드의 그라니트(Ragnar Granit)와 미국의 하틀라인(Haldan Keffer Hartline)은 단일 망막을 가진 동물의 신경절 세포에 대한 연구를 시작했다. 이 두 과학자는 시각의 인식 과정에서 신호전달의 생화학적인 과정을 규명한 업적으로 1967년 노벨생리의학상을 수상했다.

이러한 연구 성과들을 근거로 시각 정보의 전달은 적어도 두 개 이상의 신경연접부(시냅스: 신경세포와 세포 사이의 공간이 있는 연결)의 통합과정과 상

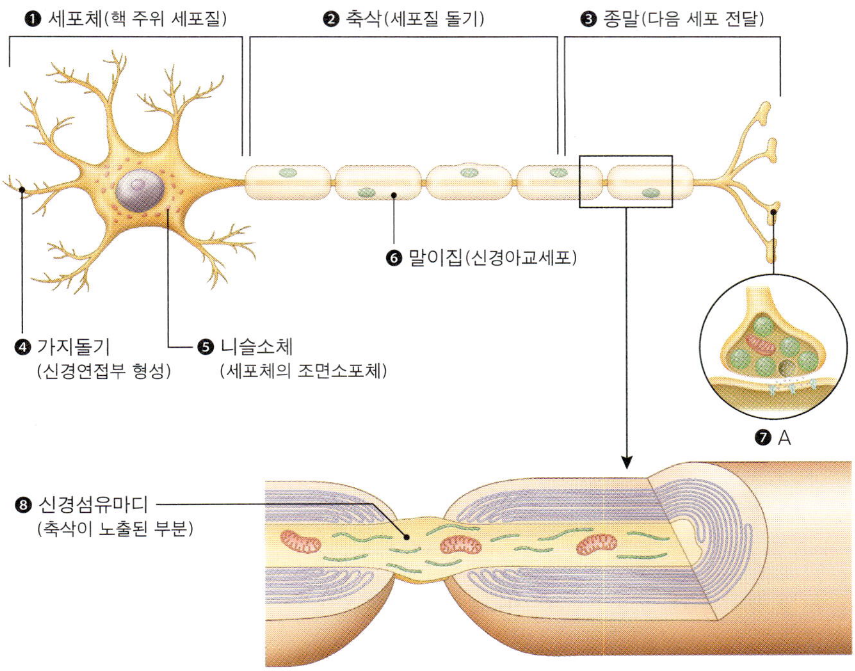

❼ A 상세 그림

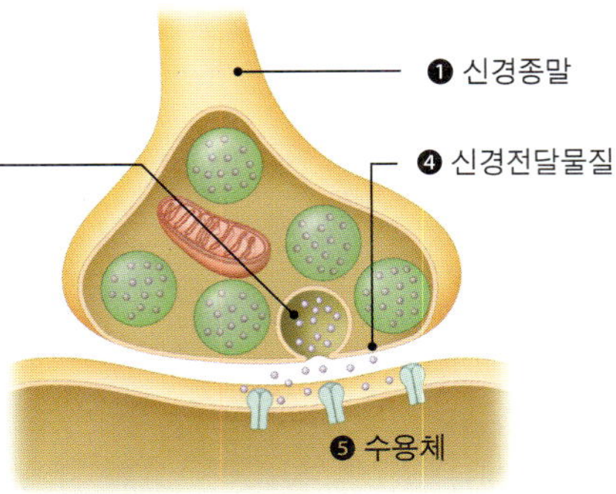

그림 2-1 신경연접부의 구조 신경세포는 세포체, 축삭 그리고 신경말단으로 구성된다. 세포체를 중심으로 신경세포의 세포질돌기가 연장되면서 신경섬유다발을 형성한다. 신경연접부는 신경 정보의 전달에 필요한 만큼의 길이를 갖는 세포로 발전한다.

호작용을 통해 빛의 정보를 받아들이는 눈 망막의 광수용체로부터 신경절 세포까지의 경로를 연결하여 이루어진다는 것이 밝혀졌다(그림 2-1).

영국의 발로우(Horace Barlow)는 개구리와 초파리의 망막에 있는 신경절(ganglion)세포를 추출하는 데 성공했다. 이는 시각 연구가 발전하는 데 크게 기여했다. 뇌 기능의 연구 중에서 비셀(Torsten Wiesel)과 허블(David Hubel)은 대뇌 후두엽에서 시각 피질의 시각정보처리 과정을 규명한 큰 업적을 남겼다. 고양이나 원숭이의 뇌에 있는 세포의 활동은 망막에 시각자극을 가하면서 정보의 전달을 수행하고, 이때 시각자극에 대한 반응은 미세 전극을 통하여 이루어진다. 이러한 연구를 통해 허블과 비셀은 뇌에서 시각 정보를 처리하는 시각 피질의 세포들이 여러 유형으로 존재한다는 사실을 처음 확인하게 되었다. 허블, 비셀, 스페리(Roger Sperry)는 시각체계에서 정보의 처리과정을 밝힌 연구업적으로 1981년 노벨생리의학상을 공동으로 수상하였다.

청각연구의 소개

청각에 대한 관심의 역사는 고대 그리스 시대까지 거슬러 올라간다. 엠페도클레스(Empedocles)는 최초로 안쪽 귀에는 소리가 들어가는 미로(labyrinth)가 있다는 사실을 발표했다. 16세기 이탈리아 의사 유스타키(Bartolomeo Eustachi)는 귀의 청소골, 고막, 유스타키관 등의 귀의 해부구조를 밝혀냈다. 폴리오(Folio)는 1654년에 반고리관에 대하여 자세히 설명하고, 할러(Albrecht Von Haller)는 반고리관이 청각기관의 일부라고 주장하였다.

19세기에 들어와서는 안쪽 귀의 구조와 기능에 대한 사실들이 대거 밝혀지기 시작했다. 실제로 귀와 청각에 대한 구체적인 연구는 독일의 생물학자이자 물리학자인 헬름홀츠(Hermann von Helmholtz)에 의해서 최초로 수행되었다. 헬름홀츠는 귀의 작용 메커니즘에 대한 현대적인 이론을 확립한 학자이다. 프랑스의 물리학자 사바르(Félix Savart)는 1824년에 소리가 고막에 도달할 때 고막이 진동한다는 것을 실험적으로 관찰했다. 복합 현미경이 개발되면서 귀의 구체적인 해부구조에 대한 이해는 급격히 진전되었다.

독일 해부학자 라이스너(Ernst Reissner)는 19세기 중반에 안쪽 귀의 달팽이관이 입천장의 서로 다른 액체로 나누어져 있다고 보고하였다. 이탈리아 해부학자 코르티(Alfonso Giacomo Gaspare Corti)는 1851년 안쪽 귀의 달팽이 수용체기관(organ of corti)에 대해 설명했다. 나아가 헬름홀츠는 1863년에 귀가 마치 주파수(파동)의 분석기와 같은 기능을 수행한다고 주장했다. 1961년 헝가리 태생의 미국 생리학자 베케시(Georg von Békésy)는 청각 수신과정에서 달팽이관(cochlea)의 자극에 의한 물리적인 메커니즘에 대한 연구업적으로 노벨생리의학상을 수상했다.

후각연구의 소개

고대 그리스 철학자 플라톤(Platon)은 청각이나 시각만이 완전한 세계와 소통이 가능한 품위 있는 감각기관이라고 생각했다. 따라서 과학과 철학이 구분되기 이전 시대까지 고대 그리스의 사상에 영향을 받은 서양 지식인들은 냄새를 천박한 것으로 여겨 배척했고 후각에 대한 연구는 등한시 하였다.

그럼에도 일부 과학자 중에는 후각에 관심을 가진 자들이 있었다. 로마 시대의 의사였던 갈렌(Claudius Galenus)은 후각을 담당하는 기관이 코가 아닌 뇌에 존재한다고 주장했다. 그 후 18세기 후반부터 19세기 초에 의학이 급격히 발전하면서 학자들이 후각에 대하여 관심을 갖기 시작했다. 특히 주목할 만한 발견으로 덴마크의 의사 야콥손(Ludwig Lewin Jacobson)은 코 격막(nasal septum) 사이에 존재하는 두 개의 작은 구멍의 기관을 야콥손(영어로는 제이콥슨) 기관이라고 하였다. 이 기관에는 후각 신호를 후각 공 뿌리(olfactory bulb)로 전송하는 여러 가지 수용체 세포들이 존재한다는 사실이 밝혀졌다.

본격적인 후각연구는 21세기에 시작되었다. 역사상 처음으로 후각이 과학연구의 집중적인 관심을 받는 분야가 되었다. 특히 2004년에 노벨생리의학상을 수상한 미국의 벅(Linda Buck)과 액설(Richard Axel)은 인간의 후각 수용체의 발견과 후각체계의 구성에 관한 본격적인 연구를 앞당겼다.

미각연구의 소개

고대 그리스의 아리스토텔레스는 기원전 350년에 인간이 감지하는 가장 기본적인 맛은 단맛과 쓴맛의 두 개라고 주장했다. 또한 고대 인도의 의학자 아유르베다(Ayurveda)는 인간이 감지할 수 있는 기본적인 맛의 종류로 떫은맛, 쓴맛, 매운맛, 짠맛, 신맛, 그리고 단맛이 있다고 주장했다.

최근의 연구에 의하면, 인간이 느낄 수 있는 맛은 몸에 이득이 되는 단맛(글루코오스), 짠맛(Na^+), 몸에 해가 될 수 있는 쓴맛(퀴닌), 신맛(H^+) 그리고 글루탐산의 맛인 감칠맛(umami) 5가지의 맛으로 구분된다. 고추의 매운맛과 덜 익은 과일의 떫은맛은 미각이 아닌 통증을 인지하는 촉각을 통해 감지된다.

미국의 주커(Charles Zuker)와 라이바(Nicholas Ryba)의 연구팀은 1999년에 미각을 감지하는 수용체 단백질을 만드는 두 가지 유전자를 발견했다. 이 두 과학자에 의해서 단맛, 쓴맛, 감칠맛의 전달체계에 관여하는 수용체가 처음 알려지기 시작했다. 이 맛을 감지하는 단백질 수용체를 만드는 유전자들은 이미 알려진 다른 감각 수용체 유전자들과 거의 유사하며 혀와 입천장의 수용체 세포 내부에서 발현된다.

맛은 혀의 미각아를 통해 감지된다. 미각아는 감각신경세포를 가진 혀의 표면으로, 미세 융모를 통해 맛을 감지한다. 혀에 있는 미각 구근(taste bud)에서 쓴맛의 신호를 뇌에 전달하는 과정에는 거스트듀신(gustducin)이라 불리는 연결 단백질(coupling protein)이 필요하다. 2001년 주커와 라이바 연구팀은 쓴맛의 수용체의 유전자는 거스트듀신을 만들어 낸다는 사실을 발견했다. 또한 단맛, 쓴맛, 감칠맛의 수용체는 모두 같은 방법으로 2차 신경전달 경로를 사용한다는 연구결과를 발표하여 단맛과 쓴맛의 작동원리를 규명했다. 그 후 주커의 연구팀은 혀에 골고루 분포된 단백질이 신맛을 느끼게 하는 데 관여한다는 것을 발견하여 미각연구는 한층 더 빠른 속도로 발전했다.

반면, 미각의 신경이 연결된 두뇌 부위와 이 감각을 관장하는 두뇌 영역은 최근에야 알려졌다. 미각세포와 맛을 인지하는 영역 사이의 신경세포는 비교적 식별이 쉬운 신경다발로 이루어져 있지만, 맛을 판별하고 관장하는 뇌세포는 매우 복잡한 네트워크로 연결되어 있기 때문이다.

촉각연구의 소개

피부로 촉감을 감지하는 단백질 수용체는 18세기에 독일의 해부학 교수 파터(Abraham Vater)에 의해서 처음으로 관찰되었다. 그 후 1833년 이탈리아의 해부학자 파치니(Filippo Pacini)는 기계적인 수용체로서 접촉의 촉감을 받아들이는 수용체를 발견하였다. 그래서 '파치니' 소포체는 최초로 그 존재가 확인된 피부촉감을 확인하는 특수한 말단수용체가 되었다. 사람의 신체에서 완벽하게 포장된 신경말단이 광범위하게 피부의 다양한 부위에 분포되어 있고, 특히 손가락에 농축되어 있는 등, 여러 다른 구조들의 파치니 소포체가 밝혀졌다. 피부의 파치니 소포체는 빨리 적응하는 기계적인 신경말단의 수용체로, 높은 주파수의 진동과 압력에 감응한다는 사실이 밝혀졌다.

물리적 충격을 감지하는 수용체 중에 피부에서 가벼운 접촉도 민감하게 느끼는 마이스너 소포체의 신경말단의 존재는 독일의 해부학자 마이스너(Georg Meissner)에 의해서 밝혀졌다. 이들은 10~50헤르츠의 진동에도 반응하는 수용체로 가장 높은 민감성을 가진 촉감의 수용체이다. 이들 수용체는 피부의 전체에 퍼져 있으나, 손가락, 입술, 유두, 남자의 음경 등 특히 민감한 지역에 집중되어 있다. 1999년에 테일러(Taylor)는 대부분의 음경의 표피에 포장된 수용체가 상피 기초막과 접촉되고, 민감한 마이스너의 소체로 구성되어 있다는 사실을 발견했다.

피부접촉을 감지하는 수용체인 메르켈(Merkel) 세포는 타원형으로, 신경연접부와 접촉이 이루어지는 포유동물의 피부에서 발견되며 촉감세포(touch cell)로도 불린다. 이 세포는 약한 접촉에 대한 민감한 감각에 작용한다. 메르켈 세포는 피부 또는 포유동물의 점막 일부에서 발견되고, 압력, 위치, 접촉 등의 정보를 습득하여 물체의 모양이나 모서리를 인지한다.

또한 서서히 적응하는 기계적 수용체인 루피니(ruffini) 소체(말단)는 사람의 털이 없는 피부 또는 피하조직에 존재한다. 축 모양을 가진 수용체는 피부가 팽창되는 것에 민감하게 작용하고, 운동의 감지에 사용되며, 손가락의 위치나 움직임에도 반응한다. 루피니 소체는 피부의 표면을 따라 물건이 미끄러지는 것을 감지하거나 물건을 잡는 기능을 한다.

줄리어스(David Julius)와 파타푸티언(Ardem Patapoutian)은 온도와 촉각의 수용체를 발견한 업적으로 2020년 노벨생리의학상을 수상했다. 줄리어스는 고추의 매운 성분인 캡사이신을 사용하여 통증을 감지하는 수용체를 발견했다. 파타푸티언은 기계적인 자극에 감응하는 수용체를 발견함으로써 만성적 피부통증으로 고생하는 환자의 치료제 개발에 기여했다.

2 오감 인식의 생화학

감각의 인지과정

우리가 높은 곳에서 떨어지거나 발을 헛디딜 때는 주로 시각을 통해서 위험한 상황을 인지한다. 신체에 위험한 상황이 발생할 때는 시각이나 청각으로 감지된 정보를 통해 뇌에서 신속한 판단을 내려야 한다. 후각이나 미각, 촉각을 통해서도 외부 위험을 감지할 수 있으나, 시각과 청각보다는 받아들이는 정보가 제한적일 수 있다.

이렇게 오감의 신호를 인지하는 체계가 어떻게 작동하는지 이해하려면 먼저 신호가 어떻게 감지되는지 이해할 필요가 있다. 두 사람이 서로 대결하는 스포츠인 유도, 권투, 펜싱 등에서 시각은 매우 큰 역할을 한다. 보통 사람들도 평소 잘 넘어지지 않으려면 반드시 재빠른 대응을 위한 운동신경 훈련을 해야 한다.

시각 정보의 전달은 먼저 빛이 물체에서 방출되거나 반사된 후 개체의 시각기관에 도달하면서부터 시작된다. 물체의 크기, 모양, 색깔 등은 뇌가 과거의 경험을 바탕으로 판단하여 인식한다. 포유동물의 시각 시스템은 눈에서부터 시작하는데, 눈의 뒤쪽에는 특수화된 광수용체들을 가진 망막이 있어 빛을 신경활동으로 전환하는 기능을 한다. 망막의 신경세포들은 시신경세포로 이어져 시각의 정보를 각 기능을 담당하는 뇌의 부분으로 전달한다.

최근 우리가 사용하는 전자식 카메라도 눈의 시각 인식체계를 모방하여 제작된 것이다. 카메라의 렌즈에 해당하는 눈의 수정체를 통해 물체에서 반사된 빛이 들어오면 망막의 신경세포집단은 카메라의 감지장치(sensor)처럼 이미지의 정보를 정리하여 뇌에 전달한다. 사진기의 영상 프로세서가 이 감지장치에서 취합한 정보를 사진으로 재생하여 화면을 만들듯이, 뇌는 눈의 인식체계를 통해 실제 풍경과 똑같은 화면을 만들어서 볼 수 있게 된다.

눈의 망막에 있는 고깔모양 세포는 빛을 받아들이는 수용체에 따라 3가지 종류가 있다. 어두운 밤에도 물체를 볼 수 있게 하는 막대세포는 고깔모양 세포보다 빛의 세기에 1,000배나 더 민감하다. 이렇게 카메라의 감지장치의 기능을 하는 망막세포에는 3백만 개의 고깔세포와 10억 개의 막대세포가 있어서, 우리가 물체를 자세하게 재현해서 볼 수 있게 한다.

막대세포의 세포막 내부에서는 광수용체로 기능하는 옵신이라는 단백질과 레티널이라는 화합물질이 결합된 로돕신이라는 수용체 보조제가 시각의 인지에 관여한다. 센서가 복잡한 전자칩을 사용하듯이 눈의 망막세포에서 로돕신 단백질과 세포막 안쪽의 광수용체(7-TM 수용체)가 시각 정보의 수집에서 신호수용체 역할을 한다(그림 2-2). 특히 색상을 감지하는 과정에

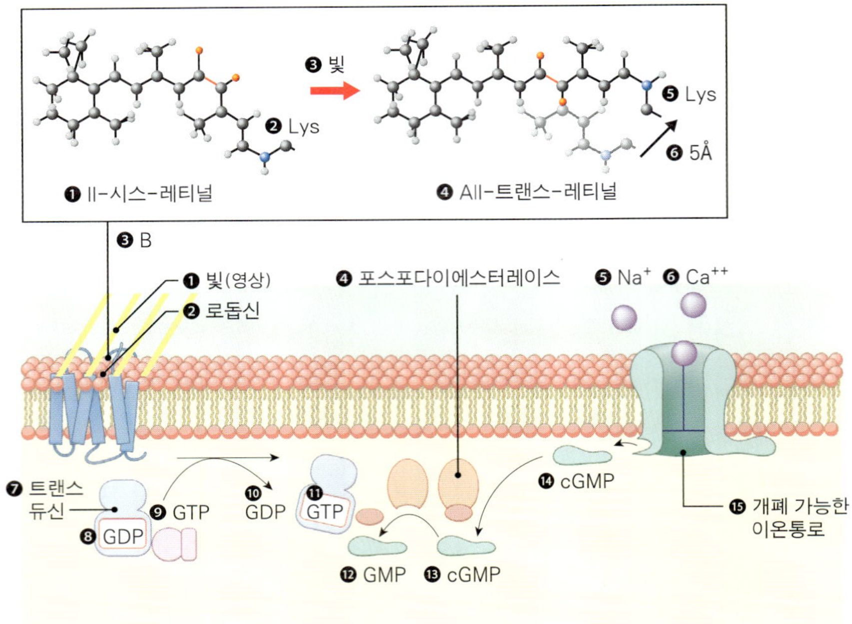

그림 2-2 눈의 막대 모양 세포인 로돕신은 레티널이 광수용체로 빛을 받아 레티널 분자를 변경시키면서 아주 미세한 변화를 유발하고, 이러한 정보는 로돕신을 통하여 세포 내부로 전달된다.

서 로돕신을 구성하는 11-시스레티널이라는 비교적 간단한 화학구조는 빛에 의해서 미세한 화학적인 구조의 변형을 통해 로돕신 단백질을 활성화하고, 이렇게 시각신호는 신경세포를 통해서 뇌로 전달된다.

냄새를 감지하는 후각 수용체는 세포 내부에 단지 한 가지 형태의 냄새 수용체를 가지고 있으며, 이 수용체는 제한된 수의 냄새물질만 감지한다고 한다. 1991년에 액셀(Richard Axel)과 벅(Linda B. Buck)은 공동으로 후각 수용체 단백질을 만들어 내는 약 1,000여 개의 유전자군을 발견했다. 코의 후각 수용체 세포는 호흡 과정에서 세포마다 정해진 냄새분자를 감지하고 신경신호로 바꾼 다음 뇌의 후각 영역에 전달하는데, 그러면 뇌가 냄새를 판별하고 기억할 수 있게 된다. 후각 공 뿌리의 미세부위의 수용체가 신호를 뇌의 다른 부분에 보내면 이곳에서 여러 후각 정보들이 합쳐지고, 뇌에서는 복합적인 냄새의 정보를 분석하고 기억해둔다. 그래서 봄에 라일락꽃의 향기를 경험했다면 시간이 지난 다음에도 그 냄새를 회상할 수 있다. 뇌가 그 기억을 되살려주기 때문이다.

맛은 혀의 표면에 있는 작은 돌기인 미각아(taste bud) 세포를 통해 감지되고, 여러 가지 맛은 서로 다른 생화학적인 전달 메커니즘을 통해 각각 다른 맛으로 감지된다. 하나의 돌기마다 맛을 인지하는 미각체가 한 개에서 수백 개까지 존재한다. 그리고 하나의 미각체에는 50~150개의 미각 수용체 세포가 존재한다. 이때 G-단백질과 연계된 미각 수용체는 단맛, 쓴맛, 감칠맛의 신호 전달 과정에 관여한다. 주커와 라이바는 단맛, 쓴맛, 감칠맛의 수용체가 모두 동일한 메커니즘으로 2차 신호를 받아들인다는 사실을 발견한 공로로 2004년 노벨생리의학상을 수상했다. 이때 혀의 미각아에 있는 감각 신경세포는 혀의 표면으로 연장된 미세융모(microvilli)를 통해 맛을 감지한다. 맛을 갖는 물질에 의한 자극은 감각신경세포를 통해 전기적인 펄스 형태로 뇌에 전달된다.

시각이나 후각과 마찬가지로 맛의 감각은 세포 표면에 붙어있는 7-TM 수용체가 특히 단맛과 쓴맛의 감지에 관여하며, 미각아에서 특수 G-단백질인 소단위체(거스트듀신)의 수용체는 단맛과 감칠맛(우마미)을 감지한다. 짠맛은 주로 소듐이온 통로를 통하여 수용체 없이 전달된다. 이온통로를 사용하여 신맛을 감지하는 체계는 수소이온의 이동으로 세포막을 통한 전류를 생성하고, 이온들이 감각신경세포의 세포막을 극성화시킴으로써 전류의 차이를 발생시켜 뇌에 전달한다.

청각기관에서 소리의 파동은 안쪽 귀의 달팽이관의 액체가 채워진 막 주머니인 달팽이각(cochlea)의 내부에서 측정하는데, 수용체는 달팽이각 내부의 특수한 신경세포인 머리카락 모양의 세포(hair cell)에 존재한다. 달팽이각에는 16,000개 정도의 머리카락 모양의 세포가 있으며, 머리카락 모양의 세포 하나마다 20~300개의 육면체로 구성된 한 묶음의 부동섬모(stereocilla)가 있다. 소리의 파동은 머리카락 모양의 세포막에 전위차를 발생시키는데, 머리카락 묶음이 3옹스트롬(0.3나노미터) 움직일 때 세포막에 전위차의 변화가 발생하고 곧바로 연결된 이온통로에 영향을 주어 뇌에 소리의 신호를 전달한다. 양쪽 귀로 듣는 소리 사이의 지연된 시간으로 소리의 발원지의 거리를 예측할 수 있다. 사람의 귀는 100분의 2초의 짧은 지연된 시간도 감지하여 소리의 발생장소를 뇌에서 계산하고 거리를 짐작할 수 있다.

평형감각의 수용기로서 속귀의 안뜰(전정)기관은 머리의 위치와 운동 관련 정보를 전달한다. 사람의 안뜰 신경은 감각 정보를 2개의 이석(평행석)기관과 안뜰 신경절을 거쳐 3개의 반원형도관에 위치한 안뜰 머리털세포(hair cell)를 통해 전달한다. 중력이나 머리의 직선 움직임은 이석기관이, 그리고 머리의 회전 움직임은 반원형 통로가 감지하는데, 이 두 가지 기능은 운동 환경 과정에서 신체의 감각과 시선의 안정성에 필수적이다.

피부로 감촉을 느끼는 것은 피부에 가해지는 압력이나 온도에 의한 자극 때문이다. 이 감촉신호의 전달에는 아밀로이드에 민감한 Na^+ 이온통로가 관여한다. 반면 고온이나 산 등에 의한 고통은 다른 통로로 전달된다. 피부로부터 오는 고통의 신호는 척추에 있는 고통처리체계를 통해 뇌에 전달되는데, 특수한 신호 접수 신경세포인 노시셉터(norciceptor)가 이 정보 전달의 수용체이다. 고추의 매운맛을 내는 성분인 캡사이신은 바닐로이드 수용체를 통해 고통의 형태로 신호를 전달한다.

흥미롭게도 시각, 후각 및 일부 미각 신호의 전달에는 앞에서 언급한 세포벽에 있는 단백질 수용체 중 7-TM 수용체가 사용되지만, 청각과 기계적인 충격, 압력으로 느끼는 감각체계인 촉각은 전혀 다른 방법인 이온-채널로 전달된다.

시각, 후각 미각신호의 전달경로: 7-TM 수용체

세포 바깥에서 발생한 감각신호가 신경망을 통해 뇌에 전달되는 과정에서 외부의 감각신호를 접수하는 수용체 단백질로는 세포막의 안팎에 걸쳐 있는 G-단백질과 부속 단백질이 있다. 이러한 신호를 받아들이는 세포벽의 수용체는 호르몬, 신경전달 물질, 시각, 후각, 미각 등과 같은 감각기의 신호전달 물질 등 모두 똑같은 모양을 가진 수용체들이 사용되어 신호정보를 접수하고 필요한 정보를 뇌에 전달한다. 특히 정보를 접수하는 기능의 단백질 수용체는 공통적인 구조적 특징으로, 단백질을 구성하는 펩타이드가 세포막을 7번 안팎으로 왕복하여 관통한다고 해서 7-TM(trans-membrane) 수용체라고 부르는 구조를 가지고 있다(그림 2-2). 이것은 정보 전달 메커니즘을 자세하게 밝힌 의미 있는 업적이다.

이렇게 독특한 구조의 7-TM 수용체는 G-단백질이 연결된 수용체(G-protein coupled receptor, GPCR)라고 하며, 세포 밖으로부터 전달된 신호를 세포 내부로 전달하는 역할을 한다. 현재까지 사람의 유전체 중에서 이러한 정보 전달 기능을 하는 비슷한 약 367종의 변환기(transmitter GPCRs) 단백질이 발견되었으며, 이러한 수용체는 인간의 생식, 대사, 면역, 운동, 소화, 호흡, 수면, 심리작용 등 대부분의 생리적인 기능 조절에 필요한 정보를 주로 뇌에 전달하는 기능을 한다.

이러한 중요한 기능 때문에 변환기 단백질(GPCR)은 신약개발과정에서 가장 주목받는 약물을 찾아내는 목표물질로 이용되고 있다. 정보 전달 단백질(GPCR) 중에서 부착되는 기능성 물질(리간드)과 기능이 아직 밝혀지지 않은 것들을 고아 정보 전달 단백질(orphan GPCR)이라 부르며, 이들에 부착된 물질인 신호화합물을 확인하고 그 조절물질을 고안하는 연구는 많은 신약물질 개발과정의 초기연구에서 중요한 정보로 쓰이고 있다.

청각과 촉각신호의 전달 - 이온통로

소리의 파동은 안쪽 귀의 달팽이관의 액체가 채워진 막 주머니인 달팽이각(cochlea)의 내부에서 측정한다. 달팽이각 내부에 있는 특수한 머리카락 모양의 세포(hair cell)의 신호를 접수하는 수용체가 청각 신호를 받아들인다. 달팽이각 내부에는 16,000개 정도의 머리카락 모양의 세포가 있으며, 각 머리카락 모양의 세포마다 20~300개의 육면체 한 묶음의 부동섬모(sterocilia)가 있다. 소리의 파동은 머리카락 세포막에 전위차를 발생시켜 머리카락 묶음을 미세하게 움직이게 할 때 세포막에 전위차의 변화를 유발하며, 바로 연결된 이온통로에 영향(10^{-8}m) 변화의 차이를 뇌에서 분석하는 것으로 보인다. 촉각이 느끼는 감촉은 피부에 감지되는 압력이나 온도에 의한 자극 때문이고, 이 과정에서 신경신호의 전달은 아밀로이드에 민감한

Na^+ 이온통로를 통하여 뇌에 정보를 전달한다.

짠맛을 감지하는 신경신호는 주로 소듐이온 통로를 통하여 정보를 뇌에 전달하며 청각, 촉각 및 미각의 신호는 마찬가지로 소듐이온 통로를 통해 전류의 흐름을 발생시켜 뇌에 전달한다. 소듐이온 통로는 4개의 소단위체로 구성되는데, 짠맛을 무력화하는 기능의 아밀로라이드(amiloride)에 민감하다고 해서 이 통로를 아밀로라이드에 민감한 소듐이온 통로라고 부른다. 이때 아밀로라이드는 Na^+에 대한 감지신경세포의 활성을 현저하게 낮춰 뇌에 전달하는 기능을 하는 것으로 알려졌다.

피부로부터 오는 고통의 신호는 척추에 있는 고통처리체계와 또는 뇌에 전달되어 감지되는데, 특수한 신경세포 수용체인 노시셉터(nociceptor)가 이 기능을 수행하고 있다. 고추의 매운맛을 내는 성분인 캡사이신(capsaicin)은 이를 감지하는 바닐로이드 수용체를 이용하여 고통의 신호를 척추를 통하여 전달하는 것으로 밝혀졌는데, 구체적인 메커니즘은 아직 밝혀지지 않았다.

3 감각을 전달하는 신경망과 뇌의 대응

감각의 인지과정

신체에서 신경망은 마치 국가의 통신망체계처럼 생명의 보호와 유지에 핵심적인 역할을 담당하고 있다. 수용체가 접수하는 모든 감각신호는 신경전달체계를 통해 뇌에 전달된다. 뇌에서는 여러 신호를 분석하고 이에 대응하는 신호를 근육신경망을 통해 신체의 여러 곳에 전달하여 적절한 반사운동을 일으킨다.

신경과 뇌의 연계 작용에 대한 좋은 예가 있다. 목이 마를 때, 컵에 물을 따라 마셔야겠다고 생각함과 거의 동시에 우리의 팔은 물병을 향해 움직인다. 또한 급한 일이 생겼을 때는 뛰어야겠다고 생각하는 동시에 우리의 다리가 뛰기 시작한다. 우리는 평소에 이러한 사실을 자각조차 하지 못하지만, 인류는 긴 역사 동안 외부에서 오는 정보를 항상 받아들이고 곧바로 방어한 덕분에 지금처럼 오래 살 수 있게 된 것이다.

우리가 생각을 하면 우리의 뇌에 그물망처럼 촘촘히 존재하는 신경세포를 따라 신경전달 물질이 신경연접부로 분비되며 우리의 팔이나 다리의 근육에 도착한다(그림 2-2). 뇌에서 전달된 신호는 신경세포를 통해 신경근 연접부에서 신경전달 물질로서 근육에 전달되며, 특수한 이온들을 생성하여 근육의 움직임의 신호로 바뀌게 되고 신체의 각 부분들이 우리의 생각대로 움직이게 된다.

신체 내·외부의 환경변화를 인식하고 대응하는 신경계는 인간이 살아가는 데 있어 크게 네 가지의 중요한 기능을 수행한다. 첫 번째로, 내분비계와 함께 작동하여 호르몬을 분비하고, 신체 내부의 종합적인 항상성의 유지에 관여한다. 두 번째로, 수의적인 운동조절을 통해 신체가 생각대로 움직일 수 있게 해준다. 세 번째로, 운동감각의 신호를 받아들이고 또 전달하는 척수 반사를 통해 즉각적으로 대응한다. 마지막으로 뇌에서는 그동안 축적된 기억과 경험을 통해 적절히 대응한다.

신경전달의 메커니즘 및 연구 배경

오감의 감각신호를 뇌에 전달하고 또 그에 대응하는 정보를 신체 각 부위에 다시 보내는 기능을 하는 신경계는 뇌와 척수를 포함하여 '중추신경계'라고 부른다. 중추신경계통에서 신체의 말단 부분에 연결하여 정보를 전달하는 신경계는 '말초신경계'라고 부른다.

신경계를 기능적으로 분류하면 신체의 운동이나 감각의 조절을 관장하는 신경을 '몸신경계', 호흡과 순환 등에 관여하며 내장신경을 관장하는 신경을 '자율신경계'라고 한다. 자율신경은 신체의 항상성을 유지하는 신경으로, 흥분했을 때 에너지를 소비하는 형태의 '교감신경계'와 이에 대응작용을 하는 '부교감신경'으로 나뉜다.

이 두 신경은 중추신경계 안에서 통합되는데, 중추로부터 각 기관에 이르는 신경을 '원심성 신경'이라 하고, 반대로 기관으로부터 중추에 흥분을 전달하는 신경을 '구심성 신경'이라고 한다. 이처럼 매우 복잡한 신경망이 우리 신체의 보호와 유지를 위해서 정보의 접수와 전달을 담당한다.

뇌는 기능에 따라 중뇌, 숨뇌, 시상, 시상하부, 소뇌, 대뇌피질 등으로 나뉜다. 그러나 뇌 안의 모든 부분이 독립적으로 기능하는 것은 아니고, 서로 밀접하게 신경섬유로 연결되어 협동적으로 작용한다.

신체에서 중추신경계가 하는 주된 기능의 특징은 반사(reflex)와 통합(integration)이다. 반사는 감각수용기로부터 전달되는 흥분충동으로, 중추신경계 내의 어디에서든지 본인의 의사와는 관계없이 원심성신경에 전달되어 대응한다. 몇 가지의 반사가 목적에 알맞게 뇌에서 조합되는 것을 통합이라 한다.

신체에서 모든 반사의 중추는 척수이며, 주로 신체의 움직임을 통하여 신속하게 외부 위험으로부터 몸을 보호한다. 척수는 신체 각 부분으로 뻗어 가는 신경섬유묶음과 그 신호를 받아들이고 보내며 중계하는 신경세포로 구성된다.

신체의 움직임에 관여하는 신장반사(stretch reflex) 과정은 골격근을 당겨서 빨리 늘리면 근방추가 흥분되고, 그로부터 나오는 구심성 흥분충동이 척수에 전달되어 운동신경원을 통해 근육을 수축하는 반사를 일으키면서 이루어진다. 병원에서 고무망치로 무릎을 치면 나타나는 무릎반사가 대표적인 신장반사이다. 또 굴곡반사(flexion reflex)는 팔이나 다리의 피부를 강하게 자극할 때 근육이 수축하여 자극으로부터 도피하려고 하는 반사를 말한다. 이러한 반사는 신체에 발생하는 위험을 피하려는 작용을 하고 있다는 의미로 방어반사로 불리기도 한다.

오감의 신호를 받아서 뇌와 척수에 정보를 보내는 신경세포(neuron)는 기능과 위치에 따라 다양한 구조를 가지고 있지만 공통적으로 세포체, 가쪽섬유단(축삭)돌기, 그리고 종말돌기의 세 주요 부분으로 구성된다(그림 2-1). 세포의 핵과 세포소기관이 세포체에 있으며, 몸체에서는 가지돌기라 불리는 안테나 같은 구조가 여러 개 뻗어 나와 있어 다른 세포로부터 신호를 받을 수 있는 표면적을 증가시킨다. 세포체 표면에 있는 가지돌기는 세포체 내부로 신호를 전달해 주는 역할을 한다.

대부분의 신경세포의 세포체와 가지돌기의 원형질막에는 화학전달물질인 신경전달 물질이 결합할 수 있는 수용체가 존재한다. 그래서 가지돌기와 세포체는 신경의 신호를 입력하고, 정리하며, 해당 정보를 전달하는 작용을 수행한다. 오감에서 인식된 외부 신호정보가 다른 신경세포나 근육 등에 전달되는 정보의 연결체를 신경연접부(synapse)라고 하는데, 이렇게 신경세포 사이 틈새의 공간에서 새로운 형태의 정보 전달이 일어난다는 사실은 1897년 셰링턴에 의해 처음 밝혀졌다(그림 2-1).

신경계가 감각기관을 통해 얻은 정보는 두 가지 방법으로 전달된다. 첫 번째는 전기적인 방법으로 신경세포들 사이의 연결을 통해 신경세포들이 직접접촉을 하고 이온의 전류를 보내는 방법이다. 두 번째는 화학적인 방법으로 신경세포 틈새를 통하여 신경전달 물질을 방출하여 다음 신경세포의 수용체가 그 신호를 인지하도록 하는 방법이다. 화학적 방법이 상대적으로 느리지만 덕분에 신호의 공간적인 연결과 시간적인 연결이 이루어질 수 있으며, 흥분과 억제가 구분되어 더욱 복잡한 신호를 보낼 수 있다.

1921년 뢰비(Otto Loewi)는 미주신경(심장과 장에 분포하고 있는 부교감신경)이 붙어 있는 개구리 심장과 미주신경이 제거된 개구리 심장을 서로 다른 링거액에 담그고, 두 용기 사이의 링거액이 서로 통하도록 유리관으로 연결했다. 첫 번째 개구리의 심장에 붙어 있는 미주신경을 자극하자 심장의 박동이 느리게 나타났다. 그런데 놀랍게도 미주신경이 제거된 두 번째 개구리의 심장박동도 동시에 느려졌다. 즉, 뢰비의 실험에서 첫 번째 개구리의 심장에 붙어 있는 미주신경을 자극하면 이 신경의 말단에서 어떤 물질이 유리되어 나와 링거액을 통해 신경이 없는 두 번째 개구리 심장에 직접 영향을 미친다는 사실이 처음으로 밝혀진 것이다.

이 실험으로 신경에 영향을 주는 신경전달 물질의 존재와 그 신경전달 물질을 이용한 화학적 신경연접부의 존재가 처음 확인되었다. 데일(Henry Dale)은 1914년에 이미 신경전달 물질로 아세틸콜린의 존재를 처음으로 밝혀냈고, 뢰비는 신경전달에서 이 물질의 중요성을 규명하여 데일과 함께 1936년 노벨생리의학상을 공동으로 수상했다.

전기적 신경연접부는 방어 반사와 같은 빠른 반응을 필요로 하는 일부 신경계에만 존재하는 것에 비해, 화학적 신경연접부는 대부분의 신경계에서 모두 찾아볼 수 있다. 또한 대부분의 전기적 신경연접부는 신호를 양쪽으로 보낼 수 있는 양방향성인 반면, 화학적 신경연접부는 신경세포의 가쪽섬유단돌기에서 신경연접후부 외부에 있는 신경세포의 가지돌기로 진행하는 단일방향성을 가진다. 위험요소에 대항하는 근육운동은 신경계에서 신경전달 물질이 분비되어야 비로소 시작한다.

대표적인 신경전달 물질로는 아세틸콜린, 에피네프린, 도파민, 세로토닌,

가바(GABA), 히스타민 등이 있다. 그 중에서 주로 근육운동과 밀접한 관계에 있는 신경전달 물질은 아세틸콜린, 에피네프린, 도파민 등이 있다(표 2-1). 에피네프린이 주요기능을 하는 신경세포는 숨뇌에 위치하며, 혈관운동의 조절과 압력 수용체의 조절에 주로 관여한다.

에피네프린은 부신이나 교감신경말단에서 분비되며, 심장에 작용하여 심박수 및 심박출량을 증가시킨다. 또한 피부 속 소동맥과 위장관을 수축시키고, 골격근의 소동맥을 팽창시키는 작용도 한다. 에피네프린은 심혈관운동의 조절뿐만 아니라 스트레스 반응, 호르몬조절, 식이 조절 등에도 관여한다. 특히 간에 있는 포도당의 글리코겐 분해를 촉진함으로써 혈당 수준을 높이는 동시에 지방세포 속의 지질을 분해하기도 한다. 그래서 에피네프린이 비정상적으로 많아지면 고혈압에 걸릴 수 있다.

도파민은 예전에는 단순히 노르에피네프린과 에피네프린의 초기물질인 전구체로만 생각되었다. 하지만 1958년 스웨덴의 칼손(Arvid Carlsson)에 의해 도파민이 단순한 전구체가 아니라 신경전달 물질로서 기능한다는 사실이 밝혀졌다. 이 연구 성과로 칼손은 2000년 노벨생리의학상을 수상했다.

도파민은 신경전달 물질로서 중간 뇌, 중간 뇌 변연-중간 뇌 피질, 흑질선조체에서 만들어지고, 결절누두나 자율신경에서 분비되기도 한다. 도파민은 중간 뇌 변연-중간 뇌 피질 신경계에서 사고의 형성이나 감정, 정형행동들을 조절하는 기능을 한다. 또한 흑질 선조체에서는 운동의 시작과 지속에 관여하는 중요한 역할을 한다. 만약 이 신경계가 손상되면 운동의 시작이 어려워지고, 운동을 시작했더라도 다른 운동으로 바꾸는 과정이 어려워진다. 이와 같은 증상은 파킨슨병의 증상에서 잘 나타난다.

표 2-1 신경전달물질

구조 특성	이름	기능
아미노산	감마-아미노부틸산(GABA)	
아세틸콜린	아세틸콜린	각성, 감성, 무드, 학습, 모터기능, 단기기억
모노아민(Phe, Tyr)	도파민	각성, 인식의 조절, 감정, 무드, 동기, 성적각성, 운동기능
모노아민(Phe, Tyr)	노아에피네프린	각성, 근심, 인식의 조절, 부정적감성, 기억, 고통의 감각
모노아민(Phe, Tyr)	에피네프린(아드레날린)	각성, 근심, 인식의 조절, 부정적감성, 기억, 고통의 감각
모노아민(Trp)	세로토닌	각성, 신체온도, 감성 무드, 공격성, 감각감지
모노아민(Trp)	히스타민	각성, 음식, 에너지조절, 학습, 기억
펩타이드	엔돌핀	통증차단, 진통
알칼로이드	몰핀	통증차단, 진통
기체신호물질	산화질소(NO)	구아닐사이클레이스 활성화

4 기억의 저장방법과 통제

뇌는 모든 생체기능을 관리·조절하고, 기억하고 학습하며, 또 인간이 감정을 갖도록 하는 등 복잡하고 중요한 기능들을 수행하는 가장 중요한 신체기관이다. 사람이 만물의 영장이 될 수 있었던 까닭은 진화 과정에서 급속도로 발전한 뇌의 기능 때문이다. 또한 뇌는 우리가 건강을 유지하는 데 중추적인 역할을 한다. 그동안 뇌 과학자들은 사람의 뇌가 어떠한 메커니즘으로 작동되는지 오랫동안 의문을 품고 연구하였으며, 최근 20년 사이에는 새로운 사실들을 대거 밝혀내는 성취를 이루어냈다.

최근 생명과학에서 뇌의 연구가 급속도로 발전하여 큰 성과를 얻었다. 미국 컬럼비아 대학의 신경과학자 캔들(Eric Kandel)은 매우 정교한 신경세포 간의 신호 전달과정에서 기억이나 감각의 형성과 관련된 뇌 신경세포의 기능을 생화학적으로 설명한 공로로 지난 2000년 스웨덴의 칼손, 미국의 그린가드(Paul Greengard)와 함께 노벨생리의학상을 수상했다.

인간의 모든 의식과 기억하는 능력은 뇌 신경세포들 간의 생화학적 신호전달의 결과로 설명이 가능해졌으며, 이 과정에서 뇌세포 간의 신호전달체계가 집합되어 형성된다는 사실이 밝혀졌다. 캔들은 기억이 축적되고 유기적으로 조화되어 경험으로 작용하는 과정은 신경세포 간의 신호전달 네트워크의 형성과 확산작용 때문이라고 설명했다. 우리가 스스로를 인식하고 사고하는 것은 뇌 속에서 감각을 인식하는 기능을 하는 신경연접부에 2백~3백만 개의 신경섬유 다발이 연속적으로 상호작용하기 때문이다.

사람의 뇌 속에는 1천억 개의 신경세포가 있으며, 전기화학적인 신호에 의해서 상호 간의 신호를 교환한다. 이때 신경세포와 신경세포 사이의 신경연접부라는 좁은 통로에서 분비되는 신경전달 물질 등을 매개로 신호가 전달된다. 신경연접부에 의해서 연결된 신경세포들이 모인 신경계(neurosystem)는 또 다른 인식기능의 단위로, 기억하고, 배우고, 감각을 감지하고, 숨 쉬거나 운동하는 등의 신체 기능을 조절하고 작동시킨다. 종합적으로 신체의 행동과 생각을 결정하는 뇌의 더 높은 차원의 기능을 이러한 신경계가 수행한다. 모든 사람이 제각기 개성을 갖고 있는 것 또한 전적으로 생물학적 뇌의 기능 때문이다. 앞으로 더 깊은 단계의 뇌 연구는 인간의 개별적·공통적 특성에 대한 연구를 통해 가능해질 것이다.

캔들은 바다 괄태충(aplysia)의 신경계를 실험 모델로 삼아 지식의 학습과 기억에서 신경연접부(synapse)의 변화가 어떤 역할을 하는지 밝혀냈다. 그동안 베일에 싸여 있었던 우리 뇌 속의 비밀을 처음으로 분자 수준에서 밝힌 것이다. 캔들은 단기기억의 형성은 신경연접부의 단백질을 단순히 인산화하여 이루어진다는 사실을 발견했다(그림 2-3). 더욱 약한 자극을 가하면 몇 분에서 몇 시간밖에 지속되지 않는 더욱 짧은 기억이 형성되었다.

단기기억은 특수한 이온통로를 통해 더 많은 칼슘이온이 신경말단에 진입하여 형성된다. 신경연접부의 모양과 기능은 단백질 합성과정의 변화를

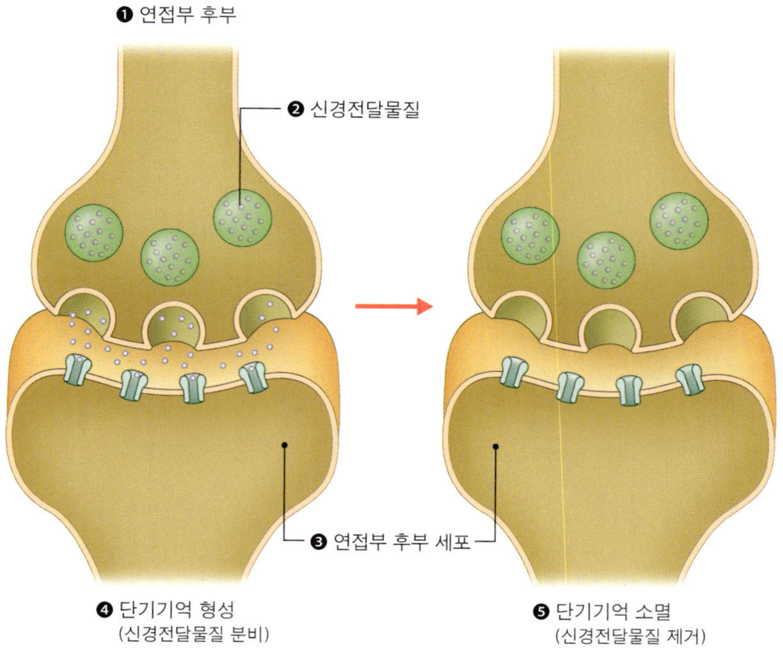

그림 2-3 단기기억의 형성 비교적 약한 자극에 의해서 만들어진 단기기억은 신경연접부에 신경전달물질이 축적되어 만들어진다. 임시로 뇌의 신경세포에 단기기억이 저장된다.

통하여 변형되므로 이 단기기억이 오래 남는 기억으로 발전하기 위해서는 시간이 경과해야 한다(그림 2-4).

캔들이 실험모델로 선택한 바다 괄태충은 신경세포의 수가 2만 개로 적은 것이 특징이며, 아가미를 보호하는 단순한 보호성 반사작용을 하기 때문에 기본적인 학습 메커니즘의 연구에 적합했다. 캔들은 괄태충의 감각신경세포가 신경세포에 연결됨에 따라 보호적인 반사작용을 일으키는 근육 그룹을 활성화하고 동시에 신경연접부가 증폭되면서 학습이 이루어진다는

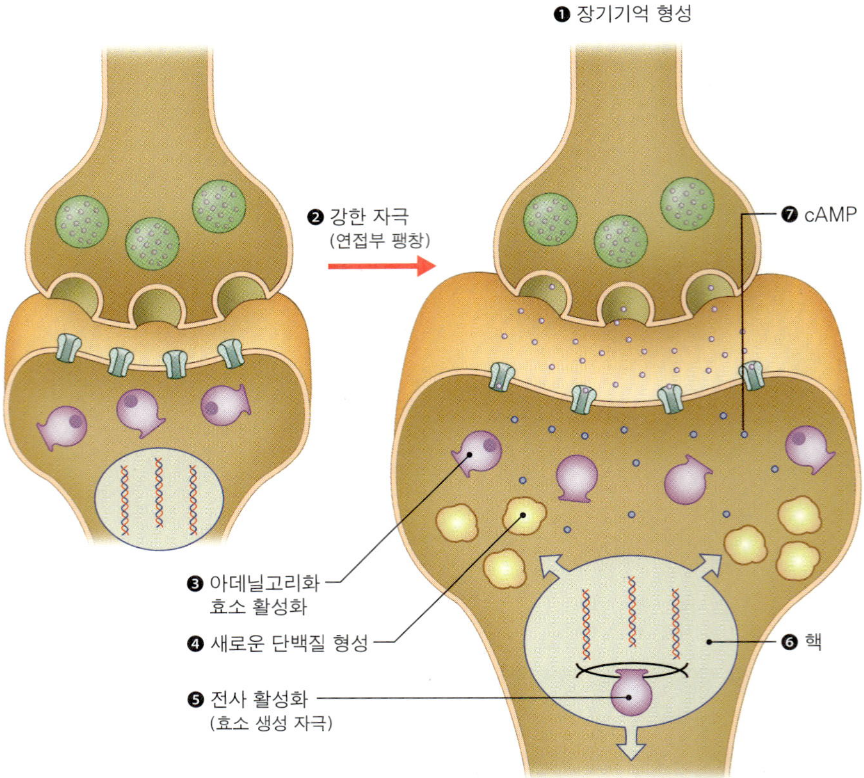

그림 2-4 장기기억의 저장 강력한 자극으로 이미 저장된 기억은 신경연접부 내부의 아데닐 고리화효소를 활성화시켜 신호물질 cAMP를 형성하여 수면기간 동안 장기기억으로 신경세포를 자극한다. 그러면 유전자가 필요한 특정 단백질을 합성하고 더 복잡하고 팽창된 신경세포가 변경되어 뇌에 신경망을 구축함으로써 저장된다.

사실을 증명했다. 그의 실험 결과를 요약하면, 기억 형성을 위한 신경 신호의 전달은 전기적 자극에 의해 신경연접부의 말단에서 신경전달 물질을 분비하고, 그 신경전달 물질이 연접부 후부 세포막의 수용체 단백질에 부착되면서 이루어진다. 이처럼 기억이 만들어지기 위한 신경신호의 전달 과정에서 신경전달 물질이 분비되는 메커니즘이 분자 수준에서 규명되면서 사람들은 뇌가 이제까지 생각했던 것보다는 상당히 간단한 방법으로 기능한다는 사실을 알게 되었다.

나아가 이 실험에서 더 강력하고 오래 지속되는 자극이 가해지면 수 주일 동안 지속되는 장기기억이 형성되는 것이 확인되었다. 강력한 자극은 신호전달 물질인 cAMP(고리형 아데노신 일인산)의 양을 증가시키는 동시에 단백질 인산화효소A의 활성을 촉진한다. 이 신호들은 신경세포의 핵에 도달하여 신경연접부 내에 새로운 단백질들이 합성되도록 한다. 이때 어떤 단백질의 형성은 증가하고 다른 단백질은 감소하는데, 결과적으로는 연접부의 모양이 점점 더 커지면서 신경연접부는 장기적으로 단백질의 지속적인 증가를 유발한다. 즉, 단기적인 기억과 달리 장기적인 기억의 형성 과정에는 새로운 단백질의 생성이 뒤따른다. 새로운 단백질의 합성이 억제될 경우 장기적인 기억의 형성은 차단되지만 단기적인 기억에는 별 영향이 없는 것으로 밝혀졌다.

이와 같이 캔들이 모델 생물을 이용하여 설명한 기억형성의 근본적인 메커니즘은 사람에게도 역시 적용된다. 그래서 우리의 기억은 신경연접부의 신경세포망 내부에 위치하며, 다른 형태의 기억을 하면 신경연접부의 기능의 변화가 일어난다는 사실도 밝혀졌다. 아직도 기억형성의 복잡한 기능을 완전히 이해하려면 갈 길이 멀지만, 캔들의 연구 방법은 복잡한 기억의 내용이 어떻게 우리의 신경계에 저장되는지 연구할 수 있는 길을 제시함으로써 뇌의 기능연구에 결정적인 초석을 마련했다.

뇌에 있는 천억 개가 넘는 신경세포들과 1조 개에 달하는 교세포(glia)들은 기억과정에서 질서 있는 배열을 통해 3차 구조의 독특한 조직을 만들어

낸다. 이때 신경세포는 한 치의 오차도 없이 특정한 신경세포들과 서로 교차된 신경망으로 구성되므로 기억이나 신체의 지속적인 운영체계가 구성된다(그림 2-4). 이렇게 정교하고 복잡한 수천억 개의 신경세포들로 구성된 신경체계가 단순한 신체의 운동에서부터 호흡 조절 등의 건강 관리, 생각, 예술과 문화 활동에 이르기까지 모든 뇌의 기능을 가능하게 한다는 사실이 밝혀졌다.

사람 뇌에서 신경회로는 언제나 스스로 학습을 통하여 또는 환경의 요인들에 의해서 변화할 수 있는데, 이것을 신경 또는 신경연접부의 '가소성'이라고 부른다. 계속해서 발전하는 이러한 신경연접부의 가소성 때문에 두뇌는 우리의 상상을 벗어나는 놀라운 능력을 발휘할 수 있는 것이다.

신경회로가 외부요인에 따라 변화하는 과정에서 신경세포는 질서정연하고 정교하게 연결되어 새로운 회로를 구성하면서 변화한다. 즉, 학습을 통해 외부로부터 얻은 지식이 신경계에서 처리되는 과정에서 특정 신경회로망의 신경연접부들이 강화되거나 약화되는 것이 신경연접부의 가소성이다. 이러한 신경연접부의 가소성은 사람마다 차이가 있으며, 이것이 개성과 지능의 차이로 나타난다.

허블(David H. Hubel)과 비셀(Torsten N. Wiesel)은 시각의 인식 과정에서 대조, 모양 및 움직임을 설명하는 특수한 임무를 맡는 세포에 의해서 대뇌피질의 신호가 순차적으로 분석된다고 밝혔다. 연구에 따르면 이러한 능력은 생후 초기의 어린 시절에 발달한다.

한편 스페리(Roger W. Sperry)는 사람이나 동물의 뇌는 반쪽이 어떤 특정 기능을 수행한다는 사실을 발견했다. 그는 심한 간질 환자의 병세를 완화하는 반 뇌에 연결된 신경의 기능을 연구하면서, 왼쪽 뇌는 추상적이고 분석적인 생각, 계산, 언어 능력에 관여하고, 오른쪽 뇌는 공간적인 모양이나 음악 같은 복잡한 소리에 더욱 집중하여 작동한다는 것을 확인했다. 이러한 연구업적으로 허블, 비셀, 스페리는 1981년 노벨생리의학상을 수상했다.

위치를 알 수 있는 감각과 길을 찾는 능력은 우리가 생존하는 데 필수적이다. 위치감각은 어떤 환경에서 주위를 인식하고 움직일 때 거리에 대한 감각이나 위치에 대한 과거 지식을 기반으로 이루어진다. 위치감각과 길 찾기 능력은 오랫동안 철학자들과 과학자들의 관심사였다. 오키프(John O'Keefe)는 1971년에 위치체계에 관여하는 신경세포를 뇌의 해마에서 발견했다. 그는 쥐가 방의 특정 장소에 있을 때 활성화되는 신경세포를 발견했는데, 다른 장소로 옮기면 다른 신경세포가 활성화되는 것을 관찰하고 이 세포가 방의 내부지도 같은 것을 만든다는 사실을 유추해 냈다.

노르웨이의 과학자 모세르(May-Britt & Edward Moser) 부부는 2005년에 뇌의 위치체계를 담당하는 새로운 유형의 신경세포 집단인 격자세포를 발견하였으며, 이 세포가 위도와 경도를 파악하는 일종의 좌표를 생성해 정확한 위치를 가늠하고 진로를 탐색한다는 것을 확인했다.

이 연구를 통해 해마의 네트워크 상태의 기능이 밝혀졌는데, 해마에서 형성된 치매 등의 신경퇴행성 질환으로 위치나 진로의 기억을 상실하는 현상이 신경병리적으로 설명 가능해졌다. 또한 이 연구의 성과는 지각, 기억, 행동과 관련하여 최근에 개발된 광학적·전기생리학적인 기록 기술을 통해 실제로 확인해 볼 수 있게 되었다. 미국의 오키프와 노르웨이의 모세르 부부는 이 연구의 업적으로 2014년 노벨생리의학상을 공동 수상하였다.

그동안 뇌 연구의 성과를 종합해 보면 기억은 가소적인 변화를 일으키는 신경연접부 회로에 저장된다. 이를 근거로 기억력을 인위적으로 향상할 수 있을 뿐만 아니라 치매로 인한 기억력의 감퇴도 막을 수 있는 약물이 개발될 것으로 보인다. 또한 신경전달 물질의 불균형으로 야기되는 각종 신경정신 질환 또는 마약중독 증세를 치료하는 방법이 개발될 수도 있을 것이다.

뇌의 의식, 상상력, 사고력 및 의지력 등이 이러한 신경메커니즘에 의해서 어떻게 수행되는지 밝혀내는 것이 앞으로의 과제이다. 아직도 많은 사람들이 육체와 영혼은 서로 별개의 것이라고 믿고 있지만, 모든 사고의 원천은 뇌에 있는 여러 물질들의 생리학적·화학적 작용이다. 지금도 많은 생화학자들이 뇌의 기능에 필요한 다양한 효소나 단백질, 그리고 이들 단백질을 생성하는 유전자를 탐색하는 연구들을 진행하고 있다.

두뇌는 암기능력, 집중능력, 분석능력, 기획능력, 적응능력, 반사능력, 응용능력 등 다양한 기능이 있다. 두뇌의 모든 기능이 동시에 개발될 수는 없고, 다만 뇌의 일부 기능이 훈련을 통해 개발될 수 있다. 학습 능력이 뛰어난 사람은 뇌의 기능들 중에서 두세 가지의 기능이 잘 개발된 것으로 볼 수 있다. 또 공부를 잘하는 사람이 사회적으로 성공하지 못하는 경우는 뇌의 여러 가지 능력 중에서 사회적인 적응력, 분석력, 응용력 중 어느 것이 부족해서 나타나는 현상으로 볼 수 있다. 과학 분야에서 노벨상을 수상한 사람들을 분석해 보면 모두가 공부를 잘한 천재인 것은 아니고 특출한 창의력과 집념을 갖춘 연구자들이 대부분이었다는 점으로 미루어 보아, 개인의 소질과 능력을 찾아서 인생의 목표를 정하는 것이 바람직하다.

오늘날 우리 사회의 각 분야에서 출중한 업적을 이룩한 사람들은 뇌의 능력 중의 일부를 발전시켜 그렇게 된 것이다. 또한 훌륭한 운동선수나 예술가를 키워 내는 부모들은 자녀의 특정한 뇌의 기능을 먼저 발견하고, 그

것을 오랫동안 훈련시켜 뛰어난 성과를 얻게 된 것이다. 따라서 부모는 자녀가 어떤 분야의 뇌의 기능이 탁월한지 파악하고 꾸준한 학습을 통해 전문가가 될 수 있도록 교육하는 것을 중요한 목표로 삼아야 한다.

필자는 오랫동안 두뇌가 뛰어난 많은 사람들을 가르치고 접했지만, 적응력, 집중력, 응용력, 투지력 등이 부족하여 성공을 거두지 못한 경우를 종종 보았다. 최근 세계적인 피아니스트가 자신은 매일 14시간을 연습으로 보내는데 주변 사람들은 그런 자신을 피아노의 천재라고 부른다는 이야기를 들려주었다. 이 이야기는 우리에게 연습과 노력이 성공의 필수적인 요소임을 깨닫게 해준다.

뇌 과학자들은 창의성을 생물학적인 관점에서 살펴보면 뇌의 좌반구와 우반구가 서로를 억제하고, 좌반구의 손상이 우반구의 창의성을 해방한다고 말한다. 좌반구는 자극(단어나 대상)이 얼마나 자주 오는지와 상관없이 늘 그 자극에 반응한다. 반면에 우반구는 반복되는 자극에는 무디지만 새로운 자극에는 항상 활발하게 반응한다. 따라서 새로운 것에 관심을 더 많이 보이는 우반구가 창의력을 더 높인다고 볼 수 있다.

필자는 이 책에서 뇌가 신체 건강의 유지와 관리에 가장 중요한 역할을 한다고 주장한다. 뇌는 우리 생존에 중요한 요인들을 즉시 인지하고 필요에 따라 적절한 조치를 하는 건강관리 사령부의 역할을 하기 때문이다.

특히 흡연이나 마약복용 같은 유해한 행동을 그만두기 위해서는 특별한 결단력이 필요한데, 결연한 의지와 실천하는 노력은 모두 뇌의 지배하에서 이루어진다. 평생 건강하게 살기 위해서는 먼저 문제를 스스로 파악하고 부지런하게 실천하는 뇌의 결단이 반드시 필요하다.

건강한 노후를 위해서는 외부 위험요소에 대응하는 지속적인 훈련이 필요하다. 뇌는 훈련을 통해 긴급한 위험에 빨리 대처하도록 숙련될 수 있는 것으로 보인다. 운동선수들이 신체적으로 보통 사람보다 뛰어난 위기 대처 능력을 가지는 까닭은 오랜 훈련으로 뇌가 대응을 기억해 두었다가 필요에 따라 즉각 대처하기 때문이다. 오랜 수명을 유지하며 노후를 건강하게 보내기 위해 뇌의 역할이 대단히 중요한 이유가 여기에 있다.

특히 현대사회를 살아가는 데 건강 유지에 필요한 지식들을 습득하는 것도 모두 뇌가 담당한다. 그래서 일생을 건강하게 살고 싶다면 자신의 상황에 필요한 과학적인 대처 능력을 기르고, 합리적이지 않은 정보에 현혹되지 않도록 의지와 결단력으로 대처해야 한다.

제 3 장

문화생활과 생체감각의 역할

1 초기 인류문화의 시작

두 발로 걸을 수 있고 원숭이처럼 뇌가 작은 오스트랄로피테쿠스는 4백만 년 전에 등장했다고 한다. 230만 년 전에는 도구를 다루는 호모 하빌리스가, 그리고 서 있는 사람이라는 의미의 호모 에렉투스가 나타났다고 한다.

최초의 인류의 출현에 대해서는 여러 인류학적 학설이 있는데 그중에서도 비교적 신뢰도가 높은 학설은 아프리카 기원설이다. 이 가설에 의하면 인류는 동아프리카 사바나 지역에서 20만 년 전에 발생한 돌연변이가 세계 각 지역으로 이주하면서 모든 인류가 시작되었다. 또 다른 학설에 의하면 40만 년 전에 서유럽에 퍼져 살던 네안데르탈인은 석기를 사용하고 동굴에서 무리 지어 살았다. 20만 년 전에는 두뇌가 더 명석한 호모사피엔스가 나타났으며, 이 종족은 언어를 사용했다는 학설이 있다. 2만 4천 년 전에는 네안데르탈인은 모두 도태되고 호모사피엔스만 살아남게 되었다고 한다.

생명과학자인 필자에게 다소 생소한 분야이긴 하지만 지금 우리가 누리고 있는 문화예술 활동의 시작을 예측해 보는 것은 흥미로운 일이다. 인류 초기의 문명이 어떻게 시작되었을까 생각해 보면, 인류가 정착생활을 하게 되면서 비교적 안정된 가족 단위의 사회생활이 가능해졌고, 동시에 문화생활이 시작되어 동물과는 다른 양상으로 사람의 삶의 형태가 발전하기 시작했을 것이라고 추측해 볼 수 있다.

산업체계의 변화와 생명과학

사람의 생체감각을 활용한 문화적인 활동은 예술뿐만 아니라 산업과도 연관이 있기 때문에 인류문명의 발전을 전반적으로 살펴볼 필요가 있다. 현재 우리는 인류문명의 오랜 발전 과정에서 산업이 가장 획기적으로 변화하는 시기에 살고 있으며, 특히 4차 산업혁명으로 인공지능의 활용과 더불어 뇌와 관련한 중요한 연구들이 진행될 것이 예상되므로 여기에서 논의해 보기로 한다.

농경사회에서 산업사회로 변화하는 1차 산업혁명은 영국에서 증기기관차가 발명된 1784년에 시작되었다. 이후 19세기에서 20세기 초, 특히 전기동력을 사용하게 된 1870년부터 2차 산업혁명이 일어나면서 신체노동에서 기계를 이용한 작업으로 인류의 생활양식이 급격하게 변화하기 시작했다. 그리고 20세기 후반인 1969년부터 컴퓨터와 인터넷이 연결된 정보화시대가 도래하면서 모든 생산 작업 활동이 자동화되는 생산체계인 3차 산업혁명이 시작되었다. 그리고 이제 산업시대는 저물고 있다.

21세기 초부터 인류는 로봇과 인공지능을 활용한 산업의 발전으로 4차 산업혁명의 초반에 들어서고 있다. 2016년 다보스 포럼에서 공론화된 4차 산업혁명이란, 차세대 산업혁명으로 인공지능과 로봇기술 그리고 생명공학이 주도하는 새로운 개념의 산업혁명 시대이다. 4차 산업혁명에서는 사람과 사물, 그리고 공간을 다중적으로 연결하는 대표적 핵심기술인 ① 사물인터넷, ② 인공지능, ③ 빅데이터와 클라우드, ④ 3D 프린터, ⑤ 생명공학기술이 본격적으로 각광을 받는다.

4차 산업혁명 시대는 인류 생명의 유지 및 건강과 관련된 생명공학 기술의 개발연구들이 정점에 이르는 시대가 될 것으로 예측된다. 특히 기초생명과학과 생명공학기술이 융합하여 질병의 근본적인 원인이 규명되고, 해당 질병의 치료가 가능한 신약이 개발될 수 있는 시대가 오고 있다. 앞으로 생명체의 기초연구와 의료분야에서 인공지능이 활용되면 인류의 생명과 건강 유지에 획기적으로 기여할 것으로 예상된다.

21세기 후반에는 생명과학의 발전과 동시에 생태계의 파괴가 최소화되어 환경이 개선될 것으로 보인다. 의료 분야에서는 인공지능의 전반적인 활용으로 전염병이나 질병의 진단 방법이 개선되고, 이미 상당한 수준에 와 있는 로봇을 이용한 정밀한 수술, 신약개발 기간의 단축, 새로운 약물 전달기술의 개발 등이 이루어질 것이다. 일부 유전자 관련 질병은 유전자 교정 기술로 근본적인 퇴치가 가능한 시기가 머지않았으며, 우리는 질병 치료에 빅데이터 기술을 접목시켜 더욱 신뢰도 높게 치료약을 선정하고 후속조치를 하는 것이 가능한 시대에 살게 될 것이다. 이러한 과학 기술 발전은 거스를 수 없는 추세이므로, 새로운 시대에 빨리 적응하고 학습하여 사회 전반에 걸쳐 큰 변혁을 가져와야 한다.

우리는 이 혁명적인 4차 산업시대를 살아가면서 문제 해결을 위해 효율적인 방법을 적극 시도하고, 항상 궁금증을 가지며, 새로운 지식을 기피하지 말고 터득하여 도전하려는 자세를 가지는 것이 필요하다. 특히 올바른 건강의 관리를 위해서는 건강과학에 관심을 가져야 한다.

재미있는 것은 한국처럼 버스나 지하철에서 모든 연령층의 사람들이 핸드폰을 사용하는 풍경은 세계 어디에서도 찾아볼 수 없다는 사실이다. 앞으로 핸드폰은 더욱 빠른 속도로 발전하여 개인 통신뿐만 아니라 모든 일상적 활동의 보조기구가 되고 건강지킴이로서 큰 역할을 하게 될 것으로 보인다.

2 감각체계와 우리의 문화 예술

앞서 소개했듯이 생명체가 생존하기 위해 필요한 모든 생리적인 활동을 내외부로 서로 연결하는 작업은 생체감각체계를 통하여 이루어진다. 생물체의 진화 초기에는 외부로부터 위기 상황을 인식하고 그것을 전달하는 방법으로 시각·청각·후각·미각·촉각 등 오감이 진화했으며, 시간이 지나면서 종에 따라 특정 감각체계가 고도로 발전했다. 또한 어떤 감각체계는 필요의 감소에 따라 퇴화했다.

원시 시대의 문화는 공동체의 사회활동이나 운영방식에 좌우되었을 것이다. 특히 문화활동 중에서 인간의 감각체계와 밀접하게 상호의존하면서 발달한 분야가 예술 활동이다. 원시 인류는 외부 적의 위험으로부터 해방되면서 생체감각체계를 활용한 예술 활동이 가능해졌으리라 짐작할 수 있다.

특히 사람의 감각체계는 생존을 위해 위험신호를 감지하고 스스로를 보호하는 기능을 넘어서 마음을 기쁘게 하는 문화생활을 즐길 수 있도록 발전했다. 보고, 듣고, 느끼는 일상적인 행동이 인간의 삶의 질을 높이는 단계까지 발전한 것이다.

시각을 통한 여러 가지 색들의 조화나 새로운 구도의 구성으로 느끼는 감각의 세계는 미술이라는 분야로 발전하며 인간의 생활을 더욱 풍요롭게 해 주었다. 또한 원래 적의 공격을 감지하기 위한 수단이었던 청각체계는 인류가 의사소통의 방법으로 언어를 만들어 내고, 음의 복잡한 조화를 이용해서 듣기 즐거운 음악을 만들어 내면서 인간의 삶을 풍요롭게 만들었다.

후각의 체계 역시 우리 일상생활에 크나큰 영향을 미쳤다. 어떤 물질의 냄새가 좋으면 후각체계가 활성화되어 우리가 그것을 긍정적으로 느끼게 한다. 좋은 포도주나 잘 익은 과일은 모두 후각의 수용체를 활성화하며, 그것이 뇌에 전달되어 기억되도록 한다. 독특한 냄새는 살면서 감정적인 순간의 기억을 회상할 수 있게 해 주고, 나중에 그것이 긍정적인 기억인지 또는 부정적인 기억인지도 떠올리게 한다.

후각의 상실은 심각한 장애이다. 서로 다른 음식물을 구별하지 못하게 되고, 부패한 식품의 냄새나 불이 났을 때 타는 냄새 등을 감지할 수 없어 위험에 처할 수 있기 때문이다. 냄새는 포유류 신생아가 어미의 젖을 찾는 데도 절대적으로 필요하다. 성장한 동물도 주로 냄새를 통하여 주위를 확인하고 관찰하기 때문에 후각이 매우 중요하다. 특히 개의 후각 상피세포는 사람보다 4배나 민감하여 마약이나 폭약 같은 위험 물질까지 쉽게 판별할 수 있도록 발달했다.

포유류의 진화과정에서 미각은 독성물질과 위해한 음식물을 비교하는 수단으로 발전했다. 일반적으로 식물이 초식동물로부터 스스로 보호하기 위한 독성물질은 쓴맛을 갖도록 진화했다. 따라서 우리가 부패한 음식물을 피하거나 또는 음식물을 구별하게 해주는 미각은 생존의 중요한 수단이다. 음식은 사람에게 기본적인 영양을 보충해 줄 뿐만 아니라 그것을 즐길 수 있도록 함으로써 생활을 더욱 풍요롭게 해 준다.

우리 문화의 우수성

필자가 미국에서 박사학위 후 연수 과정에 필자의 지도교수였던 케이스 웨스턴 리저브대학 의과대학 생화학과의 골드웨이트(Goldthwait) 교수 연구실에서 있었던 일화를 소개해 보려고 한다. 연수 당시(1976~1979) 골드웨이트 교수는 보스턴 출신으로 하버드대 학부를 마치고 컬럼비아 의대를 나온 의사였으나, 병원을 개업하지 않고 손상된 DNA를 수선하는 효소의 연구를 수행했던 엘리트 생화학자였다.

그는 일본 교토의 학술회의에 다녀온 후로 응접실에 장식용으로 독특한 불상의 사진을 걸어 두었다. 이 목각 불상의 사진은 필자가 고등학교 역사 교과서에서 배운 일본의 국보 1호로, 백제의 아좌태자가 일본의 성덕태자에게 갈 때 가져간 목각 불상이었다(그림 3-1). 불상의 얼굴이 우아하고 미묘한 미소를 품고 있는 것이 볼수록 우수한 우리의 조각품이므로 자랑스럽게 소개해 주었던 기억이 난다. 그 후 필자도 장식용으로 응접실에 불상의 사진을 비치해 두고 있다. 나중에 들은 이야기로는 누군가가 관람 중에 이 불상을 불태우려 시도했기 때문에 그 이후로 일반인에게 공개되지 않고 있다고 한다.

최근 신문에 일본 교토 고류지 소장품으로 백제관음상이 소개되었다. 이 불상의 제작자가 일본인인지 백제인인지는 불분명하지만 백제의 것이 아름답고 좋다는 일본인들의 인식 때문에 이름이 그렇게 붙었다고 한다. 프랑스의 지성 앙드레 말로(André Malraux)는 '혹시 일본이 침몰할 때 단 하나만 선택하라라고 한다면, 일본의 국보 백제관음상을 택할 것'이라고 말했다고 한다. 일본 학자들은 높이 2.8미터의 이 백제관음상이 백제 양식으로 제작되었다고 생각하고 있다. 이 백제관음상은 일본 철학자 와쓰지 데쓰로(1889~1960)가 저서 《고사순례》에서 소개하여 유명해졌다고 한다.

그림 3-1 목조 미륵보살반가사유상
백제의 위덕왕의 아들인 아좌태자가 597년 일본에 건너가 쇼도쿠 태자의 스승으로 갈 때 목조 미륵반가사유상을 성덕태자에게 주었다. 일본의 국보 1호로 고류지에 보관하고 있다.

이 두 목조 불상은 백제의 뛰어난 예술성을 보여주는 작품으로, 우리 민족의 훌륭한 예술적 자질의 산물이다. 이렇게 뛰어난 예술작품은 오랫동안 수련을 거친 작가의 뇌 속에서 특출한 예술적인 감각이 응축되어 만들어지는 것으로, 우리 신체 능력의 결정체이다. 특히 미술 작품은 눈의 시각을 통해서 뇌에 축적된 상(像)들을 다시 구현하면서 탄생한다.

최근 우리 문화의 또다른 성공 사례로 방탄소년단(BTS)의 해외 활동이 있다. 2000년대 들어서 한국의 젊은 가수들이 세계 각국에서 활동하며 우상이 되고 있다. 특히 방탄소년단은 전 세계에서 수만 명의 청중들에게 떼창을 부르게 하는 우리 한국의 청년들이다. 방탄소년단이 2020년 8월 21일 발매한 '다이너마이트'는 미국 빌보드 메인 싱글차트 Hot 100에서 2주 연속 1위에 올랐다. 이제 한국 젊은이들의 음악적인 재능은 세계적인 것이 되었다. 마치 70년대 영국의 비틀스와 비슷한 그룹이 한국에 본거지를 두고 활동하고 있는 셈이다.

필자가 2017년에 스페인을 여행할 때 세비야의 성곽에서 만난 초등학생들이 어디서 왔느냐고 묻기에 한국(Korea)이라고 했더니 금방 '강남스타일'을 부르면서 춤을 보여 주어 오랫동안 그 여운에 잠겨있던 적이 있다. 강남스타일도 빌보드 메인 싱글차트 Hot 100에서 2위를 기록하였다. 한국이 경제적으로 발전하면서 특히 대중문화에서 세계적으로 두각을 나타내고 있다. 한국인의 특출한 예능 소질은 감각체계의 우수함을 잘 보여 주고 있는 것이다.

이러한 모든 예술 활동은 우리가 가진 여러 감각체계를 활용하는 두뇌의 창작 작업, 다시 말해, 시각·청각 등의 감각기능을 활용하여 축적되고 정리된 감각들을 뇌에서 다시 종합하면서 이루어진다. 르네상스 시대 이탈리아가 유럽의 문화예술을 선도했듯이, 21세기에 아시아의 조그마한 반도 국가인 한국에서 꽃피운 문화예술에 세계인이 공감한다는 데 필자는 크게 자긍심을 가지게 된다.

우수한 한국문화의 대표: 한글의 창제

우리 선조들이 이룩한 창의적인 업적 중에는 한글 제작이 있다. 한글은 15세기 한반도에서 태어난 독창적인 문자체계로, 마치 컴퓨터 시대를 예견이나 한 듯이 만들어진 대단히 과학적인 글자체계이다.

일본인 한글학자 노마 히데키는 저서 《한글의 탄생》* 에서 "한글이라는 문자를 안다는 것은, 동아시아에서 태어난 한 가지 독특한 문자체계를 아는 일에 그치는 것이 아니다. 음, 즉 소리로 성립된 말을 도대체 어떻게 해서 문자로 만들어 낼 수 있는지, 생각해 보면 정말 신비로운 일이 아닐 수 없다"고 하였다. 또한 "정음처럼 완성된 형태로서 형태음운론적인 알파벳 시스템은 중국 대륙에도 없었고, 지중해에도 없다. 문자라는 관념으로부터는 절대로 도출해 낼 수 없는 피조물이다"고 극찬했다.

한글은 조선의 4대 임금인 세종의 어명으로 집현전 학자인 성삼문, 정인지, 최황, 박팽년, 신숙주, 강희안, 이개, 이선로 등 여러 언어학자들의 노력으로 1443년 9월에 만들어진 '훈민정음'이라는 독창적인 글자체계이다. 한글은 언어의 명칭이 아니라 문자체계의 명칭으로, 15세기에 한글이 탄생했을 당시에는 훈민정음 또는 정음이라고 불렀다. 현재 통용되는 한글이라는

* 노마 히데키, 김진아·김기연·박수진 역, 《한글의 탄생》, 돌베개, 2020

이름은 한글학자 주시경(1876~1914)이 붙인 것이다.

당시는 문자로는 한자를 쓰고 말할 때는 조선어를 쓰는 이중 언어 상태였다. 세종대왕은 '나라의 말이 중국과 달라 한자와는 서로 통하지 않아 백성이 말하고자 하는 바가 있어도 제 뜻을 펴지 못하는 사람이 많으므로 사람마다 쉽게 익혀 매일 쓰기 편한 글자'를 창제했다. 당시 제작된 훈민정음 해례본은 1940년 경북 안동의 어느 고택에서 발견되어 1962년 국보로 지정되었고 1997년에는 책 중의 세계유산이라 할 수 있는 유네스코 세계기록유산으로 등재되었다.

훈민정음은 불과 28자로 바람 소리, 닭의 울음소리, 개가 짖는 소리까지도 모두 표기할 수 있다는 장점이 있다. 정음의 큰 특징 중의 하나는 소리를 실제 발음에 매우 가깝게 적을 수 있다는 것으로, 정음으로는 닭이 우는 소리를 '꼬끼오'로 비교적 비슷하게 쓸 수 있으나, 일본어로는 '고케 곳고', 영어로 '코코 두들두'라고 써서 발음하고 있다. 정음은 의성어나 외국어의 발음도 비교적 실제에 가깝게 쓸 수 있다.

한글이 근대화되기 위해서는 인쇄술이나 문서작성 기술에 대응하는 것이 중요한 과제였다. 따라서 구한말 주시경은 한글의 풀어쓰기를 제안했고, 최현배 등의 한글학자들은 자형에 대해서도 변화를 시도했다. 필자의 고등학교 시절 문법 선생님은 최현배 선생의 제자인 국문학자셨는데, 한글은 자모와 결합하여 문자를 만들기 때문에 활자화하여 글을 인쇄하는 데 어려움이 있으므로 대안으로 글자를 풀어쓰기로 바꾸어야 한다고 말씀하셨다. 당시는 글자를 모아쓰는 타자기가 발명되어 있는 상태였음에도 여전히 인쇄 작업은 시간이 걸리고 불편했다.

당시 학자들은 지금처럼 한글의 자모를 모아 쳐서 글자를 완성하는 컴퓨터 시대를 상상도 하지 못했다. 한글은 소리를 나타내는 자모를 하나의 음절 단위로 조합하여 나타내는 구조의 표음문자이다. 한글은 알파벳과 같은 단음문자이면서, 한편 단음을 나타내는 그 요소들을 음절 단위로 묶어서 쓰는 음절문자이기도 하다. 이웃나라 중국과 일본의 문자는 핸드폰으로 글자를 입력할 때 불편한 점이 이루 말할 수 없다. 그래서 한글이 컴퓨터 시대에 걸맞게 활자화가 손쉬운 획기적인 글자체계인 것이다.

1949년, 안과의사인 공병우에 의해서 초성자모, 중성자모, 종성자모를 구분해서 치는 구조의 한글 타자기가 실용화되었다. 한글 타자기는 일본과는 대조적으로 급속도로 보급되었다. 이후에는 짧은 기간 동안 한글 워드프로세서 전용기가, 이어서 개인용 컴퓨터가 상용화되었다. 컴퓨터에서는 풀어쓰기냐 모아쓰기냐 하는 문제, 자판 배열의 문제 따위가 소프트웨어상의 처리만으로 간단하게 해결되었기 때문이다. 현재 일상적으로 쓰이는 컴퓨터는 문서 작업에 효율적이고, 인쇄도 수월하다.

마이크로소프트사의 MS-DOS가 개발한 소프트웨어인 윈도우가 세계를 제패하면서 컴퓨터로 한글을 쓰는 과정에 획기적인 변화가 일어난다. 현재 IT 산업은 한국이 세계에 자랑하는 주력 산업이 되었고, 한국은 일본을 뛰어넘은 인터넷 선진국으로 불리게 되었다고 노마 히데키 박사는 썼다.

1989년 서울대 공대 기계공학과 학생 이찬진은 한글 워드프로세서 소프트웨어인 아래아한글을 개발했다. 한국에서는 이 소프트웨어가 업계 표준이 되어 학술논문이나 출판물은 대부분 아래아한글을 기반으로 작성된다. 언어를 동일한 코드로 다루는 규격인 유니코드의 보급은 한글의 컴퓨터 및 인터넷 친화성을 더욱 가속화했다. 역사적으로 정음의 형태가 인쇄술과 함께 변화했던 것처럼, 현대에 한글도 발전하는 프로그램 기술과 함께 다양해지고 있다.

이밖에도 최근 한국 문화는 전 세계의 주목을 받고 있다. 2021년 오징어 게임은 넷플릭스 세계 1위를 차지하고, 아이돌그룹 방탄소년단은 전 세계 젊은이들의 우상이다. 이렇게 한국의 영화, 음악, 드라마의 인기와 함께 한국어를 배우려는 열기도 높아지고 있다. 한국어를 가르치는 세종학당이 진출해 있는 국가의 수는 설립 당시인 2007년의 3개국에서 2012년의 82개국으로 27배 증가했다. 그동안 외국인 한국어 학습자의 수는 740명에서 7만 6,000명으로 103배 증가했다. 한국 문화콘텐츠의 인기가 높아지면서 이제는 세계 어느 지역에 가나 사람들이 한국어를 조금씩 알고 있다. 필자는 이를 대단히 자랑스럽게 생각한다.

3 감각에 대응하는 뇌의 세계

여러 생명 현상에 대한 연구 중에서 뇌기능에 관한 연구가 비교적 뒤늦게 발전한 까닭은 동물의 뇌를 통한 연구에는 한계가 있고, 사람의 뇌를 직접 사용하는 연구는 불가능하기 때문이다. 오늘날의 뇌 과학자들은 뇌의 기능을 연구하는 과정에서 뇌의 변화를 추적하기 위해 MRI와 같은 기기를 사용하여 상당한 성과를 거두고 있다.

신경과학은 신경계를 연구하는 학문으로, 예전에는 생물학의 한 분야에 속해 있었으나 지금은 의학, 심리학, 수학, 물리학, 화학, 공학, 전산학, 그리고 철학 등과 연계되어 연구되고 있다. 그 중에서도 신경생리학은 신경망의 기능을 연구하는 학문으로 수학, 교육학, 사회과학, 컴퓨터공학 등에 널리 응용되고 있다.

뇌의 기능연구용 도구의 발전: MRI란?

수소원자에서 전자가 없는 핵을 프로톤(H^+)이라고 부르는데, 외부에서 강력한 자장을 걸면 라디오주파수의 에너지를 흡수하고 막대자석처럼 원자핵(스핀)이 극성화되어 라디오주파수의 코일에서 신호를 얻을 수 있다. 따라서 프로톤을 이용하면 수소핵의 밀도에 따라 신체조직의 영상을 얻을 수 있다.

사람은 체내의 물과 지방에 수소원자들을 가지고 있으므로 핵자기공명영상(MRI, magnetic resonance imaging)으로 물과 지방의 위치 지도를 만들어 낼 수 있다. 이 기술은 70년대 후반에 물리학자 맨스필드(Peter Mansfield)와 화학자 로터버(Paul Lauterbur)가 개발한 핵자기공명기술로, 병원에서 신체 내부를 확인하는 용도의 의료 진단용 기술로 발전했다. 이 두 과학자는 핵자기공명영상의 개발로 2003년 노벨생리의학상을 수상했다. 이렇게 1970~1980년대에 발전한 MRI는 의학적 진단이나 화합물의 구조 연구를 위해 가장 흔히 사용되는 기술이 되었으며 뇌의 기능 연구에 큰 성과를 가져왔다.

최근 들어 급속도로 발전한 반도체기술은 집적회로를 통해 실질적인 내부 영상을 얻는다. 특히 신체 내부는 반도체기술을 적용하여 층층이 쌓인 영상을 집합해 거의 실제 모습에 가깝게 3차원적으로 재구성할 수 있게 되었다. 이러한 기술로 신체 내부 변화를 영상으로 포착하여 수술 후의 경과나 암세포의 성장과정 등을 확인할 수 있다.

MRI는 시간에 따른 변화를 추적해서 촬영할 수 있다. 뇌 과학자들은 MRI 영상을 활용하여 사람이 무언가를 인지하는 과정, 즉 사람이 어떤 물체를 보거나, 음악을 듣거나, 생각을 떠올리는 과정이 어떻게 이루어지는지 알고 뇌가 어떻게 작동하는지 관찰할 수 있게 되었다.

또 살아 있는 뇌에서 피의 흐름을 측정하기 위해 MRI를 사용하여 적혈구의 산소농도 변화를 측정하고, 뇌의 어느 영역이 활성화되는지 지도를 작성할 수 있게 되었다. 소콜로프(Louis Sokoloff)의 연구팀은 1955년 고양이 뇌의 혈류량을 시각화하는 방법을 고안했다. 이 연구로 뇌가 시각적인 자극에 의해 시각정보를 처리할 때는 대뇌의 시각겉질에만 혈류가 증가한다는 사실이 밝혀졌다. 혈류량의 변화를 통해 뇌의 활성화 영역을 확인할 수 있게 된 것이다.

뇌의 영상을 촬영할 수 있는 또 다른 기기로 혈류의 이동을 측정하는 양전자방출 단층촬영(PET, positron emission tomography)과 단일광자방출 컴퓨터 단층촬영(SPECT, single-photon emission computed tomography) 기기가 발명되었다. 구조영상법(CT, Computed Tomography)은 X선을 사용한 단층촬영을 통해 여러 각도에서 뇌의 단면을 볼 수 있으며, 각 부분의 밀도의 차이도 확인할 수 있다. 이를 통해 사람이 어떤 생각을 할 때 뇌의 어느 부분이 기능하는지 시각적으로 관찰 가능하다. 이와 같은 기기들을 통해 뇌 과학자들은 신경세포들이 주고받는 신경전달 물질이 작용되는 표적세포의 수용체들을 확인할 수 있고, 뇌에서 일어나는 구체적인 화학작용을 살펴볼 수 있다.

뇌는 좌뇌와 우뇌로 분리되어 있는데, 캐나다의 신경학자 준 와다(Juhn Wada)는 양쪽 뇌가 어떻게 기능하는지 알아보기 위해서 '와다 테스트'를 고안했다. 이 테스트는 우뇌와 좌뇌 중 한쪽을 마취제로 마비시키고 언어기능이나 기억력을 검사한다. 이때 마취된 쪽의 뇌는 반대편 뇌에서 어떤 일이 일어나고 있는지 알지 못한다. 그러나 마취에서 깨어나면 좌뇌와 우뇌는 다시 하나의 뇌처럼 기능한다. 이를 통해 연구자들은 좌뇌와 우뇌를 연결해 주는 통로가 있으리라고 추측할 수 있게 되었다.

뇌의 각 부분의 기능의 연구

머리뼈로 완벽하게 보호되고 있는 뇌는 시각을 비롯한 여러 감각기관과 특별히 가까이 있으며 신체에서 가장 복잡하고 중요한 기능을 수행하는 기관이다. 앞서 살펴보았듯이 뇌의 각 부분의 기능은 뇌의 변화를 관찰할 수 있는 기기를 사용함으로써, 또는 약물을 통해 일부 뇌의 기능을 정지시킴으로써 확인할 수 있다.

임상의사가 질병을 앓다가 사망한 환자들의 뇌의 상태를 해부학적으로 분석하여 알아낸 경우도 있다. 캐나다의 신경외과 의사인 펜필드(Wilder Penfield)는 여러 연구자들이 연구한 사실을 바탕으로 1930~1940년대에 뇌의 영역과 기능에 대한 지도를 완성했다.

지금까지 해부학자들의 노력으로 인간의 뇌는 좌뇌와 우뇌로 분리되어 있으며 이 좌뇌와 우뇌는 서로 기능이 다르다는 사실이 밝혀졌다. 좌뇌는 언어, 대화, 분석, 판단, 계산, 추론 등 주로 논리적 사고에 해당하는 분야를 관장한다. 반면 우뇌는 오감의 감각 인식과 처리, 감성, 창조, 예술성, 직감의 발휘, 도형과 이미지를 읽고 이해하는 기능을 한다.

좌뇌와 우뇌가 서로 정보를 교환하는 연결 통로를 뇌들보(또는 뇌량, corpus callosum)라고 한다. 10cm 정도 길이의 뇌들보는 약 2억 개의 신경다발로 구성된다. 뇌가 좌뇌와 우뇌 사이의 정보들을 뇌들보를 통하여 교환하는 것은 상황 판단을 비롯한 복잡한 문제를 해결하는 기능을 한다. 뇌들보는 30대가 될 때까지 굵어지는데, 천재 물리학자 아인슈타인(Albert Einstein)의 뇌들보는 보통 사람의 2배였다고 한다(그림 3-2).

사람의 대뇌피질 속에는 1140억~1160억 개의 신경세포(neuron)가 들어있다. 그리고 소뇌(cerebellum)에 들어있는 신경세포의 수는 550억~700억 개나 된다. 뇌에서 각각의 신경세포들은 수천 개의 다른 신경세포들과 신

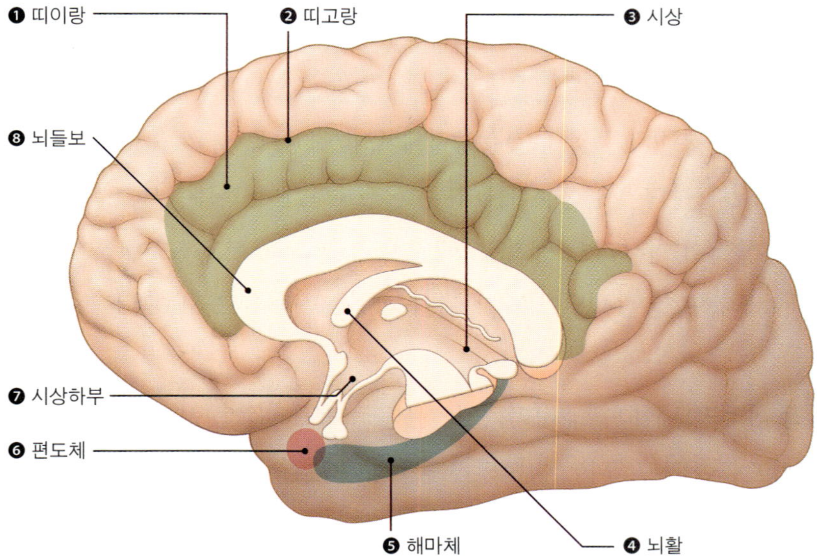

그림 3-2 뇌의 구조와 기능은 두뇌와 시상 단면을 왼쪽 아래에서 본 그림이다. 좌뇌는 언어, 분석, 계산 등 사고논리를 담당하고 우뇌는 오감의 인식, 예술성, 창조력을 담당한다. 좌뇌와 우뇌의 정보교환은 뇌들보를 통하여 수행된다. 사람의 감정이나 스트레스는 편도체가 조절하며, 해마는 스트레스에서 오는 공포를 느끼게 한다. 시상하부는 감정을 일으키고 교감신경계를 활성화하고 신체기능의 조절에 관여한다. 뇌하수체에서는 호르몬을 배출하고, 이마 앞 겉질에서는 감정과 생각에 미치는 영향을 조절한다.

경연접부로 서로 연결되며, 신경세포 사이의 정보를 공유한다.

이 신경세포들은 활동전위라는 신호를 보내서 뇌에서 상당히 떨어져 있는 신체 부위에 있는 신경세포에도 축삭돌기를 통해 서로 작업을 지시하고 의사소통한다. 뇌의 각 지역에서 신경세포들 사이의 소통은 특수한 접선 부분인 신경연접부를 통해 이루어지며, 이는 한 개의 축삭이 수천 개의 다른 신경세포와 신경연접부로 연결되어 있기 때문에 가능하다. 사람의 뇌는 대략 100조 개의 신경연접부를 가지고 있다(그림 3-3). 이때 신경세포의 축삭은 지름이 수cm 이상, 길이가 1km 이상에 달하기도 한다(그림 2-1). 이 축삭은 마치 통신케이블처럼 생체 내부에 여러 곳으로 퍼져 있다. 뇌에서 정보를 전달하는 축삭은 활동전위라는 전기화학적인 펄스 형태로 1/1,000초

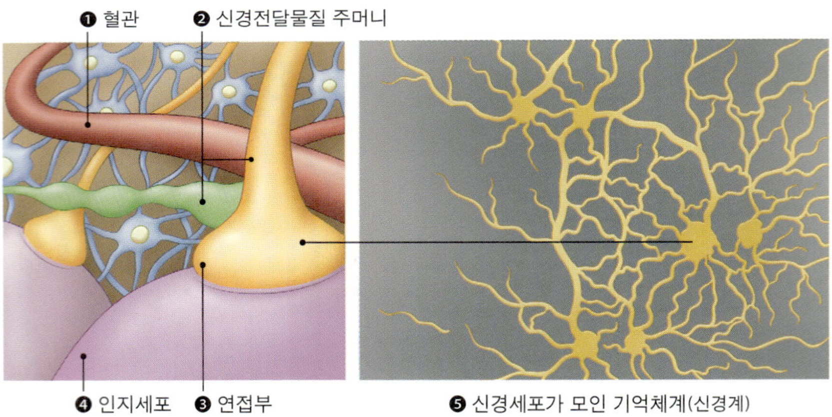

그림 3-3 뇌 속에는 막대한 수의 신경세포가 만들어져 필요한 경험이나 학습된 지식을 보관하고, 필요에 따라 이 정보들을 공유하고 서로 소통하기도 한다. 이러한 과정을 통해 100조 개의 신경연접부들 사이에 정보의 전달이 가능하며, 축삭에서 다른 축삭으로 신경정보가 전달된다.

의 신호를 초당 1~100미터의 속도로 전달한다.

감정은 다른 사람들과 더불어 살아가면서 복잡한 문제들을 해결하는 과정에 필수적이다. 개인의 감정 상태는 대개 일시적이며, 환경의 자극에 대한 반응으로 나타난다. 특정한 감정 상태가 지속되면, 우리는 그것을 기분(mood)이라고 부른다.

우리의 이러한 감정은 뇌의 양쪽 관자엽 안쪽 깊숙한 곳에 놓인 편도체(그림 3-2)가 조절한다. 편도체는 시상하부와 이마 앞 겉질(prefrontal cortex)을 비롯한 뇌의 다른 부위와 서로 연결되어 있다. 편도체는 어느 시점에 어떤 감정을 발생시킬지 결정하며, 시상하부는 그 감정을 일으킨다. 예를 들어서 편도체가 공포 반응을 요청하면 시상하부는 교감신경계를 활성화한다.

뇌의 시상하부는 작은 신경핵들이 집중된 지역으로 이 대부분은 기초 생물의 생존에 필수적인 활동들을 조절하는 역할을 한다. 시상하부는 심박수, 혈압, 수면주기 등 신체의 생리적 기능을 조절하며 행복, 슬픔, 공격성, 성애 등 감정과 사회적 상호작용에 관여하는 부위이다. 시상하부는 또한 온도, 소듐이나 글루코스의 양, 혈액의 산소 수준 등의 정보를 전달하는 기능도 한다.

뇌하수체의 선에서는 호르몬을 혈액으로 배출하여 신체를 순환하게 하고, 세포의 활동 변화를 유도하기도 한다. 또 이마 앞 겉질은 감정이 생각과 기억에 미치는 영향을 조절한다. 여기서 감정은 뇌의 조기 경보 시스템의 일부이기도 하며, 몸의 생존 기구와 밀접한 관련이 있다. 해마는 기억의 저장에 중요한 역할을 담당하고, 이마 앞 겉질은 살아가려는 의지를 조절하고 의사 결정과 기억의 저장에 영향을 미친다. 우울증이나 스트레스로 이 영역들에서 신경세포의 연결이 끊기면 감정이 무뎌지고 기억력과 집중력이 떨어진다. 의지의 조절 과정에서 호르몬인 코르티솔의 농도가 지나치게 높아지면 해마와 이마 앞 겉질에 있는 신경세포들의 연결이 파괴되기도 한다.

뇌는 생리적으로 신체의 다른 기관의 유지에 필요한 여러 조정을 통해 여러 다른 기관들에 근육활동을 지시하거나 호르몬 같은 화학물질을 배출하도록 한다. 이렇게 우리 몸은 복잡한 감각체계의 신속하고 적절한 정보 전달과 중앙통제 장치인 뇌의 정밀한 조절로 유지된다. 현재 뇌의 각 영역에서 뇌세포가 담당하는 기능은 상당 수준 자세하게 밝혀졌으나, 수백만 개의 신경세포가 어떻게 상호조절하며 기능하는가는 앞으로의 연구과제이다.

뇌에서 의지의 형성과 건강관리

앞서 살펴보았듯이 뇌의 기억 기능은 상당히 구체적으로 밝혀졌으나, 뇌의 모든 기억과 의식이 어떻게 정리되고 분석되어 생존에 필요한 지식으로 구성되는지 분자 수준에서 해명되려면 아직 갈 길이 멀다. 그래서 뇌에서 의식의 형성이나 지식의 정보를 활용하기 위한 과정은 아직까지는 심리학이나 정신분석학과 같이 생물학적인 영역을 벗어난 분야에서 다뤄진다.

뇌에서 의식 활동은 우리가 외부세계로부터 얻은 정보를 쌓아 두는 지각을 통해 이뤄진다. 의식은 우리가 아침에 깨어날 때부터 시작되어 밤에 다시 잠들 때까지, 또는 의식을 잃을 때까지 이어진다. 우리가 하는 모든 경험, 즉 장미의 냄새, 구슬픈 트로트의 노랫소리, 복잡한 경제상황 그리고 현대인의 불안 등은 뇌에 있는 신경세포들의 모임을 통해서 의식의 형태로 이루어진다고 이해된다.

19세기 독일 생리학자 헬름홀츠(Hermann von Helmholtz)는 뇌에서 정보의 무의식적인 처리가 그저 반사적이거나 본능적이지 않고 적응적이라는 사실을 발견했다. 뇌에서 적응적인 정보처리는 사람이 세상에서 생존하는 데 큰 도움이 될 뿐만 아니라 삶을 더욱 건강하고 윤택하게 한다.

우리의 뇌는 다양한 정보를 통합해 의식을 형성하는데, 기억으로 저장된 정보 그리고 지금 지각되고 있는 정보를 모두 활용한다. 뇌는 단편적인 정보들을 취합해 이전의 경험과 비교하고, 학습을 거쳐 더 합리적인 판단을 내릴 수 있도록 발전한다. 뇌의 의식이 어떻게 만들어지는지 탐구하는 단계에서 이러한 상호작용이 사람이 살아가는 지혜의 형성에 중요한 역할을 하고 있음이 드러난 것이다.

필자가 중학교에 다니던 시절의 이야기를 소개하려고 한다. 어느 날부터 맹장이 있는 자리가 몹시 아파 걷기 힘들어져 결국에는 학교를 쉬게 되었다. 처음에는 맹장염을 의심했으나 실제 원인은 하복부 근육 사이에 생긴 양성종양이었다. 항생제로는 낫지 않아 고약을 붙이고 종기가 곪으면 수술하는 방향으로 치료를 계속하면서 8개월 동안 누워 지내며 고생을 했다. 어린 시절의 이 충격적인 경험은 필자의 머릿속에 건강이라는 문제가 깊이 각인되는 계기가 되었다. 병이 나은 뒤로는 매일같이 자전거, 배구, 평행봉 등 여러 운동을 계속했던 기억이 난다.

이렇게 사람은 살아가면서 얻은 여러 가지 상황을 생존의 중요한 동기로 인식하고 검토 및 축적하여 훗날을 대비하는 의식 활동을 쉬지 않고 한다. 뇌에서 동기의 체계는 경험을 통해 얻은 충격적인 기억이나 만족스러운 기억을 뇌에서 축적하고, 드러나는 욕구에 맞게 행동을 활성화한다. 뇌에서 이러한 동기의 체계는 주로 '상벌 메커니즘'을 통해 작동한다. 특정한 행동을 했을 때 만족스러운 결과를 얻는다면 뇌에서는 같은 상황에서 다시 같은 행동을 하도록 구조적 변화를 유발하는 보상 메커니즘이 활성화된다. 반면 특정한 행동을 했을 때 불만족스러운 결과를 얻는다면 이후의 비슷한 상황에서 그 행동을 억제하는 뇌의 징벌적 메커니즘이 활성화된다.

의사결정을 하는 능력은 일생에 걸쳐 의식적·무의식적 정신과정을 통해 형성되는 생존에 필수적인 능력이다. 뇌가 의식적 또는 무의식적으로 얻은 정보와 오랜 경험을 통해 학습된 지식을 분석, 정리, 종합하여 자신이 생존하는 데 필요한 의지를 형성하여 실행함으로써 현재 처해 있는 환경에 필요한 삶의 지침을 만들어 낸다. 이렇게 뇌의 이마 앞 겉질에서 의식의 형성을 통한 학습은 의지를 형성하는 데 중요한 과정이 된다. 뇌는 학습을 통해 얻은 정보를 활용하여 어떻게 해야 할지에 대한 의지를 만들어 내고, 이러한 경험이 반복될수록 강한 의지가 형성된다. 규칙적인 생활과 몸과 정신에 유해한 물질을 회피하려는 의지는 건강 관리에 매우 중요하다. 신경과학자들은 아직도 뇌에서 무의식적 처리가 분자 수준에서 어떻게 이루어지며, 얼마나 깊이 들어갈 수 있는지 이해하기 위해 노력하고 있다.

필자는 유년기에 천성적으로 건강이 좋지 못했다. 8남 1녀를 낳으셨던 어머니는 77세까지, 아버지는 86세까지 생존하셨고, 의사인 큰형과 둘째 형은 70대 중반에 모두 혈관질환으로 돌아가셨다. 운동을 거의 하지 않으셨던 큰형, 둘째 형과 달리 항상 부지런하셨던 아버지를 본받아 필자는 40여 년째 테니스를 꾸준히 하면서 건강을 관리하고 있다.

보통 스트레스를 정신적인 문제로만 생각하지만, 실제로 스트레스는 우리 뇌 속에서 다양한 생화학적인 물질의 변화를 동반하는 복잡한 현상이다. 스트레스로 발생하는 생리적인 반응은 뇌의 교감신경이 활성화되며 일어나고, 부교감신경계는 신체의 스트레스를 원래 상태로 되돌리기 위해 대응한다. 뇌의 시상하부는 스트레스에 따른 신경 내분비계의 반응을 중재하는 기능을 한다.

스트레스는 받아들이는 개인의 민감성에 따라 다양한 피해를 준다. 스트레스가 축적되면 결과적으로 여러 종류의 질병을 유발한다. 유년기나 청년기에는 책임감이 적고 개인의 역할이 크지 못하기 때문에 스트레스가 비교적 심각한 문제로 발전되지는 않는다. 그러나 우리나라에서는 40대 이후의 중년 가장들은 가정과 사회에서의 무거운 책임감과 역할 때문에 연속적으로 심각한 스트레스의 도전을 받게 되고, 스트레스에 오래 노출된 심신은 회복이 어려워지며, 그 결과 여러 가지 질병에 시달릴 가능성이 커지게 된다. 특히 이러한 이유로 여성은 90대 이후를 거의 모두 살고 있는데, 남성은 80대 초반을 넘는 사람이 적은 편이다.

장기간의 스트레스는 거의 모든 신체 기관에 치명적인 질병으로 나타날 수 있다. 스트레스는 우울증, 불안장애, 신경증 등 다양한 정신장애, 소화성 궤양, 궤양성 대장염, 과민성 대장증후군 등 소화기 장애, 기관지 천식 등 호흡기장애, 갑상선 기능 항진증, 당뇨, 월경 전 불쾌감 등 내분비계 장애, 고혈압, 관상동맥질환, 부정맥, 울혈성 심부전증 등 심혈관계 장애, 두통, 요통 등의 통증장애, 나아가 두드러기, 복부 비만, 탈모 등 전부 거론할 수 없을 정도로 다양한 질환의 간접적인 원인이 된다. 스트레스는 암 발생의 주요 원인으로도 추정된다.

스트레스는 양면성이 있어서 생화학적으로 여러 질병의 원인이 되기도 하지만 또 어느 정도는 우리 생존에 필수적인 요소이다. 만약 사람에게 스트레스가 전혀 없다면 극도의 이완 상태에 놓여 자극이 전혀 없어지므로 건강에 오히려 해가 될 수 있다. 생리학적으로 스트레스가 전무한 상황은 곧 죽음의 상태이다. 그래서 적당한 스트레스는 잘 관리하면 오히려 건강과 행복이 증진될 수 있다. 어느 정도 스트레스를 받는 환경에서 창의성이 증대되고 생산성이 올라가며 활력을 느끼는 사람도 있다.

4 인공지능의 이용

인공지능이란?

지난 30여 년간 우리는 혁명적으로 급변하는 컴퓨터 시대의 발전을 지켜보았다. 글자만을 입력하는 일반 타자기 대신 여러 편리한 기능을 갖춘 개인용 컴퓨터인 윈도우 95가 출시된 1995년으로부터 정확히 10년 후인 2005년에는 스마트폰이 등장하면서 컴퓨터와 거의 비슷한 기능을 손바닥 위에서 사용할 수 있게 되었다. 무선통신의 수단이 급격히 발전하면서 데이터를 인터넷과 연결된 중앙컴퓨터에 저장하여 사용하는 클라우드도 개발되었다. 그로부터 다시 10년 후인 2015년에는 상상을 초월하는 정보와 데이터를 활용할 수 있는 AI(인공지능)의 사물인터넷(IoT, Internet of Things) 시대가 도래했다.

'인공지능(artificial intelligence)'이라는 말은 1956년 세계지식인 모임인 다트머스 회의에서 처음으로 사용되었다. 현재 우리는 인간 수준의 지능을 가진 범용인공지능(artificial general intelligence)의 컴퓨터를 사용한다. 마치 사람이 오감체계를 통하여 정보를 수집하듯이 '뉴럴 네트워크(신경통신망)'로 기계가 모든 일을 처리하는 범용인공지능의 해택을 누릴 수 있게 된 것이다.

이렇게 짧은 기간에 컴퓨터의 성능이 발전한 것은 사람 뇌의 기능과 구조를 모방한 뉴럴 네트워크 기술이 급속도로 발전한 덕분이다. 딥마인드(구글의 자회사)가 높은 수준의 인식, 대화, 판단 등이 가능한 인공지능 바둑 프로그램 알파고(Alphago)를 개발하면서 2016년 바둑 프로기사 이세돌과 알파고의 대국이 전 세계인의 주목을 받았다. 기계가 사람을 이기는 데는 적어도 10년 이상이 걸릴 것이라는 많은 사람의 예상을 뒤집고 결과적으로 알파고가 4승 1패로 승리를 거두었다. 컴퓨터도 마치 인간처럼 시행착오를 하면서 실패와 성공을 통해 학습한다는 사실을 보여 준 사건이었다.

알파고는 바둑 대국 웹사이트에 있는 3천만 개의 수를 기본 데이터로 입력하여 학습했다. 이때 시행착오를 거치며 무엇이 성공이고 무엇이 실패인지를 알아야 컴퓨터가 학습할 수 있다. 이를 해결하는 것이 보상 또는 득점의 활용이다. 개발팀은 컴퓨터끼리 자동으로 바둑을 두게 하는데, 사람처럼 지치지도 않고 계속 무한대의 대국이 가능한 컴퓨터는 '이 수를 두면 효과적이고, 이 상황에서는 이렇게 두어서 이겼다'는 사례들을 학습하여 승리의 법칙을 스스로 터득할 수 있다. 이를 지도학습이라고 하며, 이러한 방법으로 컴퓨터가 수없이 바둑의 수를 읽도록 한다. 그 후 새로운 수를 축적하는 비지도학습을 활용하여 컴퓨터끼리 대국 횟수를 수없이 진행해 점점 게임에 강해지게 된다. 이렇게 미지의 학습 영역에서 보상(승리 점수)을 얻기 위해 반복해서 경험을 쌓고, 최적이라 판단한 다음 행동을 찾아내는 학습 방법을 강화학습이라고 한다.

인공지능에 필수적인 모든 지식정보의 집합체인 데이터 센터는 대형 서버들이 대규모로 모여 있는 물리적인 공간으로, 데이터의 운영기기인 서버를 비롯한 네트워크 저장 공간인 스토리지, 메모리 반도체, 그리고 전력 공급과 냉각시설을 갖추고 있어야 한다. 현재 세계적으로 아마존, 마이크로소프트, 구글, 페이스북, 알리바바 등 1천 8백여 곳의 데이터 센터가 설치되어 운영되고 있다. 재미있게도 구글의 이름은 구골(10의 100제곱)에서 따온 것으로 이미 창립 당시부터 엄청난 양의 빅데이터가 필요할 것을 예측하고 만든 것이다.

이 데이터 센터들은 특정 기업체가 정보를 빌려주는 클라우드 서비스를 제공하기 위해 데이터를 보관하고 있다. 현재 국내에만 200여 곳 정도의 데이터 센터가 있다. 춘천에 네이버, 평촌에 LG유플러스, MS는 부산에 데이터 센터를 운영하고 있다. 현재 우리나라에는 '누리온'이라는 국가 슈퍼컴퓨터로 5호기가 한국과학 기술정보원에 설치되어 있으며, 이 컴퓨터는 70억 명이 420년 동안 계산해야 하는 연산을 1시간 만에 처리가능하다고 한다.

산업체에서는 최근 인공지능(AI)을 활용하기보다는 고성능 컴퓨터가 높은 수준의 수학을 통해 모든 공정에서 가장 이상적인 해법을 찾아내는 '수학적 최적(mathematical optimization, MO)' 기술을 많이 활용하고 있다. 인공지능(AI)보다 적은 비용으로 짧은 시간에 해법을 제시할 수 있는 수학적 최적화 기술은 행선지를 찾는 내비게이션, 항공기와 같은 복잡하고 정밀한 기기의 생산, 효율적인 운항스케줄 조정, 구글과 아마존의 물류유통과정 등에서 이미 사용되고 있다.

고성능 컴퓨터를 사용하여 수학적 계산방식으로 주어진 한정된 조건에서 최상의 해결책을 찾아주는 MO의 장점은 큰 규모의 정보 저장 시설을 갖출 필요가 없다는 것이다. 반면 AI는 과거의 수많은 데이터 중에서 최선의 답을 찾기 때문에 빅데이터가 준비되어 있어야 하고 이를 분석하는 데 시간과 비용이 많이 소요된다는 단점이 있다.

데이터 센터와 컴퓨터를 보유한 업체가 공공인터넷망을 통하여 기업이나 개인에게 데이터 저장 분석 등의 서비스를 제공하는 인공지능을 위한 사업을 '퍼블릭 클라우드(Public cloud)'라고 부른다. 현재 세계적인 퍼블릭 클라우드 기업으로는 아마존 웹 서비스(AWS), 마이크로소프트의 에저(Azure), 그리고 구글의 클라우드 등이 있다. 구글은 2020년 2월 서울에 컴퓨터 지원시설인 리전을 개설했고, 국가나 공공기관의 클라우드 사업도 수행한다. 최근에는 클라우드 서비스 업체가 제공하는 서버에 사용자가 직접 인터넷 브라우저로 접속하여 모든 업무를 할 수 있는 소프트웨어 SaaS(Software-as-a-Service)도 개발되었다.

인공지능 분야는 앞으로 인간의 사고, 논리, 감성, 지각과 같은 능력을 컴퓨터로 실현하려는 방향으로 추진될 것이다. 사람의 좌뇌의 능력 중 하나인 계산능력도 단순한 계산에서는 컴퓨터가 앞서고 있으나, 더 높은 차원의 계산은 아직도 사람이 앞서고 있다. 언어, 대화, 분석, 판단, 추론과 같은 응용 분야에는 많은 데이터가 필요하므로 AI 기술 분야에서 이러한 능력이 발전할 것이다.

인공지능은 컴퓨터에 거대한 양의 정보를 입력하고 원하는 통계적인 결과를 얻어 내는 기술이다. 컴퓨터가 수용자의 요구에 맞게 해답을 제시하려면 기능 향상을 위해서 학습 훈련이 필요하다. 따라서 최근 인공지능의 연구에서는 데이터를 활용하는 기계학습(machine learning)과 뉴럴 네트워크(신경망, neural network)를 사용하는 학습방법인 심층학습(deep learning) 기술이 급속도로 발전하고 있다. 현재 심층학습은 마치 뇌가 하듯이 컴퓨터에 수집된 정보를 확인, 분류하고 해당하는 결과를 판별하는 방법인 '룰 베이스'로 원하는 결과를 얻을 수 있다. 뉴럴 네트워크는 컴퓨터가 자기 운영체계를 이용하여 특화된 기능을 수행하는 데 수학적인 모델을 사용한다. 사람의 뇌의 기능을 모방하는 뉴럴 네트워크와 같은 기계학습방법인 심층학습과 같은 기술이 큰 성과를 얻고 있는 것이다.

이렇게 대량학습에는 많은 데이터가 필요하고, 데이터가 많을수록 인식 강화도가 높아진다. 기업이 수집한 빅 데이터와 인터넷을 통해 대중이 방대한 정보를 활용하는 시대가 오고 있다. 예를 들어 위키피디아, 유튜브, 구글, 페이스북, 트위터 등을 통하여 축적된 방대한 데이터를 사용자들이 주고받을 수 있다.

최근 AI가 거짓말을 할 수 있다는 흥미로운 사실이 밝혀졌다. 딥페이크 기술을 사용하면 죽은 사람을 영상 속에서 살려내기도 한다. 2023년 1월부터는 인공지능의 또 하나의 큰 성과로 챗GPT(창조적 선행학습 모델, Generative Pre-trained Transformer)가 현실화되어, 말로 지시하거나 질문을 입력하면 챗봇이 응하여 문장을 작성하거나 답변을 내놓는다.

기계학습에서 가장 발달한 분야가 자동인식을 통해 분류하는 기술이다. 예를 들면 화상을 인식하여 숫자를 인식하거나 얼굴을 판별하는 기술이다. 얼굴의 각 부분의 모양과 크기에는 12~13가지 변화인자가 존재하는데, 이 조합의 경우의 수는 $10^{12\sim13}$가지로 지구상에 현존하는 인구의 수를 훨씬 넘는 숫자이다. 모든 인류의 서로 다른 얼굴 형태를 인식할 수 있는 것이다.

이러한 방법으로 중국에서는 이미 길거리에서 찍힌 얼굴만으로 그 사람의 인적사항을 조회한다. 우리나라에서도 곳곳에 설치된 카메라로 쉽게 범인을 잡는다. 컴퓨터에서는 라벨이 붙어 있는 데이터의 방대한 수의 이미지를 준비하여 특정 꼬리표를 달아 분류한다. 이렇게 라벨이 붙어 있는 방대한 데이터를 컴퓨터에 입력하여 학습시키는 방법을 지도학습이라고 부른다.

오늘날의 뉴럴 네트워크 개념은 1958년에 발표된 시각과 기능의 모델화인 '퍼셉트론'에 뿌리를 두고 있다. 컴퓨터 체계에서 간단한 퍼셉트론은 입력층과 출력층으로 만들어진 2층 구조로 외부에서 들어오는 신호가 입력층을 통과하여 출력된다. 인간의 감각적인 모델은 감각층인 입력층과 반응층인 출력층이 있다. 만약 등이 가렵다는 신호가 입력되면 그 정보는 신경세포에 전달된다. 출력층에서는 신경세포 반응으로 손을 내밀어 가려운 곳을 긁는다. 이때 사람의 경험, 자신감, 컨디션, 자세 등 여러 요인에 의해서 출력의 내용이 달라진다(그림 3-4)•. 이렇게 뉴럴 네트워크의 알고리즘으로 이루어진 컴퓨터의 미래 목표는 사람의 뇌신경이 상황을 인식하는 것처럼 화상 인식, 음성 인식, 계산, 분류, 추론, 기억 등 다양한 임무를 처리할 수 있게 되는 것이다.

입력층과 출력층만으로 만들어진 모델은 단순 퍼셉트론으로 인간의 감각적 모델과 같은 것이다. 이때 만약 입력층과 출력층 사이에 새로운 은닉층(layer)이 생겨나면 감각적인 모델은 '사고적'인 모델로 전환될 수 있다. 뇌의 신경세포가 많을수록 똑똑해지듯이 은닉층이 많을수록 더 높은 수준의 결론을 얻어낼 수 있다. 이렇게 은닉층을 다층화한 모델을 '딥 뉴럴 네트

• 고자키 요지, 전정훈 역, ≪인공지능의 세계≫, 북스힐, 2019

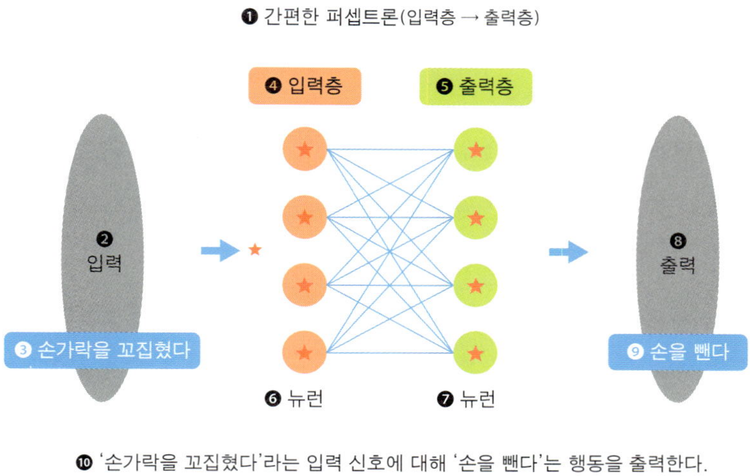

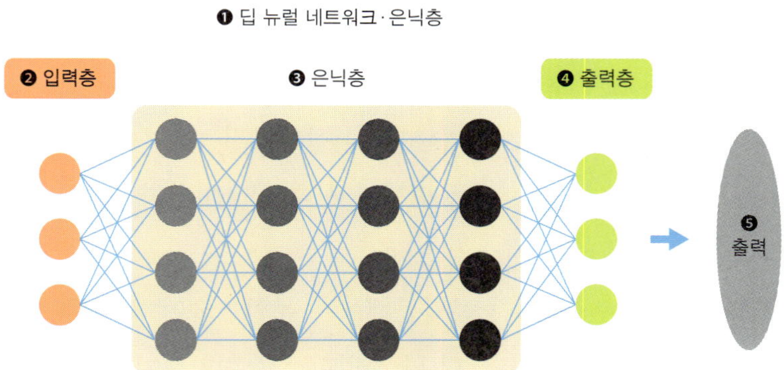

그림 3-4 간편한 퍼셉트론은 입력층과 출력층으로 구성된 2층 구조이다. 입력층은 감각층으로 감지된 정보에 따라 대응하여 처리하는 체계이다. 사람의 모든 감각에서 일어나는 상황을 뇌로 보내면 뇌신경에서 해당하는 명령을 행동을 옮길 수 있다. 딥 뉴럴 네트워크를 모델로 한 뇌의 기능을 설명하면, 입력층과 출력층의 사이에 많은 은닉층을 두어 입력된 정보를 여러 단계의 분석하고 종합하여 고도의 정밀한 수준의 대처가 가능해진다. 다층으로 구성된 컴퓨터 시스템은 더 높은 학습효율 때문에 세련된 대처가 가능해진다.

워크(Deep Neural Network, DNN)'라고 부른다. 사람이 깊이 생각하는 것과 마찬가지로 딥 뉴럴 네트워크는 사고의 은닉층을 다층화하는 것이다(그림 3-4)[•].

최근 IBM사에서 개발한 인공지능 프로그램 왓슨(Watson)은 3초 안에 서적 100만 권(2억 쪽 분량)의 데이터를 분류하고 해석해서 정확한 분석 결과를 도출할 수 있다고 한다. 왓슨의 방대한 자료 분석 기술은 2014년에는 새로운 암 치료제를 탐색하는 데 사용되었는데, 단 몇 주 만에 약 7만 건의 과학 논문을 분석하여 암 억제 유전자 p53의 목표 물질 6종류를 찾아냈다. 또한 암 치료에서는 2천만 건 이상의 암 관련 논문을 분석하여 10분 만에 병명과 치료법을 추정해낸다.

인공지능 프로그램을 이용해서 논문들을 추적해도 적절한 암 치료제가 아직도 나타나지 않았다는 것은, 현재까지 실험을 통한 암 연구에서 얻은 데이터로는 아직 완벽한 치료방법이 개발되지 못했다는 뜻이다. 컴퓨터가 생명과학자들의 실험을 설계하거나 직접 실행하지는 못한다는 의미이며, 이처럼 생명과학 분야에는 4차 산업혁명 시대에도 여전히 해결해야 할 문제가 많이 남아 있다.

인공지능을 활용한 21세기 문화콘텐츠는 문화예술이 과학기술과 융합하여 인간의 삶의 질을 높이고, 더 나은 방향으로 변화시키는 예이다. 문화가 발전하는 과정에 인공지능이나 블록체인 등 최첨단의 스마트 기술이 참여하면서 미래에는 인공지능이 모방, 변형, 융합, 창조의 단계를 거쳐 새로운 예술 작품을 창작할 수 있을 것으로 예측된다.

• 고자키 요지, 앞의 책

인공지능을 통해 예술적인 창작품을 만들어 내는 알고리즘은 모방 작품을 만드는 '생성망(generative network)'과 제작된 모방 작품과 진품을 구별할 수 있는 '판별망(discriminative network)'으로 구성된다. 이 체계는 한편으로는 무수한 모방을 통해 작품을 만들어 내고, 다른 한편으로는 진품을 감별하면서 예술가의 창작과 유사한 활동을 통해 새로운 작품을 선보일 수 있다. 인간이 생체감각 체계를 활용하여 창조해 온 예술을 이제 컴퓨터의 축적된 학습을 통해서도 만들어 낼 수 있는 새로운 시대에 우리가 살고 있는 것이다.

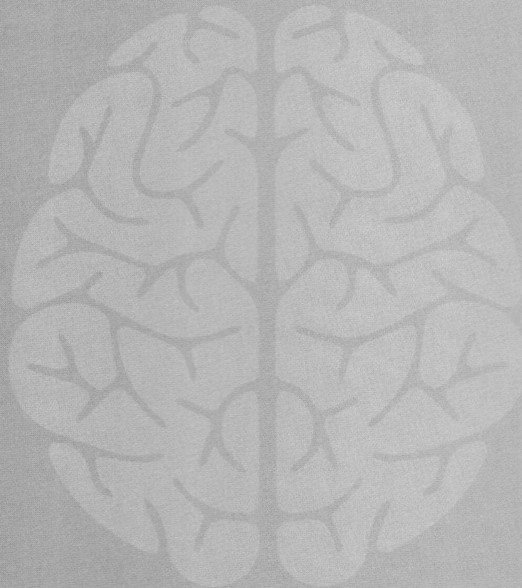

제 4 장

군대의 통신체계와 같은 신체의 신경망

1 외부 공격정보의 감지

뇌는 우리 몸의 모든 기능을 총괄하여 관리하고 조절하는 매우 중요한 신체기관이다. 뇌는 신경망을 통해 머리부터 발끝까지 정보를 수집하고, 필요에 따른 명령을 해당 부위에 전달하여 우리가 건강하게 살 수 있도록 한다. 뇌가 신경계를 통하여 모든 정보를 수집하고 명령을 내리는 것은 마치 군대 사령부가 전장의 정보를 수집하고 작전 명령을 아래 부서에 내려보내는 체계와 비슷하다.

로마 시대 군대에서는 전령이 상부 명령을 하달하는 역할을 했는데, 이는 초급 동물의 신경계 수준이었다. 제2차 세계대전 시대에는 기술이 상당히 발전해서 유선과 무선 통신수단을 사용하였으나, 유선은 적군이 전선을 절단하면 먹통이 되고 무선은 장애물 때문에 지역에 따라 한계가 있었다. 21세기에 이르러서는 인공위성을 통해 군대의 전투 지시나 소통을 전달하는 것은 물론 적군의 움직임까지 탐색한다.

사람의 신체도 안팎의 위험 요소를 확인하고 건강을 유지하기 위해 군대의 통신체계와 같은 복잡하고 정밀한 신경체계를 활용한다. 우리 신체는 특수한 통신수단인 신경세포를 활용한 신호의 전달체계를 활용한다. 뇌와 가까운 신체 부위인 얼굴에서 외부의 여러 가지 정보가 감각체계를 통해 주위에서 발생한 위험상황을 감지하고 곧바로 뇌에 정보를 전달한다. 사람은 심지어 발끝에서 발생한 위험상황도 곧바로 뇌에 전달하여 대처할 수 있다.

필자가 테니스를 치다가 한 번은 팔꿈치가 아프기 시작하더니 결국 손가락의 감각이 없어지면서 물건을 꼭 잡지 못하고 자주 떨어뜨리게 된 적이 있다. 처음에는 어설픈 지식으로 혈관이 팔꿈치를 눌러 감각이 전달되지 않는 것은 아닐까 생각했으나, 외과 의사의 진단을 받은 결과 팔꿈치의 뼈가 자라서 신경을 눌러 운동에 필요한 신경 정보가 전달되지 않아 벌어진 일이라는 사실을 알게 되었다. 이후 뼈가 신경을 누르지 않도록 약간 이동하는 수술을 받아 문제를 해결하였다. 이 경험으로 신체의 기능을 어느 정도 알아두는 것이 건강하게 일생을 사는 데 큰 도움이 되겠다는 깨달음을 얻었으며, 이는 이 책을 집필하는 동기로 이어졌다.

신체감각과 외부 위험신호의 인지

신체에서 뇌로 전달되는 다양한 위험신호들로는 물리적·화학적·정신적 위험신호들이 있다. 우리는 큰 위험에 처하기 전에 이러한 위험신호를 신경계를 통해 빨리 뇌에 전달하고 대처해서 생명을 유지한다.

신체에서 신경계는 크게 뇌와 척수를 포함하는 중추신경계와 그 나머지인 말초신경계로 나뉜다. 머리뼈 속의 뇌와 척추관 속의 척수로 구성되는 중추신경계는 몸의 각 부분에서 수집된 정보들을 받아들이고, 또 뇌에서

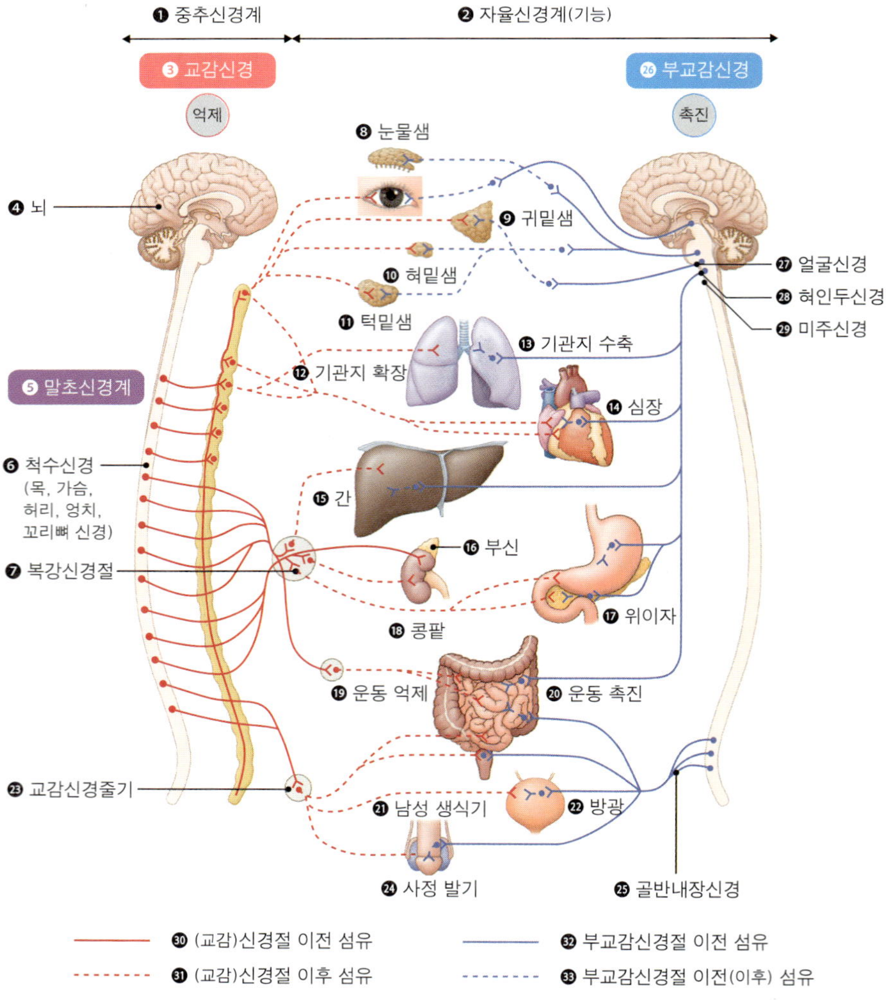

그림 4-1 뇌와 척수는 중추신경계를 구성하고, 척추관 속의 척수는 신경신호를 전달하는 역할을 수행한다. 중추신경과 몸 내부의 각 지역을 연결하는 신경계통을 말초신경계라 한다. 말초신경계는 자율신경계라 부르기도 하며 교감신경계와 부교감 신경계로 나뉘고, 내부기관의 운동이나 작용을 촉진시키는 정보를 보내서 생명의 유지에 필요한 활동을 조절하게 된다.

온몸의 근육과 분비샘에 명령을 보낸다. 뇌에서 직접 나오는 중추신경은 12쌍으로 큰 광케이블과 같다(그림 4-1).

중추신경과 몸의 각 부분을 연결하는 신경계를 말초신경계라고 한다. 말초신경계는 몸의 감각을 느끼고, 뼈와 근육을 움직이며, 의식과 상관없이 작용하여 체내의 환경이 일정하게 유지되도록 하기 때문에 자율신경계라고도 한다. 말초신경계는 교감신경계와 부교감신경계로 나뉜다. 우리가 주로 외부에서 감지하는 모든 위험신호들은 교감신경인 시각신경, 후각신경, 얼굴신경, 속귀신경, 혀인두신경 등 뇌 바닥의 뇌신경뿌리를 통해 뇌로 직접 전달된다. 그 외에도 피부의 촉감을 통해 감지된 높은 온도 등 외부 위해요소의 정보도 신호로 전달된다.

한편 감각기관들은 운동 및 생활에 필요한 신체의 균형을 유지하고 위해물질을 피하게 한다. 유년기에 훈련된 각 기관의 운동체계는 청·장년기에 이르러 최상의 방어기능을 수행하고, 나이가 들면 기능이 쇠퇴한다. 신체의 쇠퇴를 방지하기 위해서 노년에는 가능한 한 많이 움직이도록 노력해야 한다. 현재 미국에서는 비만을 방지하기 위해 평소 집안에서 생활하면서 계속 움직이는 '비운동성 연료 소모'인 니트(NEAT, non-excercise activity thermogenesis) 운동법이 주목을 받고 있는데, 마실 물을 스스로 가져다 마시는 등 노년기 건강 관리에 권고할 만한 운동법이다.

신체 내부의 장기의 기능 및 대사 조절

중추신경계에는 신경세포보다 훨씬 많은 신경아교세포들이 들어 있다. 특히 신경아교세포 중 별아교세포는 혈관 주위를 둘러싸고 있어 혈중 유해

물질이 뇌 안으로 들어가는 것을 막아 주는 방어적 기능을 하는데, 이것을 뇌혈관장벽이라고 부른다. 내부에는 신경세포나 뼈대 근육세포 사이에서 정보를 받고 전달하는 기능을 하는 신경연접부가 있다(그림 4-2). 뇌에서 신경정보가 신체 각 부위의 말단지역에 도착하면, 신경연접부 소포가 세포막과 합쳐져서 신경전달 물질을 신경연접부 틈새로 방출한다. 이때 신경전달 물질은 정보를 받아들이는 쪽 세포막에 있는 수용체를 자극하여 신경정보를 전달하는 활동전위를 발생시킨다.

신체에서 일부 내장을 제외한 모든 내부 기관들은 교감신경과 부교감신경의 이중지배를 받는다. 한쪽은 기능의 촉진을 담당하고, 다른 쪽은 억제하는 대항지배를 한다(그림 4-1). 교감신경계는 가슴 부분의 척추를 통하여 나온 신경세포가 외부 감각기관인 눈과 귀의 기능, 턱밑샘 분비의 억제, 심

4-2 A

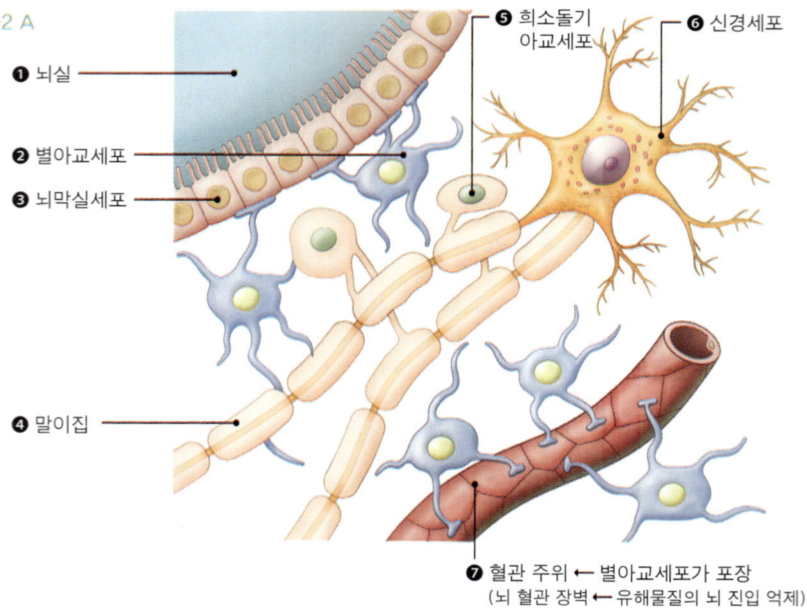

4-2 B

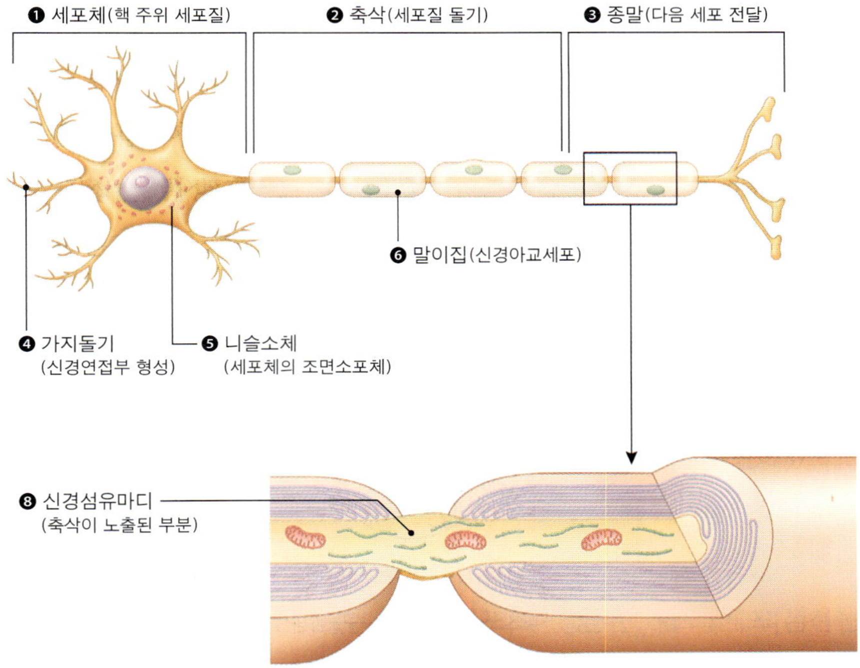

그림 4-2 신경세포와 별아교세포는 신경세포와 혈관 사이에 있어 혈액 속의 유해물질이 뇌에 진입하지 못하도록 뇌혈관 장벽을 구성한다. 뇌에서 신경정보는 신체 모든 부위의 최종단계에서 신경정보를 신경연접부의 틈새로 방출한다. 축삭의 끝부분에서 수집된 외부 정보들을 받아 뇌세포에 전달하게 된다.

장에서 심박수의 증가, 폐에서 기관지의 확장, 간에서 글리코겐의 분해, 아드레날린의 분비를 촉진하고 또 콩팥, 위나 이자의 운동 억제에 관여한다. 교감신경은 장의 운동 억제나, 배뇨 억제, 사정에도 관여한다.

반대로 부교감신경은 외부감각기관의 조절 과정에서 눈의 동공의 조임이나, 귀밑샘의 분비 촉진에 관여한다. 부교감신경은 기관지 수축, 심박수의 감소, 쓸개즙의 분비와 위의 운동 및 소화효소의 분비에 관여하며, 장의 운동이나 배뇨의 촉진 등에도 관여한다. 이처럼 사람이 생존하는 데 필요한 영양성분의 분해 및 흡수 과정에 뇌가 깊이 관여한다. 뇌는 호르몬의 분비를 촉진하여 생체 내부의 모든 기관이 조화롭게 운용되도록 한다.

운동감각과 신경신호

뇌에는 운동에 관련된 모든 기억을 저장하고 필요에 따라 순식간에 적절한 대응조처를 하는 부분이 있다. 이렇게 훈련 또는 반복에 의해 신체 움직임을 정확하게 하는 능력을 운동근육 학습(motor learning)이라고 한다. 이러한 운동에 관한 기억은 뇌 여러 부분에서 전운동대뇌, 기초 신경절, 그리고 변수를 미세하게 조정하는 큰 기억저장장치로 기능하는 소뇌에 특별히 저장된다. 이렇게 저장된 기억은 차후에 필요에 따라서 활용된다.

운동 중에는 꾸준하게 연속적으로 하는 형태의 운동이 있는가 하면, 축구, 야구, 농구, 테니스처럼 상대방의 움직임에 빨리 반응해야 하는 형태의 운동이 있다. 오랜 기간 훈련으로 숙달된 운동선수는 평소에도 신체에 위험한 상황이 발생하면 즉각 대처가 가능하다. 뇌의 중추신경계에서 외부의 위험요소에 신속하게 대처하여 해당하는 운동 명령의 정보를 전달함으로써 곧바로 필요한 대응을 할 수 있는 것이다. 원시시대 인류는 빠르고 강한 동물을 사냥하기 위해 훈련을 거쳐 운동능력을 갈고닦아 살아남았다. 그러나 현대인은 신체활동 부족으로 운동능력이 점점 퇴보하고 있다. 우리가 건강하게 오래 살고 싶다면, 불시에 닥치는 위험한 상황에 곧바로 대처할 수 있는 운동능력을 갖추어야 한다.

2 정보의 전달체계: 신경망

최근 핸드폰의 무선통신체계는 통신사에서 전국에 안테나를 설치하고 유리 섬유 통신케이블을 깔아 신속하고 정확한 정보 전달이 가능하다. 사람의 신경세포도 신경망을 통해서 신체의 각 부위에서 수집된 정보를 신속히 뇌에 보내고, 뇌에서는 정보를 처리하여 곧바로 해당 명령을 관련 지역으로 보내 대처한다. 신체의 신경망도 외부 위험요소를 확인하고 필요한 대처를 하는 무선통신체계와 비슷하다. 우리 뇌에서 긴급한 정보는 주로 전기적인 신호를 통해 전달하고, 반면에 정밀하게 조절해야 할 신호는 신경전달 물질을 통해 그 정도를 조절한다.

신경세포의 역할

20세기 초에 이탈리아의 신경과학자 골지(Camillo Golgi)는 신경세포들이 그물모양으로 연결되어 있다는 '그물 모델'을 주창하여 신경계의 구조에 대한 초기 가설을 제시했다. 이 그물 모델은 지금은 널리 받아들여지고 있는 신경세포체계, 즉 고립된 신경 각각의 세포가 신경연접부를 통해서 화학적으로 신호를 전달한다는 주장과는 어긋나는 가설이었다. 그러나 상반되는 것처럼 보이는 이 두 가지 주장이 1906년 노벨생리의학상을 공동으로 수여했다.

골지와 동시에 노벨상을 수상한 스페인의 신경과학자 카할(Santiago Ramón y Cajal)은 화학적 신경연접부를 주창한 신경세포·신경체계의 권위자로 현대 신경과학의 아버지라 불린다. 골지가 신경계의 그물 모델에 대한 증거를 설명하면서 노벨상 수상 강연을 할 때, 스페인의 카할이 골지의 설명에 반박했다. 그렇게 해서 현대의 뇌과학 연구에서는 화학적 신경연접부와 전기적 신경연접부가 동시에 존재한다는 사실이 밝혀졌으며, 두 모델 모두 생리학적으로 중요하다는 것이 분명해졌다. 당시 노벨상 위원회에서 두 과학자의 업적을 각각 인정하여 공동으로 상을 수여한 것은 매우 공정한 평가였다.

앞서 살펴보았듯이 신경연접부에 의한 신경정보의 전달은 단순히 감각의 물리적 전달만을 의미하지 않는다. 현재 신경연접부는 인간을 비롯한 동물의 지능, 기억, 성격과 같은 정신작용과 관련한 중요한 기능이 확인되었다. 따라서 신경연접부의 전달기능에 대한 이해 없이는 약물의 정신 활성이나 정신병 및 정신장애의 원인, 학습이나 기억의 신경학적 기초를 이해할 수 없다.

신경연접부 관련 연구가 각광을 받게 되면서, 신경전달 메커니즘과 관련된 초기 연구들이 현재 이루어지고 있는 많은 연구들의 바탕이 되었다. 특히 뇌의 신경전달과정은 대부분 화학적 신경연접부가 신경전달 물질의 분비를 통하여 이루어진다(그림 4-2). 따라서 당시 오토 뢰비(Otto Loewi)에 의한 신경전달 물질 아세틸콜린의 발견은 신경전달과정을 밝히는 연구의 획기적인 분기점이 되었다.

생체는 상상을 초월하게 복잡한 신경망을 통해서 체계적으로 또 유기적으로 뇌의 주요 기능들을 수행한다. 뇌에서는 여러 개의 신경세포들이 다양한 방식으로 상호작용하여 기능하며, 그 신경세포들이 모여서 신경계를 이룬다. 신경계들 또한 독립적으로 기능하는 것이 아니라 상호작용을 하면서 우리의 생각과 행동 하나하나는 물론이고 의식하지 못하는 신체 내부의 활동까지 자세하게 조절하여 기능한다. 이러한 신경구조는 다른 분야에도 응용하여 적용할 수 있다. 예를 들어 컴퓨터 회로나 알고리즘에 신경망의 구조가 적용되어 인공 신경망 등의 개발에 유용하게 쓰인다.

신경의 정보 전달: 신경전달 물질

지난 20세기 초의 10년 동안 신경세포 사이의 정보 전달이 화학적인지 전기적인지를 두고 뜨거운 토론이 벌어졌다. 그 후 독일의 약학자 오토 뢰비가 신경세포와 심장 간의 화학적 신호전달을 증명하여 화학적 신경신호가 뇌의 신경기능 연구의 해답으로 여겨지게 되었다. 이런 상황에서 전기적 신호전달의 발견은 과학계에 엄청난 충격을 가져왔다. 전기적 신호전달에 대한 연구는 화학적 신호전달만으로는 이해할 수 없었던 빠른 속도의 신호전달에 대한 학문적 근거를 제시했고, 두 신호전달 체계를 함께 연구함으로써 복잡한 신경과학의 전달체계를 이해하기 위한 구체적인 실마리가 마련되었다.

이렇게 신경전달 물질에 대한 연구가 활발한 상황에서 한 가지 생각해 볼 문제는, 왜 신경계에서 화학적 신경연접부가 전기적 신경연접부보다 차지하는 비율이 높을까 하는 것이다. 이는 아마도 진화의 결과로 설명이 가능할 것이다. 생명체 진화의 초기 단계에서는 주변 환경에 빠르게 반응해야 했기 때문에 화학적 신경연접부에 의한 증폭된 신호보다는 전기적 신경연접부에 의한 신속한 신호가 필수적이었을 것이다. 그렇지만 생명체가 고도로 진화하면서 자체 체계가 복잡해지고 주변 환경이 안정되면서 빠른 신호보다는 증폭된 신호가 필요해졌을 것으로 보인다.

문명이 발전하면서 더욱 복잡해지고 다양해진 환경의 자극에 대해 신경전달 방법 또한 적응하여 변화했다. 이것은 오늘날 신경전달과 관련하여 활발히 연구되고 있는 분야인 신경연접부 가소성과 직접적인 관련이 있다. 신경연접부의 가소성이란 신경연접부의 전달효율 혹은 그 전달방법이 신경연접부 전부, 후부 혹은 양자의 활동에 의해 지속적으로 다변화되는 현상을 말한다. 뇌에서 기억과 학습의 기초과정, 생후환경에 대한 여러 뇌기능의 적응성 변화, 뇌의 부분 손상 후에 일어나는 신경회로의 기능의 변화 등 여러 기능적인 측면에서 가소성은 연구 잠재성이 높아 현재 여러 방향에서 연구가 진행되고 있다.

현재 많은 과학자들이 뇌의 기능을 이해하고 정신질환의 치료제를 개발하기 위해 어떤 효소들이 어떤 경로를 통해서 신경전달 물질의 합성에 관여하는지 연구하고 있다. 앞으로 뇌를 구성하는 여러 유전자의 순서를 바탕으로 신경전달 물질의 제조에 관여하는 효소들의 정체가 밝혀지면, 약물을 사용하여 효소의 기능을 조절할 수 있게 되므로, 신경전달의 조절을 가능하게 할 수 있을 것이다. 앞으로 신경세포에서 일어나는 생화학적인 물질 제조과정을 분자 수준에서 이해하게 되면 신경전달의 더 정밀한 조절이 가능해지고, 심지어 뇌의 질환을 완벽하게 치료할 수 있는 치료제의 개발도 가능하게 될 것이다.

신경의 전달체계와 건강관리

신체의 감각 신호를 전달하는 신경의 전달체계는 사람의 생존 과정에서 신체를 보호하는 수단이다. 뇌에서 중추신경계는 몸의 각 부분에서 오는 여러 감각정보를 받아들이고, 또 그 결과를 온몸의 근육과 분비샘에 전달하며, 여러 정보를 말초(자율)신경계와 몸의 각 부분에 연결하는 역할을 한다. 말초(자율)신경계의 종류에는 중추신경계의 명령을 몸의 각 근육으로 보내는 운동신경, 온몸의 피부와 감각기관에서 나오는 정보를 중추신경계로 보내는 감각신경, 내장 기능을 관장하는 말초(자율)신경이 있다.

생명을 보호하고 신체를 건강하게 관리하기 위해서는 걷다가 넘어지거나 발을 잘못 디디는 등 일상 속에서 흔히 일어날 수 있는 사고로 인한 뼈나 관절의 부상을 가능한 한 피해야 한다. 만약 뇌에서 필요한 때에 적정한 대처를 하지 못하면 신체의 부상으로 평생 지속되는 불편을 얻게 될 수도 있다.

뇌는 예전의 기억을 되살려 평상시에도 갑작스러운 사고에 대처할 수 있도록 대비한다. 그래서 사람은 유년기에 적절한 운동으로 신체의 훈련을 하는 것이 좋다. 어린이의 방과 후 운동을 권장하는 선진국의 교육과정과는 달리 한국의 교육과정에서는 체육교육이 소홀한 편이다. 초·중·고등학교 학생들이 내내 입시에만 매달리는 교육제도의 개선이 시급하다.

사람이 오래 살면서 신체를 지속적으로 사용하면 나타나는 여러 질환들이 있다. 예를 들어 많이 걷거나 움직여서 오는 관절의 손상 등 우리가 의식하지 않고 사는 동안에도 신체 내 여러 기관의 기능이 쇠퇴하는 증세가 나타난다. 사람의 뇌는 신체의 기관들을 쉬지 않고 관리하여 우리가 건강하게 살도록 해준다(표 4-1).

표 4-1 신체의 외부나 피부에 나타나는 감각체계에서 오는 위험신호들

번호	위험신호	해당 기관	증상	대처
1	운동 장애	팔 다리	관절의 퇴화	수술 및 영양분
2	허리통증, 발가락 사이 감각이상	척추 뼈	심한 허리통증	척추협착 수술
3	관절통증	어깨, 다리의 관절	관절액의 누수	인공관절 대체
4	엄지발가락 통증	통풍	심한 통증 뇨산 생성, 엄지발가락이 붓고 염증반응	단백질대사장애
5	발바닥 통증	족저근막염	발바닥 뒤꿈치에 심한 통증	신발 바닥의 신축성 문제
6	발열	세균 등의 감염성질환 외상, 종양, 혈액질환(백혈병, 용혈성질환) 뇌출혈, 급성신진대사질환	37℃ 이상의 고열 체온조절 중추신경	해열제 사용, 검진 필요
7	기침	기도의 점막, 기관지염, 폐	만성기침(역류성 식도염, 만성기관지염) 목감기, 천식	비타민 C, 아연
8	가슴 답답	식도, 위, 늑막, 심장	역류성 식도염, 소화불량, 위염, 늑막염, 천식, 심근경색	적절한 운동, 음식조절

9	뼈마디 통증	손가락, 발가락 저림	각종 관절의 통증	뜨거운 물 목욕
10	발이 저림	혈관 및 신경망	감각 마비	콜레스테롤 섭취 억제
11	피부에 멍이 듦	만성간질환, 혈소판 감소증, 면역기능이상, 백혈병, 림프종	피부에 혈액이 뭉쳐 나타남	검진 필요
12	추운 날씨에 식은땀	심혈관 질환	혈관 축소	오메가3 섭취, 규칙적인 운동
13	눈이 침침함, 눈물이 마름	눈 시력 약화, 황반 변성	눈물이 마르고 눈이 침침함	루테인 및 지아잔틴 부족
14	쥐가 나고 눈 밑 떨림	뼈, 골다공증, 스트레스 불안	골다공증, 만성피로	마그네슘 부족
15	발바닥이 붓고 뜨거움	심장, 간, 신장	부신기능저하, 만성시장질환	비타민 B 부족
16	소변에 거품	단백뇨	신장 기능 약화, 당뇨병 의심	당의 섭취 축소

3 생명유지의 총사령부: 뇌의 역할

사람의 신체가 건강하게 유지되려면 생체 내부에서 각종 생체화학 반응을 통해 생명의 유지에 필수적인 물질들을 제조해서 공급해야 한다. 따라서 이 과정에 필요한 원료인 음식물을 제때 골고루 공급해 주어야 한다. 체내에서는 화학반응이 체온에서 신속히 이루어지도록 1만여 개의 단백질 촉매인 효소를 만들어 낸다. 우리 유전자가 가진 정보에 따라 일생 동안 만들어지는 효소는 생체 내부의 화학반응에 중요한 역할을 한다. 생체 반응을 빠르게 일어나도록 하는 데 반드시 필요한 효소의 보조효소로, 체내에서는 만들지 못하는 비타민과 미네랄들을 효소의 기능을 위해서 반드시 공급해 주어야 한다. 그래서 음식물을 골고루 잘 섭취하는 것은 건강에 매우 중요하다.

신체의 운동이나 뇌의 기능에 사용되는 필수적인 에너지 원료는 탄수화물이다. 탄수화물의 소화 과정은 생체에너지(ATP, 아데노신트라이포스페이트)를 만들어 내는데, 이 ATP의 생산 과정에서 효소기능의 보조제로 비타민 B

군이 특별히 필요하다. 뇌는 탄수화물의 섭취로 얻는 에너지의 70%를 소비하므로 쌀밥과 같은 탄수화물을 필요한 만큼 먹어서 공급해야 한다. 필자는 나이를 먹으면서 원활한 에너지 생산을 위해서 비타민 B군의 공급원으로 매일 효모정(이스트)을 섭취하고 있다. 보조효소의 필요성에 대해서는 필자의 저서 《효소와 건강》에서 자세히 설명하고 있다. 소화가 안 될 때 동물의 일부 소화효소를 섭취하거나 혈액의 응고를 방지하기 위해 주사제를 맞을 때는 제외하고는 어떠한 효소도 따로 섭취할 필요가 없으며, 시중에 판매하는 소화효소를 계속해서 먹으면 체내에서 소화 관련효소의 생산을 중단하게 되므로 큰 문제가 발생할 수 있다•.

결론적으로 건강을 위해서는 생체 내부에서 필요한 물질을 만드는 신진대사의 관리도 중요하지만, 의지와 실천 등 정신적인 요소를 지배하고 살면서 실행해야 하는 행동들과 억제해야 하는 행동들을 판단하는 뇌의 역할도 대단히 중요하다.

신체를 총괄 관리하는 뇌

사람의 뇌는 지구상 모든 생물의 장기 중에서 가장 복잡하고 정밀하게 구성된 장기로, 무수한 신경 세포의 집합체이다. 인간의 뇌가 계속 발달하고 진화한다면 인간은 어떤 능력을 갖게 될까? 뇌 과학자들도 아직까지는 이에 대해 확실한 답을 내놓지 못한다. 인간 뇌에 무한한 가능성이 있기 때문이기도 하지만 뇌의 연구에서 실제 인간의 뇌를 사용하지 못하는 한계가

• 양철학, 《효소와 건강》, 서울대 출판부, 2012

있기 때문이기도 하다.

신경전달 물질이 처음 발견된 19세기 초부터 한 세기가 흐른 지금까지 신경과학에 대한 연구는 눈부시게 진척되어 뇌의 신경전달과 신경전달 물질, 나아가 신경과 근육운동의 연계작용에 대해 많은 사실들이 밝혀졌다. 또한 전자공학의 발전으로 소형의 기억용 전자소재를 통해 실제 팔다리와 마찬가지로 사람이 생각하는 대로 움직이는 인공 팔다리가 개발되기에 이르렀다. 미래의 응용 가능성이 무궁무진한 분야인 만큼 뇌의 신경전달과 신경전달 물질, 신경과 근육운동의 연계작용에 대한 연구는 앞으로도 활발하게 진행되어 인류의 건강에 크게 기여할 것으로 기대된다. 인공지능과 같은 인간의 한계를 극복하는 우수한 기계 두뇌의 출현은 인류의 발전에 상상할 수 없을 만큼 큰 변화를 가져올 것이다.

뇌 과학이 발전하기 이전에 인간은 정신과 신체를 서로 별개의 것으로 여겼다. 그러나 우리를 지배하는 정신세계를 수많은 뇌세포들의 생화학적인 반응으로 설명하게 되면서, 정신에 영향을 미치는 약물에도 새로운 관심이 생겨났다. 이미 약리학자들은 기억력과 집중력을 증진하고 기분이 좋아지게 하는 약물을 연구하고 있으며, 가까운 장래에는 보통 사람들도 그런 약을 의사에게 처방받을 수 있게 될 것으로 보인다. 언젠가는 연인과의 데이트나 키스의 추억은 오래 간직할 수 있게 하고, 친구의 배신이나 가족과의 영원한 이별 등 슬픈 기억은 지워 버리는 생화학적인 약물이 등장할지도 모른다.

4 뇌와 관련된 질병의 발생

신경전달 물질의 발견과 뇌의 기능에 대한 지속적인 연구는 인간의 복잡한 정신세계도 언젠가 생물화학적으로 자세히 설명할 수 있는 시기가 오리라는 기대를 하게 한다. 과거에는 그 존재를 확인할 수 없었던 많은 뇌와 관련된 병리현상들은 현재 그 존재가 인정되었는데, 조현병, 우울증, 치매, 파킨슨병, 근무력증, 자폐증, 뇌전증 등과 같은 신경정신계 질환들은 특정 신경전달 물질의 기능의 과다 또는 감소로 발생한다는 사실이 밝혀졌다.

선천적으로 뇌 기능에 장애를 가지고 태어나는 경우도 있지만, 여러 화학물질이나 정신적인 문제들이 뇌에 영향을 미쳐 후천적으로 발생하는 정신질환도 점점 증가하고 있다. 아직까지 고도의 정신 기능, 감정, 운동 및 감각 기능을 수행하기 위하여 얼마나 많은 신경전달 물질이 뇌에 존재하는지는 정확히 알려져 있지 않다. 앞으로 뇌 과학이 더욱 발전하면 서로 다른 기능을 하는 많은 신경전달 물질들이 발견될 것이며, 이 물질들의 기능이 밝혀지면 인간 정신체계의 본질과 관련된 질병의 원인을 규명할 수 있을 것으로 보인다.

인간의 모든 정신질환은 뇌의 신경회로를 이루는 일부 신경세포들이 지나치게 활성화되거나, 아예 활성화되지 않거나, 또는 효과적으로 상호협력 기능을 할 수 없는 경우에 발생하는 것으로 추정된다. 실제 뇌를 사용하는 연구는 규제되어 불가능하기 때문에 조현병이나 우울증 같은 뇌 질환의 발생원인 연구에서는 뇌의 어느 부분에 문제가 발생하는지를 찾아내는 정도의 방법이 동원되고 근본적인 원인 규명에 대해서는 아직 미흡한 상태이다.

뇌질환의 원인과 관리

생화학자들은 선천적인 뇌 관련 질환인 지적 장애의 원인에 대해서 그동안 여러 측면에서 연구하였다. 정신지체는 유전적으로 특정 물질, 아미노산 중에 페닐알라닌을 분해하는 과정의 효소인 하이드록실레이스의 유전자가 잘못되어 페닐알라닌을 분해하지 못하게 되어 뇌에 축적하게 되면 나타나는 선천성 대사과정의 잘못으로 나타난 페닐케톤요소라는 유전병이다. 대사 장애로 발생하는 또 하나의 뇌 질환인 갈락토스혈증은 탄수화물 대사 관련 물질인 갈락토스-1-인산의 체내 축적이 뇌의 기능을 파괴하는 유전적 질병으로 알려졌다.

현재 과학자들은 뇌에서 신진대사의 잘못으로 발생한 질환 이외에도, 인간의 정신기능의 특징인 사유, 감정, 기억에 대한 생화학적인 내용을 이해하기 위하여, 전체적인 신경세포 체계를 확인하는 연구들을 수행하고 있다. 이러한 연구 결과들을 통해 앞으로 조현병, 우울증, 알츠하이머, 파킨슨병 등의 근본적인 원인들을 밝히고 그 해결책의 실마리를 얻을 수 있을 것이다.

신경근접합부의 문제로 인하여 발병하는 대표적인 질병으로 중증 근무력증이 있다. 근무력증의 특징적인 증상은 변동성 근력의 약화와 근육의 피로감인데, 이는 신경근연접부에서 아세틸콜린 수용체(acetylcholine receptor)의 숫자가 줄어들기 때문에 나타나는 증상으로 알려졌다.

로신(Lossins J.)과 동료 연구자들은 중증 근무력증의 정확한 원인은 아직 확실하지 않지만 그 기전은 항체 매개에 의한 자가면역 질환이라고 발표했다•. 즉, 신경이 근육에 연결되는 부위인 신경근연접부에서 근육세포의 세포막에 존재하는 아세틸콜린을 받아들이는 수용체(acetylcholine receptor)에 대항하는 항체가 잘못 만들어져 영향을 미치는 것이다. 이 항체가 수용체에 결합하여 신경전달 물질인 아세틸콜린의 결합을 방해하면서 신경근연접부의 기능이 저하되어 근무력증이 나타나는 것으로 밝혀졌다. 신경근접합부의 기능을 저하하는 자가항체가 만들어지는 원인은 아직 규명되지 않았다.

중증 근무력증 환자의 신경근연접부를 전자현미경으로 조사한 결과 근육의 종판(end plate)에 있는 연접 주름이 단순하고 납작하게 변해 있으며, 아세틸콜린 수용체의 숫자도 감소해 있다는 사실이 발견되었다. 신경전달 물질 아세틸콜린을 붕괴시키는 효소인 아세틸콜린에스터레이스의 방해제를 사용하면 심각한 부작용이 없으면서도 거의 모든 중증 근무력증 환자에게서 부분적이나마 증상을 호전시킬 수 있고, 일부 환자는 단독 요법으로도 정상 생활이 가능할 정도로 회복될 수 있다고 한다.

브라더스(Leslie Brothers)의 사회적 연결망 이론에 의하면 사회적 상호작

• Lossins J. et al. Brain 129(10), 2006, 2773-2783

용이 가능하기 위해서는 여러 뇌 영역의 연결망이 필요하며 이를 사회적 연결망이라고 부른다. 뇌에서 얼굴인식에 관여하는 아래관자 겉질(inferior temporal cortex), 감정을 형성하는 편도체(amygdala), 운동에 관여하는 위관자 고랑, 공감에 관여하는 거울 신경세포 체계(mirror neuron system), 마음을 형성한다는 이론에 관여하는 관자마루 이음부(temporoparietal junction)의 영역들이 사회적 연결망의 기능을 한다.

자폐 스펙트럼 장애는 사회적 뇌가 제대로 발달하지 못하여 나타나는 복합적인 장애로 만 3세 이전, 즉 생애 초기의 중요한 발달 시기에 나타난다. 자폐아동은 사회적 적응기술이나 의사소통 기술이 적절히 발달하지 못해 내면세계로 빠져들어 남들과 사회적 상호작용을 하지 못한다. 현재 과학자들은 자폐 스펙트럼 장애는 유전적 요인이 발병에 중요한 역할을 한다는 사실을 확인하였으며, 특정 유전자에 돌연변이가 발생할 때 생물학적인 과정에서 어떻게 교란이 일어나 자폐 스펙트럼 장애가 발생하는지에 대해 연구하고 있다.

치매의 원인과 치료의 전망

치매는 인생의 마지막이 고통스러워지는 뇌 질환이다. 치매라는 명칭은 일본에서 유래된 단어인데, 혐오감을 준다고 해서 현재 정부에서 다른 말로 대체하려는 시도가 진행 중이다. 우리나라에서도 노년층 인구가 증가하면서 보건복지부 산하 중앙치매센터에 따르면 2022년 기준 65세 이상 노인 인구 897만여 명 중에서 2022년 기준 치매 병상자 수는 92만 4,870명이 되었다. 추정 치매 유병률이 10.31%가 되어 65세 이상 노인 10명 중 1명은 치매 환자라고 발표되었으며, 현재 치매는 10대 사망 원인 중 하나가 되었다. 전 세계 치매 환자의 수는 3천만 명에 이르는데 대부분이 65세 이상의 인구로, 연간 치매로 인한 사망자 수는 2백만 명에 이른다. 또한 남성보다는 여성에게서 더 많은 치매 환자가 발생한다는 통계청의 보고가 있다. 치료가 어려운 악성 뇌 질환인 치매는 질병, 후천적인 외상 등 다양한 원인으로 뇌가 손상을 입었을 때 걸릴 수 있다.

1906년 독일의 신경정신과 의사 알츠하이머(Alois Alzheimer)는 갑자기 강한 질투심을 보이기 시작하다가 점차 인지기능을 상실하여 사망한 한 여성의 두뇌를 해부해 보았는데, 그 결과 뇌가 쪼그라들어 있고 특정 단백질이 많이 축적되어 있는 것을 발견했다. 이렇게 발견된 치매는 의사 이름을 따서 알츠하이머병이라고 불리게 되었다. 치매는 뇌에서 일어나는 대표적인 퇴행 증상으로, 원인인 노인성 반점(노인반)은 편도와 해마와 같은 내측 축두엽의 조직에서 발견된다. 치매 증상을 보이는 70대 이후 노인의 80%에게서 노인반이 신피질(이성적 사고를 담당하는 부위)에서 관찰되는데, 이 노인반의 평균 밀도가 높아지면서 치매의 증세가 나타나기 시작하는 것으로 밝혀졌다.

치매는 질환의 원인에 따라 알츠하이머병, 혈관성 치매, 그리고 루이체 치매로 분류된다. 2012년도 보건복지부 치매 유병률 조사에 따르면, 한국의 노인성 치매는 알츠하이머병이 71.3%이고, 뇌졸중 후에 발생하는 혈관성 치매가 16.9%, 기타(루이체, 파킨슨, 전두엽, 알코올성)가 11.8%로 나타났다. 심장혈관 질환, 콜레스테롤 수치가 높은 고혈압, 당뇨, 흡연 등은 매우 높은 치매 발병 위험인자다. 그래서 혈압 관련 약물이 치매 위험을 일시적으로 감소시킬 수 있다는 보고가 있다.

치매를 유발하는 가장 흔한 원인 질환인 알츠하이머병은 기억력 상실과 언어기능장애로 나타나며, 더욱 진행되면 모든 일상생활의 기능이 상실된다. 일반적으로 알츠하이머성 치매는 서서히 진행되기 때문에 증상의 시작 시점을 정확하게 알기 힘들다는 것이 문제이다. 일상생활에 큰 문제가 없으면서 기억력 등이 뚜렷하게 떨어진 상태를 경도 인지장애라고 하는데, 이는 혈관성 또는 알츠하이머성 치매의 전 단계에서 나타나는 증상이다. 현재 신경정신과 의사들은 치매의 증상이 주관적 인지장애에서 경도인지장애 등 단계를 거쳐 알츠하이머성으로 넘어가지 않도록 억제하는 것을 치료의 목표로 삼는다. 치매는 의료 기록, 가족력, 그리고 행동을 관찰한 결과로 진단할 수 있다.

신경정신과 의사들은 환자의 인식능력이나 기능성 장애의 진도에 따라 치매 증상 진행 과정을 4단계, 치매 전 단계, 초기 단계, 중기 단계, 그리고 말기 치매 단계로 분류한다. 첫 번째 단계인 치매 전 단계에서는 단순히 나이가 들어서 또는 스트레스가 쌓여서 그렇다고 착각할 정도로 가벼운 증상이 나타난다. 임상적으로 초기 치매의 증상은 보통 치매로 진단받기 이전 수년 동안 인식 과정의 어려움이 나타난다. 이 단계에서는 새로운 정보를 기억하는 데 어려움이 따른다.

치매의 두 번째 단계인 초기 치매 단계에서는 학습이나 기억력이 뚜렷하게 상실되어 치매라고 확정적인 진단이 내려질 수 있다. 이 단계에서부터 환자는 언어 구사, 지각 능력, 신체 움직임의 조절 등에서 기능이 저하되기 시작한다. 이 단계에서 환자는 사용하는 어휘가 급격히 줄어들고, 말하기와 글쓰기를 비롯한 전반적 언어 구사 능력이 현저하게 떨어진다.

치매의 3번째 단계인 중기 치매 단계에서는 환자가 일상생활의 활동을 혼자서 할 수 없어 독립적인 생활이 불가능한 중증도 인지장애 상태가 2~10년 동안 지속된다. 이 단계에서 환자의 기억력은 가까운 친척도 알아볼 수 없을 정도가 되고, 이전 단계에서는 기억하는 데 문제가 없었던 오래된 기억도 상실한다. 치매에 걸린 환자의 30%는 현실을 잘못 인식하여 환각을 보기 시작한다. 이 단계에서 대소변을 가리지 못하는 등 가족이 돌보기 힘들어지므로 요양시설에 입소하는 것이 일반적이다.

마지막 4단계의 말기 치매 환자는 8~12년 동안을 완전히 타인에게 의지하며 살아가게 된다. 간단한 말을 뱉는 것조차 어려워지다가, 시간이 경과하면 말하는 능력을 완전히 상실한다. 잠자리나 식사도 혼자서는 불가능하게 되어 돌봄 인력의 도움을 항상 필요로 한다. 그러나 환자가 사망하는 원인은 주로 다른 신체적 문제인 감염, 궤양, 폐렴 등이다.

현재 전 세계에서 치매의 치료에 관한 연구가 진행되고 있지만 여전히 치매의 원인은 정확히 알려져 있지 않다. 로젠버그(Rosenberg)의 치매 발병 유전자 연구에 따르면 치매는 아밀로이드 전 단계 단백질(APP)을 만드는 유전자와 프리세닐린(Presenilin) 1과 2를 비롯한 3개의 유전자가 돌연변이를 일으켜서 일어난다•. 아밀로이드 전 단계 단백질과 프리세닐린의 돌연변이로 생산이 증가하는 Aβ42라는 단백질이 노인반의 원인 단백질이다. 미국의 생리학자 존슨(Thorlakur Jonsson)의 유전체 분석 연구••에 의해서 19개의 지역에서 이러한 병리현상의 원인들이 밝혀지고 있다. 이 중에서 변이 전 TREM2 유전자는 치매로 발전할 수 있는 확률이 3~5배 높은 위험성을 지니고 있다.

• Rosenberg. Archives of Neurobiology 65(3), 329-334
•• Thorlakur Jonsson, The New England Journal of Medicine 368(2), 107-116

치매의 원인에 대해 1991년 러브스톤(Lovestone S)은 세포 외부에 있는 베타-아밀로이드라는 단백질이 뇌에 축적된다는 아밀로이드 가설*을 발표했다. 이 가설을 뒷받침하는 근거로 염색체 21에 아밀로이드 전 단계 단백질의 유전 정보가 있으며, 이것이 특수한 단백질인 아포리포 단백질(apolipo protein, APOE4)이 뇌에 아밀로이드를 과잉 축적하는 역할을 한다. 이때 발생한 아밀로이드 독성 올리고머인 Aβ가 투과하여 신경세포의 수용체 표면에 접착하면 신경연접부의 구조가 바뀌고, 결국 신경성 통신에 장애를 일으켜 치매의 원인이 된다는 가설이다.

2009년에는 베타-아밀로이드와 유사한 단백질인 타우단백질이 뇌의 신경 기능에 영향을 미쳐 치매를 유발한다는 학설이 등장했다. 러브스톤은 타우단백질의 불규칙성이 질병의 진전을 가속화하여 결국 신경세포의 운송체계를 붕괴시킨다는 연구를 발표하였다. 따라서 생화학적인 측면에서 보면 치매는 잘못 포개져 기능이 상실된 단백질 베타-아밀로이드와 타우단백질이 원인이라고 할 수 있다. 유전정보에 따라 단백질이 만들어질 때 어떤 이유로 아미노산의 순서가 잘못되어 단백질이 정상적으로 포개지지 못하면 세포 내부에서 해당 기능을 수행하지 못하는 것이다.

위에서 열거한 단백질의 축적 과정을 뇌세포에서 필요 없어진 단백질인 아밀로이드를 파괴하고 제거하는 단백질 폐기체계에 문제가 발생하여 나타나는 것으로 보는 연구자들도 있다. 잘못 만들어져 축적된 단백질은 단백질 폐기체계에 의해서 적절한 절차에 따라 소멸되어야 하는데, 이 과정에 문제가 생기면 단백질이 세포 내에 쌓여서 치매의 원인이 된다는 것이

* Murdher A. & Lovestone S., Trends in Neuroscience 25(1), 2002, 22-26

다. 현재는 단백질이 축적되지 못하게 막거나 제거하는 체계를 활성화하는 방향으로 치료제를 개발하고 있다.

프릴러(Priller)는 치매의 진행 과정에서 두 효소, 감마-시크리테이스(secretase)와 베타-시크리테이스가 큰 아밀로이드 단백질(APP)을 작은 크기의 조각으로 분해한다는 사실을 밝혀냈다[••]. 여기서 생겨난 조각들이 신경세포 바깥에 노화성 반점으로 모여 베타-아밀로이드 덩어리를 구성한다. 응축된 아밀로이드가 신경원섬유에 축적되면 세포 내부의 칼슘이온 항상성(생체의 균형을 유지하려는 경향)을 파괴하는 독성물질이 되어 세포 사멸을 유발하는 것으로 알려졌다. 또한 치매 진행 과정에서 여러 가지 염증성 과정과 조직의 손상에 관여한다. 나이가 먹으면 뇌에서는 메이엘린 덮개(myelin sheath)를 만들어 축삭을 마치 전선의 피복처럼 감싸 보호하는데, 돌기세포에서 이 피복 기능이 상실되어 축삭이 손상되면 치매 증상이 악화되는 또 다른 요인이 된다.

현재 초기 단계의 치매에는 효소 방해제인 타크린(tacrine), 리바스티그민(rivastigmine), 갈란타민(galantamine), 돈페질(donpezil), 그리고 NMDA(N-Methyl-D-Aspartate) 수용체의 방해제인 메만틴(memantine) 등의 약물이 처방되나, 그 효과는 미미하다고 한다. 아직 확실하게 증세를 지연하거나 멈추는 약물은 시판되지 않고 있다. 메만틴과 돈페질을 함께 투약하면 큰 효과가 있다는 실험 결과가 있지만 아직 임상적으로는 뚜렷한 성과를 거두지 못하고 있다. 임상 의사들은 경도 인지장애를 조기 진단하여 치매로 발전하는 것을 늦추는 것이 현재로서는 최선이라고 보고 있다. 최근 미국 벤

•• Priller, Neuroscience 26(27),2006, 7212-7221

처기업 바이오젠(Biogen)에서 치매의 진행을 지연하는 약물로 출시한 레카네맙(상품명: Leqembi)이 미국 식품의약국(FDA)으로부터 허가를 획득했다. 이 신약은 1회 투여 비용이 480만 원 정도로 4주 간격으로 주사를 맞아야 한다.

치매를 예방하기 위해서는 정기적으로 건강검진을 받는 것이 좋다. 혈당, 혈압, 콜레스테롤 수치를 체크하는 것도 중요하다. 오메가-3 지방산이나 유리딘, 비타민 B, 콜린 등 영양소를 집중 공급하면 해마의 기억력 보존에 일부 도움을 줄 수 있다. 포화지방이나 단순 탄수화물의 비중이 높은 식사는 치매에 걸릴 확률을 높이며, 코코아, 적포도주, 녹차 등은 치매의 위험을 낮춘다고 알려졌다. 비타민 A와 C, 알파-토코페롤형의 비타민 E, 셀레니움, 아연 등의 섭취도 도움이 된다. 음식물 외에도 치매의 장기적인 예방법으로는 적극적이고 긍정적인 생활태도를 유지하고 취미생활을 즐기면서 자주 웃는 것도 큰 도움이 된다. 또 뇌를 자극하여 신경연접부(시냅스)가 확장되게 하고, 충분한 숙면을 취하여 해마와 편도의 기능의 쇠퇴를 억제하는 것이 좋다.

나이가 들면서 지적 활동을 꾸준히 하고, 관심 있는 일을 선택하여 지속적으로 기억하려는 자세를 가질 필요가 있다. 독서를 하거나, 게임을 하거나, 악기를 연주하거나, 컴퓨터와 스마트폰 같은 새로운 기기의 사용법을 배우거나, 외국어를 습득하는 등의 노력을 해야 하는 것이다. 뇌도 근육과 마찬가지로 열심히 사용하여 기능이 정상적으로 유지되도록 노력하면 치매에 걸릴 위험이 낮아진다.

파킨슨병의 원인과 치료

파킨슨병은 생소한 뇌질환처럼 들리지만 2019년 기준으로 전 세계에서 8백 2십만 명이 이 병에 걸렸고, 33만여 명이 사망에 이르렀다는 세계보건기구의 통계가 있다. 2022년 국민건강보험공단 자료에 따르면 우리나라에서 파킨슨병의 발병빈도는 남자보다 여성이 1.5배의 비율로 높게 나타났다. 파킨슨병이 50세 이전에 발병하는 것을 빨리 나타나는 파킨슨병이라고 하는데, 진단을 받으면 보통 7~15년 사이에 사망하게 된다.

파킨슨병은 1817년 영국의 의사인 제임스 파킨슨(James Parkinson)에 의해 처음 알려졌다. 이 병은 연령이 증가할수록 발병률이 높아지며, 화학물질을 많이 접촉해도 발병 위험이 올라간다. 파킨슨병은 운동체계에 주로 영향을 미치는 중추신경계에 퇴행성 질환이 발생하여 나타나며, 이 병에 걸리면 근육의 떨림, 근육의 강직, 몸의 동작이 느려지는 서동(徐動) 현상 등의 운동 장애를 겪기 시작한다.

뿐만 아니라 보행 장애도 나타나는데, 환자는 점점 걸음걸이가 느려지고, 발이 지면에서 많이 떨어지지 않아 발을 질질 끌면서 걷는 현상이 일어난다. 안면 근육에도 강직 현상이 일어나 감정의 변화를 표현할 수 없게 되어 가면안(假面顔)이라는 증상을 겪는 환자도 있다. 또한 말할 때 입 주변 근육이 제대로 움직이지 않기 때문에 말할 때 목소리가 점점 작아지고 웅얼거리는 증세를 보인다. 우울증이나 불안과 같은 정신적 증상도 겪을 수 있다. 파킨슨병이 진행되면 치매가 동반되는 것이 보통이다.

도파민을 분비하는 신경세포가 망가져 운동기능에 문제가 발생하는 것이 파킨슨병의 원인 중 하나이기 때문에, 신경과학자들은 도파민 생성세포를 재생하여 운동기능을 되살리려는 시도를 하고 있다. 뇌의 성상아교세포는 신경신호의 전달에 이용되지 않고 신경세포에 영양분을 공급하여 보호하는 기능을 수행한다(그림 4-2). 미국 샌디에이고 대학 연구진은 망가진 신경세포 주위에 성상아교세포가 많이 존재한다는 것을 확인하였으며, 성상아교세포가 신경세포로 발전하는 것을 특정 단백질이 억제한다는 사실을 발견했다. 간섭하는 RNA를 이용해 이 단백질의 합성을 차단한 결과, 성상아교세포가 신경세포처럼 도파민을 분비한다는 사실을 발견했다.

미국의 신경생리학자 랑(AE. Lang)과 동료 연구자들은 파킨슨병의 대표적인 병리학적인 특성으로 뇌 세포 내에 비정상적인 '알파-시누클린(α-synuclein)'이라는 단백질이 섬유형 침전 형태로 축적된다는 것을 발견했다*. 이렇게 돌연변이가 발생한 알파-시누클린 단백질이 유전적인 파킨슨병의 환자에게서 발견되면서 이러한 단백질의 변이가 병의 원인 중 하나일 수 있다는 가능성이 대두되었다. 단백질 알파-시누클린은 생리학적으로 뇌에서 신경연접부의 전이, 신경연접부의 소포의 형성, 그리고 지질의 이동 대사와 관련이 있는 것으로 알려졌다. 뇌에서 변성된 알파-시누클린은 응축된 작은 크기의 펩타이드인 올리고머 또는 섬유상 등의 여러 형태로 존재하는데, 파킨슨병과 관련이 있는 돌연변이된 알파-시누클린의 응축을 가속화한다고 알려졌다. 다른 동물을 모델로 실험한 결과를 종합해 볼 때, 알파-시누클린 단백질이 잘못 포개지고 응축되는 것이 파킨슨병의 주된 원인일 것으로 추측된다.

파킨슨병 치료제의 작용 기전은 3가지로 분류해 볼 수 있다. 치료 과정

* AE. Lang, Annals of Neurobiology 59(3), 2006, 449-58

에서 첫째, 신경연접부후부 수용체의 자극제로 도파민을 사용하는 방법과 둘째, 도파민의 분해 효소인 모노아민 옥시데이스 B(MAOB)의 억제제를 사용하는 방법이 있다. 마지막으로 신경연접부 세포막에서의 도파민 분비 혹은 재흡수율을 변화시키는 방법이 있다.

이러한 원리를 응용하여 현재 부신수질 이식법과 태아 도파민 신경세포 이식법이 치료방법으로 사용되고 있다. 새로운 치료기술로는 유전자 치료기술이 있는데, 말초조직세포를 배양하여 티로신 가수분해효소 유전자를 세포 내부로 삽입하여, 인공적으로 도파민 생성세포를 만들어 내는 방법이다. 인공적으로 만들어진 세포를 환자의 뇌에 이식하여 도파민 생성률을 높임으로써 치료에 도움을 줄 수 있다고 한다.

현재까지 파킨슨병의 완벽한 치료제나 치료방법은 발표되지 않았다. 그래서 증상을 호전시키는 방향으로 연구가 진행되고 있다. 초기 파킨슨병의 치료에는 운동을 관장하는 모터 체계에 작용하는 레보도파(levodopa)가 사용된다. 이 약물은 단지 5~10%만 뇌 혈액 장벽을 투과하기 때문에 도파민의 파괴를 방지하기 위해 도파 카복실레이스(dopa carboxylase)의 방해제, 그리고 카테콜 메틸 트렌스퍼레이스(Catechol-O-Methyl Transferase, COMT)의 방해제가 함께 처방되기도 한다. 현재까지 파킨슨병의 운동 체계의 치료에는 레보도파가 가장 효능이 우수한 약물로 평가되고 있다.

우울증과 조현병의 증상과 관리

사람은 살아가는 동안 여러 질병을 겪게 되는데, 이를 유별나게 과민하게 걱정을 하는 상태를 신병기우증(hypochondriasis)이라고 한다. 이렇게 실제로는 의사의 진단 결과를 받지 않았는데도 신체가 쇠약하다고 믿는 증상은 과민하게 두려움을 가지고 있는 사람들에게서 주로 나타난다. 신병기우증으로 판단하기 위해서는 적어도 이러한 증상이 6개월 이상 지속되어야 한다. 이러한 우울증의 증세는 신체적 공포감에 의한 것으로 지속적인 자가진단이나 신체에 대한 잘못된 선입견 때문에 나타난다.

신경정신과 의사들은 환자의 증세를 우울증 증상으로 진단하는 방법으로 A. 환자의 신체증상을 잘못 판단하여 심각한 질병을 가진 것으로, 심한 공포 증세의 선입견을 가진 경우, B. 적절한 의학적 평가나 재확인이 됐음에도, 스스로 부정하고 선입견을 나타내는 경우, C. 평가 A에서 신념이 잘못된 생각의 원인이라고 보지 않는 경우, 그리고 질병의 출현에 대한 관심을 경계를 정하여 제한하지 않으려는 경우, D. 사회적 직업 또는 다른 중요한 역할을 하는 분야에서 임상의학적으로 분명한 걱정거리나 또는 손상을 주는 선입견을 보이는 경우, E. 이러한 증상의 지속 기간이 적어도 6개월 동안 계속될 때, F. 일반적인 근심의 질병, 강박관념의 질환, 고통의 질환, 우울증상, 소외된 걱정, 또는 다른 신체적인 질병 등에 의해 잘 설명되지 않는 선입견 등의 증상들을 보일 때로 규정하고 있다.

우울증을 겪으면 어떤 사람은 과장된 생각으로 식욕의 변화, 피로, 체중의 심한 변화 같은 이상의 증세를 보이며, 이를 가족, 친구 그리고 의사에게 오히려 설득하려는 노력을 한다. 예를 들어 흔한 기침도 혹시 폐결핵에 걸린 게 아닌가 하고 걱정하는 것이다. 어떤 사람은 의료진을 기피하고, 병을 알려 주는 것을 무서워하거나, 여러 가지 증상을 받아들이지 못하고 무시하는 증상을 보인다. 또 어떤 사람은 생명을 위협하는 질병에 걸렸다고 절망하고 우울한 생각에 집착한다.

우울증은 생물학적 발생 원인에 따라 서로 다른 여러 종류의 장애가 복합적으로 작용하여 나타나는 것으로 보인다. 이렇게 우울증 환자는 의사가 의학적으로 설명할 수 없는 증상들을 보이며, 자신의 증상을 해결하지 못하는 의사에게 불만을 나타낸다.

뇌에서 기분장애와 창의성과의 관계, 특히 창의성과 양극성장애의 관계는 고대 그리스부터 현대에 이르기까지 주목을 받아 왔다. 네덜란드의 화가 빈센트 반 고흐(Vincent van Gogh)는 성년기의 상당 기간을 우울증에 시달렸다고 하며, 이 시기에 가장 중요한 300점의 작품을 그렸다. 이 작품들에서 화가는 자연의 색상을 그대로 사용하지 않고 자신의 기분을 표현하기 위해 색을 자의적으로 선택하는 예술적 창의성을 발휘했다.

현재 우울증 치료방법으로 20여 가지의 조절된 시험 등 여러 요인을 관찰하고, 부정적인 자아인식과 비뚤어진 사고방식을 정상화함으로써 우울증의 징후를 완화하려는 치료방법(cognitive behavioral therapy, CBT)이 사용되고 있다. 일반적으로 환자의 65% 정도는 이 치료방법으로 상당한 효과를 보고, 환자의 절반 정도는 치료된 후에 우울증이 재발하지 않는다.

또 다른 심각한 정신질환으로 조현병은 인지력을 상실하고 생각, 의지, 행동, 기억, 사회적 상호작용 등 자기감(sense of self)의 토대들이 황폐화되면서 나타난다. 조현병은 주로 뇌에 많은 영향을 미치고, 궁극적으로 자아와 통합성을 훼손하는 복잡한 정신질환이다. 알코올성 조현병의 발병 메커니즘은 오랫동안 알코올을 섭취하여 신경세포막이 찌그러지거나, 유전자가 변형되거나, 티아민이 결핍되면서 나타난다. 알코올 중독의 점화 메커니즘 때문에 신경성 장애, 정신분열증을 겪는 등 만성적인 질환으로 발전하고 심지어 자살충동을 느끼게 되는 경우도 있다.

조현병은 정신적인 외상인 마음의 상처 때문에 생기는 심각한 정신질환으로 의학적으로 뇌질환으로 분류되는 정신분열증(schizophrenia)이다. 조현병 환자에게 나타나는 망상은 잘못된 생각과 신념이 연관되어 나타난다. 가장 흔한 형태의 망상은 어떤 사람이 자신을 계속 괴롭힌다고 생각하는 등 자기에게 해를 끼치려고 하는 실체의 존재를 믿는 것이다. 조현병에 걸린 사람은 주변 사람들과 어울리는 능력이 떨어지고, 집중력과 어휘의 기억력에 문제가 발생한다. 어렸을 때 정신적 트라우마를 겪을 경우 조현병의 발병 확률이 높아진다.

조현병은 특히 대뇌의 중앙변연계 경로에 영향을 미친다고 밝혀졌다. 이 이론을 뒷받침하는 증거로, 도파민 수용체의 D2의 기능을 약화하는 약물은 조현병의 증세의 강도도 약화하는 것이 밝혀졌다. 또한 도파민 배출을 강화하는 약물이나, 그 흡수를 방해하는 약물을 사용하면 어떤 사람에서는 조현병 증상이 더욱 강해지기도 한다는 사실도 밝혀졌다. 이로부터 캣츠(Catts M.S)와 그 연구진은 조현병이 일어나는 원인으로 N-메틸-D-아스파트산(NMDA) 수용체의 기능장애를 제시했다•.

조현병의 증세를 악화하는 약물로 일반적인 알코올이나 코카인, 암페타민, LSD 같은 향정신성 약물들이 있다. 향정신성 약물인 마리화나도 사용하면 할수록 조현병으로 발전할 가능성이 높아진다. 아미노프(Aminoff RP)에 의하면 중추신경계를 자극하는 마약인 메탐페타민(methamphetamine)을 과다 사용하는 성인은 쉽게 조현병에 걸린다••. 메탐페타민에 의해 짧은 기간 발병한 조현병의 증세에는 심한 불면증 같은 스트레스성 증상이 있

• Catts M.S., Biological Psychoogy 116, 2016, 90-97

고, 알코올의 과다복용으로도 메탐페타민 조현병으로 되돌아갈 수 있다.

뇌전증(epilepsy)의 발생원인과 대처

뇌전증은 후천적으로 발생한 뇌종양, 뇌혈관이 막히는 뇌색전, 머리의 외상, 중추신경계의 감염, 유전적인 비정상, 그리고 출생 시 뇌 손상 등이 발병의 원인으로 밝혀졌다. 뇌의 측두엽에서 서서히 성장하는 종양은 뇌전증 발생의 가장 큰 위험이다. 2015년 한 해 전 세계에서 발생한 뇌전증 환자가 4천만 여 명이며, 그중 80% 정도는 개발도상국에서 나타났다. 개발도상국에서 발생하는 뇌전증 환자들은 주로 어린이나 노인층이다. 뇌전증 발작은 짧은 발작부터 측정하기 어려울 만큼 오랜 기간 지속되는 신체의 강력한 흔들림까지 다양하다. 이러한 발작이 일어날 때 신체에 큰 손상을 입을 수 있다.

현재까지 뇌전증의 발생 원인은 정확히 알려져 있지 않다. 뇌전증 환자의 발작은 재발하는 경향이 있고, 직접적인 원인도 알 수 없게 일어난다. 뇌전증 발작은 스트레스, 알코올 남용, 빛의 깜빡임, 수면 부족, 그리고 다른 다양한 요인들의 유도에 의해서 일어난다. 이때 발작은 뇌의 피질에서 비정상적인 신경활동의 과잉으로 나타나는 것으로 보이며, 뇌전증에서 나타나는 발작의 70% 정도는 약물 투여로 조절이 가능하다. 치료에 따라 재발하지 않는 단계로까지 개선될 수가 있다고 한다.

젊은 층의 뇌전증은 유전 또는 발달 조건에 따라서 나타나고, 노년기의

•• Simmon, DA, Greenberg MJ, Aminoff RP., "12" Clinical Neurobiology 8th ed., McGraw-Hill, Medical, 2012

뇌전증은 주로 뇌경색 때문에 나타난다. 대략 2%는 유전적인 결손 때문에, 그 외의 경우는 유전자들의 상호작용 또는 환경적인 요인에 의해서 발생한다. 최근 유전자가 관여하여 나타나는 뇌전증은 주로 세포벽의 이온통로에 영향을 주어 나타나는 것으로 밝혀졌다. 세포벽의 이온통로에 관련된 유전자들이 만드는 효소들이나 신경전달 물질인 감마뷰틸산(GABA), 그리고 G-단백질과 연계된 수용체들의 잘못된 기능 때문에 뇌전증이 발생한다는 것이다*.

뇌전증의 가장 기본적인 치료방법으로는 항경련성 약물을 일생 투여하는 것이 있다. 뇌전증의 치료제로는 페니토인(phenytoin), 카바마제핀(carbamazepine) 및 발프로에이트(valproate) 등 여러 가지 약물들이 사용된다. 저렴한 페노바비탈(phenobarbital)은 항경련제로 저개발국에서 많이 사용되고 있으나 특별 관리되는 마약성 약물이어서 취득이 쉽지 않은 것이 문제이다.

* Simmon, DA, Greenberg MJ, Aminoff RP., "12" Clinical Neurobiology 8th ed., McGraw-Hill, Medical, 2012

제 5 장

신체의 기관은 어떻게 조절되고 통제되는가?

우리가 살아 있는 동안 신체의 세포나 여러 기관들은 신경계에 의해, 또 생체 내부에서 분비되는 호르몬에 의해 통제된다. 이렇게 중요한 기능을 수행하는 작은 크기의 화학물질인 호르몬은 분비샘에서 만들어져 순환계를 통해 먼 곳에 있는 목표기관까지 도달한다. 외부의 위협에 대응하는 신경계 세포는 신경망을 통해 신경세포, 근육세포, 그리고 생체 내부의 모든 세포의 기능을 통제하고 조절한다. 이 과정에서 신경계 세포의 신호인 신경전달 물질뿐만 아니라 신경계도 호르몬의 분비를 조절할 수 있기 때문에, 신경계와 내분비계는 서로 협력하여 신체의 조절에 참여하고 있는 셈이다.

신체 내부의 정보 전달 물질인 호르몬은 혈액을 통해 먼 거리에 있는 목표 세포까지 운송된다. 호르몬은 세포 틈새의 공간에 분비되어 기능하기 때문에 내분비계라고 부른다. 이때 순환계의 호르몬은 체내의 모든 세포에 도달하기는 하지만, 실제로 호르몬에 반응하는 표적 세포의 특별한 수용체에만 작용한다. 이렇게 호르몬이 내분비계를 조정하여 수행하는 신체의 기능에는 에너지를 생산하는 신진대사, 성장, 행동, 생식 및 발생 과정 등이 있다.

사람의 몸속에서 호르몬을 분비하는 내분비선에는 시상하부-뇌하수체 후엽, 갑상선, 췌장 그리고 생식기에서 호르몬을 생산하고 분비하는 여러 샘들이 존재한다(그림 5-1). 또 신체에서 2차 내분비 기능을 수행하는 기관으로는 뼈, 신장, 간, 심장, 그리고 생식선들이 있다. 이러한 내분비 이외에

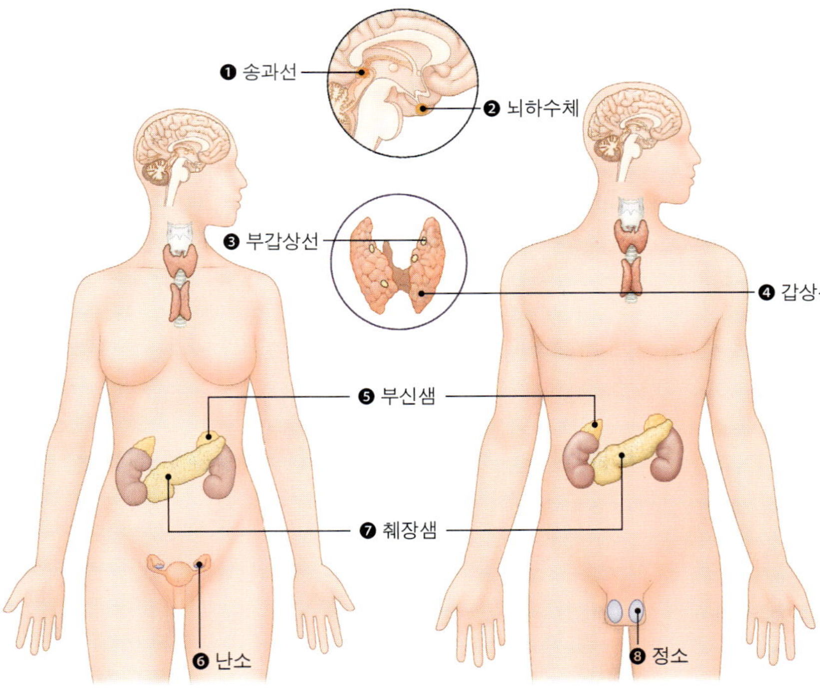

그림 5-1 호르몬을 분비하는 내분비샘(endocrine system)은 남녀에 따라 서로 다른 샘들이 존재한다.

도 외분비를 통해 호르몬이 신체의 외부에 분비되기도 한다. 파라크린 신호는 세포 사이의 비교적 단거리 신호체계에 사용된다. 이때 내분비선은 도관 그리고 일반적으로 세포 내부의 액포 또는 작은 알갱이에 호르몬을 저장한다. 반면에 외분비샘인 침샘, 땀샘 그리고 소화기관의 통로는 더 작거나 속이 빈 관이다. 이와 같은 생체의 내분비와 관련된 연구는 의학 중에서 내과의 한 부분인 내분비학에서 다룬다.

1 호르몬의 발견

세포 기관 사이의 내부 조절

호르몬은 어떻게 발견되었는가?

호르몬과 관련된 인류 최초의 기록은 고대 이집트와 중국에서 거세한 남성들이 보통 남성들보다 온순하다고 관찰한 기록이다. 17세기에 와서 영국의 해부학자인 워튼(Thomas Wharton)은 외분비샘과 내분비샘(선)의 차이점을 처음으로 지적했다. 그리고 네덜란드의 생리학자인 라위스(Frederik Ruysch)는 갑상선에서 혈액에 중요한 물질이 분비된다는 사실을 처음 기록했다. 몇 년 후에 프랑스의 의사인 드 보르되(Théophile de Bordeu)는 그 분비물질이 몸의 다른 부분에 영향을 미치는 중요한 물질이라고 주장했다. 19세기 중반부터 해부학이 발전하면서 갑상선, 림프선, 흉선, 부신과 비장이 혈관 샘에 속한다는 것이 밝혀지며 내분비 관련 연구가 본격적으로 시작되었다.

내분비라는 용어는 프랑스 생리학자인 베르나르(Claude Bernard)가 간에서 탄수화물인 글리코겐이 분해되어 포도당을 분비하는 과정을 설명한 실험의학(McMillan & Co. 1927) 교과서에 처음으로 수록되었다. 그 후로 어떤 물질이 조직에서 혈액을 통하여 이동하면 내분비라고 일컫게 되었다. 1855년 영국의 내과의 에디슨(Thomas Addison)은 혈관 샘에서 부신에 이상이 발생한 환자는 몸이 쇠약해지고, 구토를 하며, 피부 착색이 나타난다는 관찰 결과를 처음으로 기술했다. '혈관-샘' 사이에 이상증상이 발생한다는 증거는 1870년대에 갑상선 기능이 저하된 환자에게서 다시 한번 발견되었다. 그렇지만 당시는 생화학이 많이 발전하지 않은 상태였기 때문에 부신이나 갑상선 질환에서 어떤 화학적 물질이 만들어지지 못해서 증세가 나타나는지는 설명할 수 없었다.

1891년에는 호르몬 연구에서 또 하나의 획기적인 발견이 이루어졌는데, 영국의 생리학자인 호슬리(Victor Horsley)가 갑상선 기능 저하증 환자에게 갑상선 추출물을 투여하자 그 환자가 성공적으로 치료된 것이다. 한편, 세카르(Charles-Édouard Brown-Séquard)는 당시 72세였던 자신에게 기니피그나 개의 고환 추출물을 직접 투여하면서 이것이 사람을 젊게 하고 모든 질환에 효과가 있는 물질이라고 주장했다. 당시 일부 사례에서 효과가 입증되자, 이와 같은 생체물질을 사용한 '장기의 치료'가 마법처럼 미국과 유럽 의사들의 관심을 사로잡았다. 1893년 올리버(George Oliver)는 부신추출물이 혈압을 올려서 저혈압 환자에게 사용할 수 있음을 발견했고, 실제로 자기 아들에게 투여하여 팔의 동맥이 수축하는 것을 관찰했다. 이후 사람이나 동물의 장기 추출물을 통한 치료는 한동안 활발히 연구되었으나 20세기부터는 여러 부작용들 때문에 중단되었다.

올리버는 부신추출물과 혈압의 관계에 대한 연구를 계속하려고 했지만

1893년 당시에는 혈압을 잴 수 있는 기구가 없었다. 따라서 그는 런던대학(UCL)의 물리학 교수였던 샤퍼(Edward Schafer)에게 도움을 요청해 혈압을 측정하는 장치를 최초로 만들었다. 이 장치를 사용하여 샤퍼는 혈압을 올리는 물질이 부신수질에서 만들어진다는 사실을 발견했다. 샤퍼는 또한 뇌하수체 추출물이 혈압 상승과 관련이 있고, 갑상선 추출물이 혈압 하강과 관련이 있다는 연구결과를 발표했다.

20세기 초 생리학자들은 인체의 모든 통제의 신호가 신경 섬유를 따라 전기적으로만 전달된다고 믿었다. 영국의 생리학자인 스탈링(Ernest Starling)은 췌장과 십이지장의 신경분포를 연구하고 있었고, 한편 러시아의 생리학자 파블로프(Ivan Pavlov)는 장의 신경조절에 대한 실험을 하고 있었다. 당시 파블로프는 미주신경에 의해서만 췌장의 분비가 조절된다고 생각하고 있었다. 그러나 베일리스(William Bayliss)와 스탈링은 '호르몬(hormone)'이라고 불리는 화학적 전달물질이 전기신호처럼 신체 기관의 작동을 주관한다는 사실을 발견했다[•]. 이 놀라운 발견은 새로운 의학 분야인 내분비학을 탄생시켰으며, 호르몬의 발견은 인체 생리학에서 가장 중요하고 획기적인 연구결과 중 하나로 평가받게 되었다.

베일리스와 스탈링은 파블로프의 가설을 확인하기 위해 췌장과 십이지장에 분포하는 모든 신경을 제거한 후 십이지장에 위산을 넣고 췌장액이 분비되는지 확인하는 실험을 했다. 연구 결과 신경이 모두 제거되었음에도 불구하고 놀랍게도 췌장액이 종전과 마찬가지로 분비되었다. 따라서 이들은 미주신경 외에도 췌장액의 분비에 관여하는 요소가 있으리라 추측했다.

• In Leicester HM ed., Sources in Chemistry 1900-1950, Havard Press, 1968, 311

이들은 십이지장에서 혈관으로 분비되는 어떤 물질이 있을 것이라고 가정하고, 십이지장 점막을 긁어 위산을 가한 후 갈아서 여과한 액체를 개의 정맥에 주입했더니 수 초 후에 췌장액이 분비됨을 확인했다. 이렇게 발견된 십이지장에서 분비되는 특수한 물질을 시크레틴(secretin)이라고 부르게 되었다.

20세기의 첫 10년 동안 생리학자들은 2가지의 내분비 물질인 아드레날린과 시크레틴의 존재를 밝혀냈다. '내분비학'이란 용어가 등장한 것도 이 시기이다. 스탈링은 시크레틴이 콜로이드와는 다른 적은 분자량의 물질이고, 반복적으로 혈액으로 분비되어 다른 기관에서 용량과 비례하는 생리적 반응을 유발한다고 주장했다. 스탈링은 혈액으로 들어가 멀리 떨어져 있는 기관을 자극하는 물질에 이름을 붙이기 위해 고대 그리스 문학 전문가였던 친구 베시(William T. Vesey)에게 도움을 요청해 흥분시키다(excite), 자극하다(arouse)라는 의미의 그리스어 동사 'ormao'를 추천받았다. 1905년 스탈링은 왕립의과대학(Royal College of Physicians)의 크루니언 강연(Croonian Lecture)에서 강의를 하면서 처음으로 호르몬이라는 용어를 사용했다[•].

스탈링에 따르면 화학적 매개체, 즉 호르몬은 만들어진 기관에서 혈액을 통해 작용하는 기관으로 운반되며, 개체의 생리적 요구에 따라 반복적으로 분비되어 혈액을 통해 순환한다. 그는 이렇게 멀리 떨어져 있는 기관 사이를 오가는 화학적 방법을 통한 간단한 조절 신호가 앞으로 더 복잡한 연관성을 가진 생리작용들을 설명하는 데 해답을 줄 거라고 예견했다.

스탈링이 호르몬을 명명한 지 20년이 채 지나지 않아 미국 메이요 종합

• James R. Tata,, One hundred years of hormones: EMBO reports 6(6), 2005, 490-496

병원(Mayo Clinic)의 켄달(Edward Calvin Kendall)은 스테로이드호르몬인 코티손(Cortison)과 갑상선호르몬인 티록신(thyroxine)을 분리했으며, 1950년 그 화학구조를 밝힌 공로로 노벨생리의학상을 수상했다. 1926년 헤링턴(Charles Harington) 경은 처음으로 티록신 호르몬의 화학적 합성에 성공했다. 뒤이어 밴팅(Frederick G. Banting)과 매클라우드(John Macleod)는 췌장 호르몬인 인슐린의 특성과 작용을 밝힌 연구 성과로 1923년에 노벨생리의학상을 공동수상했다.

1904년 스탈링이 호르몬을 발견한 이후 지금까지 호르몬 관련 연구는 놀라운 발전을 이루었으며, 사회에 막대한 영향을 미쳤다. 호르몬의 연구를 통해 과거에는 불가능했을 뿐만 아니라 상상하기도 어려웠던 시험관 아기 시술과 피임약이 탄생했다. 이전에는 환자들의 치사율이 높았던 내분비계 질환도 오늘날에는 정제된 호르몬 주사제를 사용해 완벽한 치료가 가능해졌다. 그 밖에도 호르몬 수용체의 연구 과정에서 발견된 암 유발 유전자(oncogene)에 대해서도 연구가 진행되면서 암의 발생 원인 규명에 기여했다.

1940년대 초 레빈(Rachmiel Levine)은 인슐린이 세포 내에서 당의 전달을 조절하여 당대사에 관여한다는 사실을 발견했다. 이후 단백질과 더 작은 펩타이드가 세포 표면의 수용체와 상호작용한다는 사실이 알려졌다. 1950년대 말까지는 호르몬이 어떻게 작용하는지에 대한 관심은 높지 않았으나, 1956년 미국 생화학자 서덜랜드(Earl Sutherland)는 세포 내부에서 사이클릭 AMP(cyclic AMP, cAMP)가 만들어지고 이것이 정보의 전달 과정에서 2차 전달체로 기능한다는 사실을 발견했다. 호르몬 아드레날린과 글루카곤이 세포막 수용체에 부착되면 cAMP를 생성하는 효소인 아데닐 사이클레이스

(adenyl cyclase)가 활성화되어 정보 전달에서 2차 전달체로 기능하고, 많은 호르몬들이 주로 세포 표면에서 작용한다는 사실이 밝혀진 것이다.

1971년 서덜랜드는 호르몬이 작동되는 과정에서 세포 내부의 반응 메커니즘을 밝힌 공로로 노벨생리의학상을 수상했다. 이후 세포 표면 호르몬 수용체가 알려짐에 따라 수용체에 호르몬이 결합하면서 세포질 내부에서 인산화와 탈인산화 과정으로 신호가 증폭되어 전달되고, 호르몬에 의해 생리적인 작용이 일어나는 과정이 밝혀졌다.

신경과 호르몬 사이 신호전달 경로는 1950년대부터 밝혀지기 시작했는데, 시상하부에서 호르몬을 자극하여 분비되게 하는 호르몬 생성 자극제, 즉 갑상선호르몬 분비호르몬(thyrotropin releasing hormone, TRH), 부신피질자극호르몬 분비호르몬 (corticotropin releasing hormone, CRF), 황체형성자극호르몬 분비호르몬(luteinizing hormone releasing hormone, LHRH) 같은 호르몬 생성 자극제가 발견되었다. 이들 분비호르몬은 작은 크기의 펩타이드로서 시상하부의 특정 세포에서 '호르몬의 합성을 자극하여 분비시키는 또 다른 호르몬'의 작용에 의해 여러 호르몬의 합성을 증가시킨다. 1977년 프랑스 출신 미국의 신경생리학자 기유맹(Roger Guillemin)은 돼지와 양의 뇌에서 펩타이드인 호르몬 분비호르몬을 분리하고, 이 물질에 자극받아 실제 작용하는 호르몬들이 생성된다는 사실을 발견한 업적으로 노벨생리의학상을 수상했다.

순수하게 정제된 호르몬은 오늘날 치료제로도 사용되고 있다. 완벽하게 정제된 인간 호르몬에 대한 필요성이 제기된 것은 크로이츠펠트-야콥병(Creutzfeldt-Jakob disease, CJD)을 앓던 한 아이가 죽은 사람의 뇌하수체에서 얻은 오염된 성장호르몬을 주사맞고 사망한 사건이 벌어지면서부터이다.

이후로 호르몬을 정제하는 연구가 가속화되어 오늘날에는 유전자 재조합 기술을 통해 인슐린, 성장호르몬, 에리스로포이에틴(erythropoietin, EPO) 등의 순수한 단백질 호르몬들이 양산되어 치료제로 사용되고 있다.

최근에는 생명공학뿐만 아니라 단백질체학, 유전체학, 생물정보학 등의 기술을 활용하여 호르몬 수용체, 유전자, 세포에 대한 다양한 연구를 진행할 수 있게 되었다. 또한 상업적으로 생산되고 판매되기 시작한 호르몬 치료제가 기적의 약으로 환영받게 되었다. 그중 아드레날린(에피네프린)은 천식, 과민증, 심정지, 출혈 등의 치료와 국소마취 시간 연장에 사용되는 등 활용도가 높아 20세기의 블록버스터 약물로도 불린다. 이후 발견된 성장호르몬과 성호르몬도 신약으로 활용도가 높다.

호르몬은 극소량의 투약으로도 큰 효과를 볼 수 있어 기존의 화학약품으로는 불가능했던 치료도 가능하게 하는 기적의 약물로 각광받게 되었다. 그러나 호르몬 치료가 남용되면 여러 가지 문제가 발생할 수 있으므로 함부로 사용해서는 안 되고 의사와 상의해서 사용해야 한다.

내분비 · 외분비체계의 조절

신경계와 내분비체계는 신체 안팎의 위험으로부터 생명을 보호하고, 성장을 촉진하며, 신체의 항상성을 유지한다. 또한 새로운 생명을 잉태하는 과정에서도 이 두 체계는 서로 긴밀하게 협력해서 중요한 역할을 한다. 신경계와 내분비체계는 때로는 서로 유기적으로, 때로는 서로 독립적으로 기능한다. 절박한 상황에서 생명을 보호하기 위해 대처하는 생리적인 관리는 주로 신경계에 의해서 지원된다. 반면 내분비체계는 더욱 직접적이고 정밀하게 여러 기관을 조정함으로써 질병을 억제하고 신체 내부가 원활하게 운영되도록 관리한다.

호르몬의 발견은 멀리 있는 기관이나 조직에도 작용할 수 있는 통제 신호는 모두 신경세포와 연관이 있다는 기존의 정설을 뒤엎는 새로운 발견이라는 점에서 의미가 있다. 내분비체계는 주로 신체의 내부 샘에서 먼 거리의 기관을 조절하는 호르몬을 배출하고, 다른 환경에 대응하여 기능하는 회로를 포함하는 화학적인 정보 전달체계를 주관한다. 포유동물에서 내분비계의 신경조절의 중심은 뇌의 시상하부이고, 주된 내분비샘은 흉선과 부신샘이다.

한편 내분비체계와는 달리 신체의 밖으로 신호 전달물질을 분비하는 외분비체계도 존재한다. 외분비샘은 관을 통하여 상피세포 표면에 물질을 분비하는 체계로, 침샘이나 땀샘, 그리고 소화기관의 관과 같은 수송관이나 속이 빈 관강으로 구성되며 땀, 침, 젖, 귀지, 눈물, 피지, 전립선 점액 등을 분비한다. 내분비선은 정보 전달물질을 직접 혈류로 방출하는 반면, 외분비선은 혈류에 방출하지 않고 해당 기관에 배출한다. 따라서 간과 췌장에서 소화를 돕는 효소를 포함한 쓸개즙과 췌장액은 여러 관을 통해 소화 기관으로 배출되기 때문에 외분비이고, 또 다른 물질은 직접 혈관에 배출되므로 내분비이다.

외분비샘에는 생성물을 밖으로 배출하는 땀샘, 눈물샘, 부분분비샘이 있다. 부분분비샘은 배출작용세포의 소포체 사이의 물질을 소포체막과 형질막의 융합을 통해 배출한다. 땀의 배출은 배출 싹끝이 포함된 세포막의 일부에서 분비되고, 피지의 지질배출은 전체세포가 물질을 피부나 코에서 붕괴시켜 피지샘을 통하여 배출한다. 이때 장액세포에서 배출하는 생성물은 가끔 효소 같은 단백질을 포함하기도 한다. 그러한 세포로는 위의 지배세포와 소장의 점막에 있는 파네스(paneth) 세포가 있다. 점액세포는 점액질을 배출한다.

2 호르몬의 종류와 작용 방법

호르몬의 종류

지금까지 발견된 모든 호르몬은 화학구조의 차이에 따라 아민호르몬, 펩타이드-단백질호르몬, 스테로이드호르몬 그리고 에이코사노이드의 4가지 호르몬으로 분류된다.

아민호르몬은 세포에서 아미노산의 구조에 약간의 화학적인 변형이 가해져 만들어진다. 흉선호르몬을 제외한 모든 아민호르몬은 신경계의 안팎에서 합성되고, 이때 카복실 그룹이 제거된 화합물은 신경전달 물질로 기능하기도 한다. 아민호르몬 중 아미노산인 타이로신으로부터 부신에서 만들어지는 호르몬으로는 도파민, 에피네프린, 노에피네프린 등이 있다. 또한 아미노산 히스티딘으로부터 만들어지는 히스타민 그리고 트립토판으로부터 만들어지는 세로토닌이 있다. 이들 모두는 신경계에서 신경전달 물질로 작용한다.

아민호르몬은 모두 물에 잘 녹는 친수성 물질이며 작용되는 수용체는 주로 세포의 외부 표면에 존재한다. 아드레날린이라고도 부르는 에피네프린은 부신수질에서 합성되어 저장되고 배출되는 중요한 호르몬이다. 에피네프린처럼 형질막 수용체를 통해 기능하는 호르몬들은 일반적으로 매우 빠른 생리학적 또는 생화학적 반응을 유발한다. 부신수질에서 에피네프린이 혈류로 분비되면 불과 몇 초 후에 근육 조직은 글리코겐의 분해를 크게 증가시킨다.

이와는 대조적으로 갑상선호르몬과 성(스테로이드)호르몬은 수 시간 또는 며칠이 지난 후에야 표적 조직에 영향을 미친다. 이렇게 반응 시간의 차이가 큰 것은 호르몬의 기능이 다른 만큼 작용방법이 서로 다르기 때문이다. 일반적으로 빠르게 작용하는 호르몬은 효소의 활성 부위에 직접 작용하지 않고 다른 위치에 부착되어 활성화하거나 또는 효소에 의한 화학적인 공유 결합을 통해서 세포에서 효소 활성의 변화를 유도하는 방식으로 영향을 준다. 반면 느리게 작용하는 호르몬은 일반적으로 세포 핵 내부로 진입하여 유전자 발현을 변화시키고, 해당 조절 단백질의 합성을 증가시키거나 감소시킴으로써 만들어진 효소의 활성을 통해 조절한다.

항이뇨호르몬인 바소프레신은 시상하부에서 만들어지고 뇌하수체후엽에서 저장·분비되는 펩타이드호르몬으로, 신장에서 물을 재흡수하거나 혈관을 수축시키는 기능을 한다. 우리 몸의 대부분을 구성하는 물이 부족해지면 그에 대응하는 반응으로 혈장의 부피는 감소시키고 혈액의 농도는 높이는 것이다. 최근에는 뇌에서 분비되는 바소프레신이 기억, 공격성, 사회적 행동에 관여한다는 연구도 발표되었다.

펩타이드 및 단백질호르몬은 발생학적으로 내배엽(endoderm) 또는 외배엽(ectoderm)으로부터 유도되어 만들어진다. 현재까지 펩타이드 및 단백질 호르몬은 3개의 아미노산에서부터 200개 이상의 아미노산을 가진 단백질까지 40여 개 이상의 호르몬들이 확인되었다. 모든 펩타이드호르몬과 단백질호르몬들은 처음 합성될 때 N-말단 쪽의 일부 기능에 필요 없는 신호펩타이드를 가진 큰 크기의 호르몬으로 먼저 합성된다. 큰 크기의 호르몬은 소포체의 내강으로 들어갈 때 필요 없는 부분이 절단되어 제거된다. 다음 전구체 호르몬은 기능할 수 있는 형태로 변형되고, 골지체에 의해 포장된 다음 작은 분비형 알갱이로 만들어진다.

스테로이드호르몬은 구조에 따라 안드로겐(C19), 에스트로겐(C18), 프로게스틴(C21), 그리고 코르티코스테로이드(C21) 등 4종류가 있으며, 이 호르몬들은 각각 다른 기능을 수행한다. 4종류 모두 콜레스테롤 분자로부터 만들어지는데, 적어도 한 개의 펩타이드호르몬에 의해서 합성이 조절되는 중배엽-유도세포에서 만들어진다. 모든 스테로이드는 세포에서 2개의 탄소를 포함한 간단한 아세트산으로부터 시작하여, 여러 단계의 복잡한 과정을 거쳐 세포 내에서 24개의 탄소를 포함한 콜레스테롤의 기본 골격으로 합성된다. 우리 몸속의 세포는 효소를 활용하여 여러 단계의 정교한 유기합성과정을 거치는 합성공장인 것이다.

혈액에서 스테로이드호르몬은 물에 용해되기 위하여 대부분 단백질에 부착된 상태로 이동시킨다. 혈액은 스테로이드호르몬을 운반하기 위하여 알부민을 비롯해서 세 가지 형태의 부착단백질을 필요로 한다. 스테로이드는 주로 간에서 대사과정을 통해서 만들어지고, 또는 간에서 물질의 부착이나 변형으로 활성을 상실하게 되기도 한다. 이러한 대사는 주로 간에서 이루어지기 때문에, 스테로이드호르몬의 구강 투여는 별로 효과가 없다.

아민호르몬의 역할

도파민은 아미노산인 타이로신의 탈탄산화에 의해 얻어지는 아미노산 유도체 호르몬으로, 뇌의 좋은 기분이나 고통스러운 자극에 반응하여 핵심적인 기능을 수행한다. 어떤 슬픈 경험을 한 사람에게 도파민 기능 억제제를 투여하면 그 경험의 단기기억이 장기기억으로 저장되는 것을 막을 수 있다. 도파민은 뇌가 행복을 느끼는 데 중요한 역할을 하며, 신호전달 체계를 활성 또는 억제하는 방법으로 세포를 흥분시키거나 억제하는 정도를 조절한다.

도파민 분자는 신경세포의 특수한 수용체에 연결되고, 이후 그 수용체는 G-단백질과 결합하여 2차 정보를 활성화하거나 억제하여 세포를 흥분시키는 정보를 전달하고 조절한다. 그래서 도파민 억제제는 학습을 촉진하거나 외상 후 스트레스 증후군 같은 정신질환을 치료하는 약물 개발에도 이용될 수 있다.

에피네프린은 아미노산 타이로신의 하이드록실그룹의 첨가로 부신수질에서 합성되는 핵심적인 호르몬이다. 에피네프린은 천식, 과민증, 심정지, 출혈 등을 완화하거나, 국소마취 시간을 연장하는 데 사용된다. 수술 시에 부분적으로 매우 적은 양(3백만 분의 1로 희석)의 에피네프린이 사용되기도 한다. 에피네프린을 투여하면 저항이 적은 근육혈관으로 혈액이 재분배되고 심박출량은 증가하여 미세혈관을 잘 볼 수 있게 되기 때문이다. 많은 양의 에피네프린이 투여되면 급성심부전, 폐부종, 심부정맥, 심정지 같은 부작용이 나타나므로 사용 시 주의해야 한다.

배고픔을 느끼게 하는 단백질호르몬인 그렐린(ghrelin)은 비만과 밀접한 관련이 있다. 이 호르몬은 배고픔을 자극하여 음식물 섭취의 증가를 유도함으로써 비만을 유발하고 복부지방의 축적에 관여하는 것으로 밝혀졌다. 최근의 연구에 의하면 그렐린은 섭취된 지방에 의해서 활성화되어 지방의 저장을 촉진하며, 특이적인 효소(그렐린 O-아실 이동효소)에 의한 아실화를 통해서 기능한다.

그렐린은 음식물로 지질을 섭취했을 때 뇌에 칼로리의 존재를 알려 주는 센서와 같다. 그렐린 호르몬의 활성효소가 많이 발현하면 식욕을 증가시키고 정상보다 더 많은 지방을 축적한다는 연구결과가 있다. 이러한 연구를 토대로, 그렐린의 활성효소를 억제하는 방법으로 새로운 식욕억제제가 개발되고 있다.

스테로이드호르몬의 기능

스테로이드, 레티노산(레티노이드), 갑상선호르몬 등은 보통 호르몬과 근본적으로 다른 기전으로 핵 안에서 유전자 발현을 변화시키는 작용을 하여 세포 내부 물질의 균형을 조절한다. 부신피질에서 만들어지는 스테로이드호르몬은 생식선의 성기능을 조절하거나, 중요한 생리작용을 조절하는 기능을 수행한다.

에스트로겐, 프로게스테론, 코르티솔과 같은 스테로이드호르몬은 화학구조상 소수성(hydrophobicity)이 강한데, 이는 물에 잘 녹지 않는다는 의미이다. 즉, 혈액에 쉽게 녹지 않는다. 따라서 스테로이드호르몬은 운반 단백질과 결합하여 호르몬이 분비된 지점으로부터 목적 조직을 향해 혈액을 타고 운반된다. 표적 세포에서 스테로이드호르몬이 확산되어 형질막을 통과하고, 세포의 핵 속으로 들어가 수용체와 결합한다. 호르몬이 결합하면 수용체 단백질의 입체 형태가 변화하여 호르몬 반응 요소(hormone response element, HRE)라는 DNA의 특이적인 조절 서열과 상호작용할 수 있게 되고, 동시에 유전자 발현에 변화를 가져온다.

코르티솔(cortisol)의 발견은 미국의 임상의사인 헨치(Philip S. Hench)에 의해서 우연히 이루어졌다. 1948년 심한 류머티즘 관절염으로 입원한 29세의 가드너 부인은 5년 이상 병원 치료를 받아왔으나 병세에 큰 진전이 없었다. 헨치는 동료 생화학자인 켄달(Edward C. Kendall)을 통해 머크(Merk) 제약회사가 부신에서 분비되는 코르티솔을 합성했다는 사실을 알게 되었다. 이 물질을 투여받은 환자는 이틀 만에 침대에서 몸을 움직일 수 있게 되고, 나흘이 지나자 3시간 동안이나 외출하여 쇼핑을 할 수 있게 되었다. 1950년 헨치, 켄달, 그리고 스위스의 유기화학자 라이히슈타인(Tadeus Reichstein)은 코티솔과 부신피질호르몬(ACTH)을 사용하여 관절염을 치료하고 코르티솔의 화학구조 및 생물학적 영향을 연구한 공로로 노벨생리의학상을 공동수상하였다.

코르티솔은 다양한 조직, 특히 근육에서 단백질의 분해를 촉진한다. 코르티솔은 근육 단백질 일부를 아미노산으로 분해시킴으로써 혈중 아미노산의 농도를 증가시킨다. 이렇게 이동이 가능한 아미노산은 포도당의 생성, 손상된 조직의 재건, 새로운 세포 구조물의 합성 등에 사용된다.

모든 척추동물의 대뇌는 물질대사의 연료로 오직 포도당만을 사용할 수 있으며, 신경조직은 포도당을 어떤 다른 형태로도 저장할 수 없기 때문에 아미노산에서 포도당을 얻는 과정은 대단히 중요하다. 코르티솔은 백혈구 내의 특정한 유전자를 활성화하는데, 이 유전자는 백혈구에서 면역기능을 활성화하는 인터루킨 2 (interleukin 2)를 억제하는 단백질을 만들어 낸다. 이러한 항염증 효능과 면역억제 효능이 강화된 합성 글루코코르티코이드도 개발되었다.

비록 스트레스 적응에서 글루코코르티코이드의 정확한 역할이 어떤 것인지는 알려지지 않았지만, 상처를 입었거나 또는 목숨을 위협받는 상황에 처한 동물의 경우에 먹는 행위를 그만두게 하는 역할을 한다고 한다. 글루코코르티코이드에 의해 유도된 저장용 탄수화물의 분해 및 증가, 달리 말해 이용할 수 있는 혈당량 증가는 단식 기간 동안 뇌가 영양부족을 겪지 않도록 보호한다. 또한 단백질 분해로 유리된 아미노산은 손상된 조직을 빨리 회복시키는 재료로 사용될 수 있다. 스트레스를 겪는 사람에게 증가된 포도당, 아미노산, 지방산을 사용할 수 있게 하는 것이다.

호르몬의 작용방법

20세기에 들어서 호르몬에 의한 생체 내부의 조절과정이 어떻게 이루어지는지 연구하는 학자들이 많아졌다. 1958년 미국의 화학자 젠슨(Elwood Jensen)은 호르몬이 작용하는 세포 내부의 에스트로젠의 수용체를 분리하였다. 지난 25년간 유전자를 활용한 단백질 생산 기술, X선 결정학 기술 및 핵자기공명을 통해 단백질 삼차구조를 밝히는 연구방법의 발전으로 수용체의 구조와 호르몬 사이의 부착 및 신호의 전달에 대한 분자 수준의 이해의 폭이 크게 넓어졌다.

어떤 호르몬은 목표 세포 표면의 수용체 단백질에 부착하여 정보를 세포 내부로 보냄으로써 여러 가지 변화를 일으킨다. 반면 세포 내부로 진입하는 호르몬은 핵 속으로 진입하여 특정 지역의 DNA에 부착하여 특별한 효소나 단백질을 많이 만들어 내게 함으로써 세포 내부에 특수한 신호전달체를 공급하며 세포에 영향을 미친다. 이렇게 우리 인체는 무수한 생화학 반응을 통해 정보 전달물질을 합성하고 상호작용함으로써 신체를 정상으로 유지하고, 혹시 위태로운 문제가 발생해도 곧바로 대처할 수 있도록 잘 프로그래밍되어 있다.

호르몬을 받아들여 기능하는 수용체는 세포에서의 위치와 부착되는 호르몬의 작용방법에 따라 세 가지 형태로 구분된다. 호르몬이 세포 내부의 핵으로 진입한 다음 유전체에 부착하는 핵수용체, 세포의 확산에 의해 내부로 들어와 부착하는 스테로이드호르몬의 세포질 수용체, 그리고 세포 내부에 진입하지 못하고 수용성호르몬을 받아들이는 세포막수용체이다. 이때 세포막 수용체는 주로 펩타이드, 단백질호르몬 그리고 카테콜아민 등을 받아들인다.

호르몬을 받아들이는 수용체를 만드는 세포 내부의 유전자는 수용체를 합성할 수 있는지, 또 어떤 형태의 수용체를 얼마나 만들어야 하는지를 결정한다. 당뇨병 같은 내분비질환 환자는 수용체가 부족하거나 수용체 기능이 손상되어 문제를 겪는다. 세포 표면 수용체는 수용성 호르몬이 목표 세포 표면의 원형질막에 붙박이된 수용체들에 의해서 인식하며, 호르몬 감지 지역이 세포 외부에 노출된다. 에피네프린과 같은 펩타이드호르몬, 그리고 단백질호르몬이 이러한 세포 표면의 수용체를 가진다.

수용체가 특정 호르몬 수용체와 부착하면 세 가지 다른 방법으로 세포 내부로 정보를 전달한다. 우선 세포막에 포함되어있는 아데닐산 고리화 효소의 복합체를 활성화하여 cAMP를 만들고, 다음은 세포막에 부착된 단백질 인산화 효소 내부의 물질을 인산화하여 특정 기능을 활성화한다. 마지막으로 세포막에 부착된 포스파티딜이노시톨 4,5-이인산(PIP2)의 인산다이에스레이스가 있다. 앞의 두 효소는 호르몬에 의해서 활성화되면 세포 내부의 단백질을 인산화하는 효소이며, 세 번째 효소는 세포 내부에서 이온화된 칼슘의 수준에 영향을 주거나 또는 단백질의 인산화에 영향을 준다. 이렇게 호르몬은 세포벽에 존재하는 효소를 활성화함으로써 호르몬의 정보를 세포 내부에 전달하여 여러 가지 조절작용에 관여한다.

또한 세포질 수용체는 스테로이드호르몬들이 작용하는 목표 세포 안에 존재하는 수용성 수용체를 말한다. 세포 내부에서 호르몬이 수용체에 부착하면 스테로이드-수용체 복합체는 핵 내부로 이동한다. 핵으로 이동한 다음 호르몬-수용체 복합체는 수납체라는 특수한 크로마틴 단백질에 부착된다. 이때 수납체는 히스톤이 아니라 크로마틴의 연결 DNA에 존재하는 산성단백질로 멀리 떨어진 지역의 호르몬-수용체 복합체에도 부착된다. 즉, 수납체를 통해 특수한 유전자의 발현을 조절시킨다[•]. 이렇게 목표 세포의 핵수용체를 가지고 있는 호르몬은 갑상선호르몬인 T3(트리아이오도타이로닌)가 유일하다. 이때 호르몬인 T3의 부착으로 mRNA의 합성이 증가하며, 라이보솜에서 수많은 단백질이 만들어진다. 증가한 단백질은 주로 효소이거나 그 소단위체이다.

• Berridge M. J., Scientific American 253, 1985, 142

3 생식과정에서 호르몬의 역할

성호르몬의 역할

새 생명을 탄생시키는 과정에서 호르몬은 매우 정교하고 신비로운 역할을 한다. 뇌가 생식과 관련된 호르몬을 만들도록 자극하는 분비호르몬을 만들어 내면, 생식샘에서는 생식과 관련된 호르몬을 만든다. 여성호르몬인 에스트로겐은 방향족 벤젠 고리를 가지고 있는 스테로이드호르몬으로 화학적으로 안정적인 구조를 가지고 있다.

대표적인 여성호르몬인 에스트로겐은 여성의 난소 내부에 있는 난포와 황체에서 주로 분비되고, 임신 중인 여성의 경우 태반에서도 분비된다. 에스트로겐은 일반적으로 에스트론(E1), 에스트라디올(E2), 에스트리올(E3) 세 종류가 알려져 있다. 에스트로겐의 수용체는 포유동물의 뇌, 정소, 전립선, 뼈 등에서 확인된다. 한편 에스트로겐은 남성에게도 중요한 역할을 하는데, 정자 형성, 정상적인 성욕 형성, 생식 건강에 중요한 역할을 한다는 사실이 최근 밝혀지고 있다.

에스트로겐은 사춘기 이후 여성에게서 많은 양이 분비되어 여성의 성적 활동에 많은 영향을 끼친다. 사춘기에 가슴이 나오게 하고, 성기를 성숙하게 하며 체형에도 변화를 주는 등 여성의 이차 성징에 영향을 미치는 호르몬이다. 에스트로겐은 난포자극호르몬(FSH), 황체형성호르몬(LH), 프로게스테론과 함께 작용하여 자궁벽의 두께를 조절하고 배란에 관여하여 생식주기를 조절하는 역할을 한다.

프로게스테론은 에스트로겐과 함께 작용하여 자궁벽이 두꺼워지도록 하고 만약 수정이 될 경우 수정란이 착상되기 좋은 환경을 만들어 주는 역할을 한다. 또한 에스트로겐의 기능을 억제하여 생식주기가 다시 처음 단계로 돌아가게 하는 것도 프로게스테론이다. 만일 여성이 임신하면 황체가 계속 남아 프로게스테론을 분비함으로써 임신 상태를 유지하며, 이후 황체가 없어져도 태반에서 프로게스테론을 분비한다. 프로게스테론은 가슴 쪽 세포에 작용하여 젖의 생성에도 관여하며, 또한 체온 상승, 혈당 조절, 체지방 감소, 이뇨작용에도 영향을 주는 것으로 알려졌다*.

난포와 난자가 성숙하는 기간을 제1난모세포가 제2난모세포로 바뀌는 과정이라고 한다. 난소의 주기는 시상하부에서 성선자극호르몬 분비호르몬(GnRH)이 배출되면서 시작하는데, 이 분비호르몬은 뇌하수체를 자극하여 소량의 난포자극호르몬(FSH)과 황체형성호르몬(LH)이 분비되게 한다. 난포자극호르몬(FSH)과 황체형성호르몬(LH)의 도움을 받아 성장이 촉진된 난포는 에스트로겐을 만들기 시작한다. 낮은 농도의 에스트로겐은 뇌하수체호르몬의 분비를 억제하여 난포자극호르몬(FSH)과 황체형성호르몬(LH)

* Johnson L. R., Essential Medical Physiology, Academic Press, 2003

의 농도를 비교적 낮은 수준으로 유지한다.

자궁에서 난포가 파열되어 배란이 일어나 제2난모세포 상태가 되는 배란기에는 성장하는 난포에서 분비하는 에스트로겐의 농도와 난포자극호르몬(FSH)과 황체형성호르몬(LH)의 농도가 함께 급상승한다. 에스트로겐이 증가하면 시상하부에 작용하여 성선자극호르몬분비호르몬(GnRH)의 배출을 증가시키고, 이에 따라 생식샘 자극호르몬의 분비가 늘어난다[••]. 이러한 호르몬 증가에 따라 성숙된 난포는 액체로 가득 찬 내부 공간을 만들고, 이것이 크게 자라 난소 표면 근처에 돌출부를 형성한다. 난포기는 황체형성호르몬(LH)의 농도가 급상승한 약 하루 뒤에 배란과 함께 종료된다.

황체가 형성되는 과정에서 자궁 내벽이 두꺼워지는 시기를 황체기라 부른다. 황체기에는 난포자극호르몬(FSH)과 황체형성호르몬(LH)의 분비가 억제되고, 동시에 새로운 난포의 성숙과 배란이 억제된다. 배란이 일어난 후 난소주기의 황체기에는 황체형성호르몬(LH)이 난소에 남아 있는 난포조직에서 분비선 구조인 황체를 형성하도록 유도한다. 만약 배란된 난자가 수정에 실패하여 자궁 내벽에 착상하지 않으면 황체가 퇴화되고 프로게스테론의 분비량이 급격히 감소하여 자궁 내벽이 허물어지고 월경이 시작된다. 월경이 끝나면 뇌하수체 전엽에서 난포자극호르몬(FSH)을 분비하여 새로운 생식 주기를 시작하게 한다.

테스토스테론은 고환에서 만들어지는 스테로이드호르몬이다. 이 호르몬은 태아 때 남성의 성별을 결정하고, 사춘기에 이차 성징을 유도하며, 정자를 만들고, 성욕을 유발하는 등 남성성에 중요한 역할을 한다. 테스토스테

•• Hemsell et al., The J. of Clinical Endocrinology & Metabolism 38(3), 1974, 476-479

론은 생식세포의 유사분열과 감수분열 과정에 필수적이며, 혈액에서보다 정소에서의 농도가 더 높은데, 이는 간질세포에서 생산된 테스토스테론의 대부분이 세르톨리 세포에서 분비된 안드로겐의 결합 단백질과 결합된 상태로 내강액에 머물러 있기 때문이다. 정소에서 이러한 높은 테스토스테론의 농도는 정자의 생산을 위해 반드시 필요하다.

남성호르몬인 안드로겐은 웅성 생식기의 발달 및 기능 유지에 필수이며, 또한 각 장기에서 웅성화에 필수적인 호르몬이다. 그래서 남성호르몬인 안드로겐은 남성의 골격계에서 강력한 에너지원으로 체외에서 섭취한 물질에 화학작용을 거쳐 생체에 필요한 물질을 생산하는 동화작용을 수행하는 것으로 알려져 있다.

그동안 성호르몬의 활용에 관한 많은 연구 성과는 인구 조절관리에도 상당히 큰 기여를 했다. 1970년대 필자가 유학시절 박사과정의 연구실에서는 성호르몬 연구도 수행하였고, 또한 남성 피임제를 개발하기 위한 항체를 생산하기 위하여 정자의 앞쪽 주머니에 존재하면서 난자입구의 막을 분해하는 효소를 분리하는 연구를 수행했다. 전 세계적으로 인구가 급격히 증가한 1950년대에는 핀커스(Gregory Pincus) 박사가 에스트로겐과 프로게스테론의 파생물을 사용하여 배란을 정지시킴으로써 임신이 안 되게 하는 경구피임약을 개발하여 인구증가의 조절에 크게 기여하였다*. 이로부터 20년 뒤에는 항 프로제스틴제인 RU486을 사용하여 이른바 아침에 먹으면 피임이 되는 약이 개발되어 여성들이 피임을 쉽게 할 수 있게 됨으로써 사회적으로 큰 영향을 미치게 되었다. 또한, 이런 생식선 호르몬의 작용을 활용하

* Ammer C., The Encyclopedia of Women's Health 6th ed, 2009, 312-315

여 수많은 불임 부부들이 아이를 가질 수 있도록 하는 연구도 발전되었다. 성호르몬은 여성의 난자생성 및 수정에 사용되는 시험관 수정에도 활용되어 1978년 첫 시험관아기가 탄생한 이후 지금까지 수없이 많은 어린이들이 체외수정 방법으로 태어날 수 있게 되었다.

호르몬 분비호르몬의 발견과 기능

호르몬 분비호르몬은 위에서 언급한 여러 성호르몬을 포함해서 뇌의 자극과 지시에 따라 호르몬의 합성을 자극시키는 적은 분자의 화합물질인 펩타이드를 만들어 호르몬이 합성되도록 자극하는 역할을 수행한다. 이렇게 주로 생식과 관련된 과정에 관여하는 호르몬의 생성을 자극하는 물질이 뇌에서 지시로 생산되어 생식과정에 참여하게 된다. 현재 의학사전(이우주 편)에 의하면 초기단계에서 호르몬 생성을 자극시키는 물질을 '유리호르몬'이라고 명명하여 사용하고 있다. 한편 생물학사전(한국 생물과학협회 편)은 호르몬의 배출을 자극하는 호르몬을 '방출호르몬'이라고 부르고 있다. 이 저서에서는 호르몬의 생성을 자극하는 간단한 펩타이드 물질은 호르몬의 합성을 증가하여 배출시키는 물질이므로, 외국에서 원래 사용하던 '호로몬 분비호르몬(hormone releasing hormone)'이라는 명칭을 사용하여 이 물질의 기능을 분명하게 표현하고자 하였다.

1950년대 라이클린(S. Reichlin) 박사는 쥐의 양측 시상하부를 제거한 후 성장이 정지됨을 관찰하고, 성장호르몬 분비호르몬(GHRH)의 존재 가능성을 처음으로 예측할 수 있게 되었다. 한편 성장호르몬 분비억제 호르몬(GH-release inhibiting hormone, GHRIH)을 1968년 크룰리치(Y. Krulich) 등이 시상하부 추출물 중에서, 성장호르몬 분비를 억제하는 기능의 물질을 발견하였다. 그 후 1982년 말 비대증 환자의 췌장의 종양에서 성장호르몬 분비호르몬이 처음 발견되었다. 이렇게 호르몬의 합성활동의 조절은 시상하부의 신경세포(neuron)에서 분비되어 뇌하수체 문맥계(hypophyseal portal system)로 들어가는 비교적 적은 크기의 펩타이드가 작용하므로 앞에서 언급하고 있듯이 '호르몬 분비호르몬'이라고 부르기로 한다.

우리의 뇌에서는 호르몬 생성을 자극하는 물질을 뇌하수체에 직접 만들거나, 또 시상하부에서 분비되는 다른 조절인자에 의해서 활성을 변화시켜 간접적으로 호르몬의 합성에 관여한다. 대표적인 합성 자극 호르몬들로는 성장호르몬 분비호르몬, 성장호르몬 분비억제 호르몬, 타이로트로핀 자극호르몬(TSH) 분비 호르몬, 성선 자극호르몬 분비호르몬, 부신피질 자극호르몬 분비호르몬들이 있다. 타이로트로핀 분비호르몬(thyrotropin-releasing hormone, TRH)은 시상하부 분비호르몬 중 최초로 밝혀졌으며, 1969년에 3개 펩타이드의 화학구조(pyroglutamyl-histidyl-proline-amide)가 밝혀지고, 타이로트로핀 자극호르몬(TSH)의 분비를 자극하는 것으로 밝혀졌다. 성선 자극호르몬 분비호르몬(gonadotrophin releasing hormone, GnRH)은 쉘리(Andrew V. Schally)와 길리민(Roger Guillemin)에 의해 수천 마리의 양의 시상하부에서 추출하고, 그 화학구조를 규명하게 되었다. 흥미로운 사실은, 성선자극호르몬 분비호르몬은 10개의 아미노산으로 구성된 비교적 간단한 펩타이드이며 모든 포유류에서 동일하다고 밝혀지고 있다는 것이다. 쉘리와 길리민은 뇌의 시상하부에서 이 성선자극호르몬 분비호르몬을 추출하고, 그 구조를 밝힌 공로로 1977년에 노벨생리의학상을 공동수상하였다. 특히 분비호르몬의 양은 대단히 적어서 구조를 밝히기 위해서 무려 백만여 마리의 실험동물을 희생시키고, 오랜 기간이 소요되는 엄청난 작업이 따른 노력의 연구 성과였다.

아데노코티코트로픽 호르몬(ACTH)의 분비를 자극하는 물질인 부신피질 자극호르몬 분비호르몬(corticotrophin releasing hormone, CRH)은 1981년 베일(W. Vale) 등에 의해 50만 마리의 양의 뇌에서 적출한 시상하부 추출물에서 분리되었으며, 생화학적 특성이 밝혀진 것은 그로부터 25년 후였다. 1981년 베일과 동료 연구자들은 아데노코티코트로픽 호르몬(ACTH)과 베타-엔돌핀의 분비를 활성화하는 코티코트로픽 호르몬 분비호르몬(CRH)이 41개의 아미노산으로 구성되었음을 밝혀냈다. 1983년 시바하라(S. Shibahara)는 사람의 코티코트로픽 호르몬 분비호르몬(CRH)의 유전자의 구조를 밝혀냈으며, 유전정보를 사용하여 아미노산의 순서를 결정하게 되었다.

사람의 성장호르몬 분비호르몬의 유전자는 제20번 염색체에 존재하며, 이 유전자 산물이 성장호르몬의 분비를 촉진하는 기능을 수행한다. 성장호르몬 분비호르몬(GHRH)은 조직, 특히 골격 조직이 성장할 수 있도록 세포대사가 원활히 일어나도록 하고 영양과 에너지 공급도 잘 이루어지도록 하여 세포분열을 촉진하는 기능을 한다. 성장기에 키가 무럭무럭 자라게 되는 이유는 뇌하수체 전엽에서 성장호르몬이 활발하게 분비되기 때문이다. 이러한 성장호르몬의 분비를 억제하는 것으로 소마토스타틴(somatostatin)인 성장호르몬 분비억제 호르몬이 있다. 성장호르몬 분비억제호르몬(소마토스타틴)이 발견된 1968년에 시상하부로부터 성장호르몬 분비를 촉진하는 물질을 분리하려는 연구 중에 크룰리치(Y. Krulich) 등은 시상하부 추출물 중에 성장 호르몬 억제 작용이 있는 물질의 존재를 발견하여 소마토스타틴 또는 성장 호르몬 분비 억제 호르몬이라 명명하게 되었다. 1973년에 브라제우(P. Brazeau) 등에 의해 소마토스타틴은 14개의 아미노산으로 구성되었음을 밝혀냈다. 소마토스타틴은 시상하부 이외의 지역에서 발견되는 시상하부 조절인자로 알려졌지만, 현재는 중추 신경계와 위장관의 여러 장소에서 중요한 작용을 하는 물질로 밝혀져 있다.

4 호르몬 관련 질환

호르몬 분비의 불균형: 갱년기 장애

여성에서 호르몬 분비의 불균형의 대표적인 경우가 중년기 이후에 발생하는 갱년기이다. 갱년기는 폐경기에서 여성의 월경이 영구적으로 정지되는 시기이므로 갱년기와 같은 개념으로 사용된다. 여성은 폐경기 1년 전부터 월경의 주기가 점차 불규칙해진다. 이 시기에 여성은 30초에서 10분 정도 얼굴이 화끈거리고 떨리며, 땀이 나고, 피부가 벌겋게 되는 현상이 나타나기 시작한다. 또한 동시에 나타나는 증상으로 힘이 없고, 관절, 허리통증, 요실금, 유방 팽창, 두통, 현기증, 홍조, 피부 건조 통증, 체중 증가, 수면 패턴의 방해, 밤중에 심한 땀 분비 등과 같은 여러 가지 증상이 나타나기 시작한다. 이 시기에 폐경기의 여성은 정신적인 증상으로 기억의 감소, 집중력 저하, 신경과민, 우울한 감정 등의 현상이 나타난다.

생리학적으로 난소에서 성호르몬인 에스트로겐과 프로게스테론의 생성이 급격히 감소하면 폐경이 일어나기 때문에 폐경기는 진단 시 혈액이나 소변에서 이 두 호르몬 수준의 감소 정도를 조사하여 확인한다. 초기 폐경기의 시작 과정에서 월경의 주기는 정상이나 주기 사이의 길이가 길어지는 현상이 나타난다. 폐경기의 부수된 증상으로 성관계 시 통증이 있거나, 질이 건조해지고 호르몬 양의 수준에 변화가 나타난다. 여성의 난소에서 감소한 에스트로겐의 영향 때문에 얼굴에 뜨거운 홍조현상이 나타나는 이유는 뇌에서 혈류의 흐름이 감소하기 때문일 것이다.

우리나라 여성의 폐경 시기는 평균 49.3세로 알려져 있다. 일반적으로 여성의 폐경은 49세와 52세 사이에서 일어나고, 이들 중 반은 마지막 생리를 47세와 55세 사이에 하게 된다. 미성숙 난자의 실폐(POF) 현상은 갱년기인 40세 이전에 난소가 기능을 정지하면서 진행된다. 이 과정에는 혈액에서 난포자극호르몬(FSH)과 황체형성호르몬(LH)의 수준이 4주 동안에 적어도 3번이나 높게 나타나는 것으로 확인되었다. 이러한 변화의 주된 원인은 한정된 양의 난자(oocyte)의 자연적인 결손 또는 노쇠현상 때문으로 알려져 있다.

폐경기의 호르몬 치료에는 에스트로겐 수용체의 조절체로 라록시펜(raloxifen)이나 타목시펜(tamoxifen), 또는 선택적인 세로토닌 재흡수 방해제를 처방하게 된다. 에스트라디올 수준의 급격한 감소는 뇌에서 피부까지 여러 조직에 걸쳐 다양한 영향을 미친다. 폐경기 이후에는 스테로이드 합성에 필요한 콜레스테롤이 거의 사용되지 않기 때문에 남는 콜레스테롤로 인해 심혈관 질환의 가능성이 크게 높아지고, 동시에 골다공증 현상도 나타난다.

당뇨병에서 호르몬의 역할

우리 주위에서 흔히 찾아볼 수 있어 잘 알려진 당뇨병은 호르몬 관련 질환으로, 혈액 속에 오랜 기간 높은 수준의 혈당이 계속되는 만성대사질환이다. 2019년 전 세계적으로 당뇨병 환자는 4억 6천여만 명에 육박하며, 여러 질병 중에서 7번째 사망의 원인이라고 한다. 당뇨병에 걸리면 소변을 자주 보게 되고, 갈증이 심해지며 식욕이 증가하는 특징이 나타난다. 만약에 당뇨병을 치료하지 않고 방치하면, 여러 가지 건강과 관련된 만성질환으로 고생하게 된다. 당뇨병이 오래 지속되면 심장혈관 질환이나 뇌전증, 만성적인 신장병, 족 궤양, 신경의 손상 및 시력의 상실이나 인지능력의 상실이 나타나게 된다(그림 5-2). 이러한 증상 외에도 눈이 흐려지거나 두통, 피로에 시달리며 간단한 상처도 치유에 시간이 걸리고 피부에 통증이 나타나기도 한다.

당뇨병은 췌장에서 호르몬인 인슐린을 충분히 만들지 못해 발생한다. 당뇨병은 원인에 따라 3가지 형태의 증상으로 구분한다. 제1형 당뇨병은 호르몬을 만드는 β-세포의 상실로 충분한 인슐린을 췌장에서 만들지 못하여 나타난다. 제2형 당뇨병은 세포가 인슐린에 대응하지 못하고 인슐린에 저항하면서 시작된다. 또한 임산부가 과거에 당뇨가 아니었는데도 높은 혈당의 수준을 유지하는 경우가 제3형 당뇨병이다. 제1형 당뇨병은 가족력이 있는 경우 나타나고, 인슐린 생산 결핍을 사람의 인슐린 주사를 통해 치료한다. 그래서 제1형 당뇨병은 인슐린에 좌우되는 당뇨 또는 젊은 당뇨병이라고 부르기도 한다. 췌장에서 인슐린을 만드는 β-세포가 상실되는 것은 자가면역 때문으로 보인다.

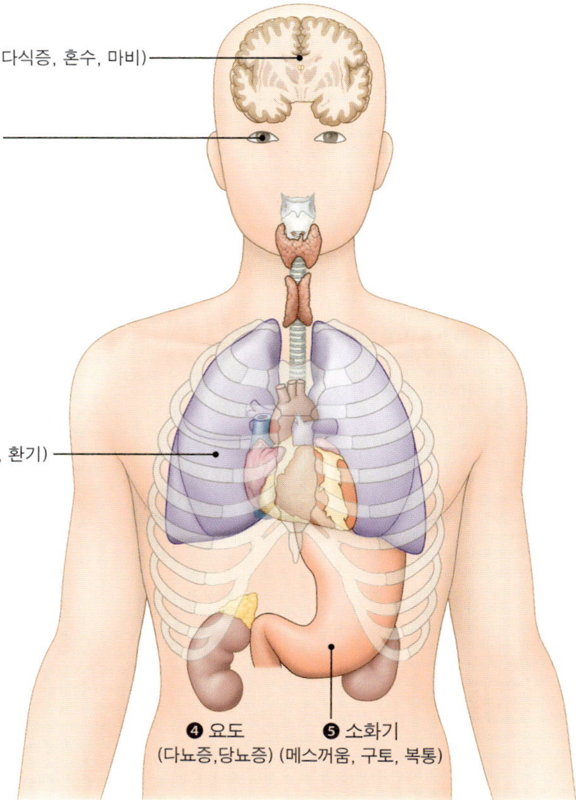

그림 5-2 당뇨병과 관련된 질환들로 뇌에서는 뇌전증, 눈에서는 영상이 불분명해지고, 숨을 쉬면 아세톤 냄새가 나며, 체중이 감소하고 만성적인 신장병, 두통, 피로, 다뇨증, 복부통증 등 다양한 증상들이 나타난다. 특히 발에 상처가 나면 치유가 늦어지고 눈의 모세혈관에 문제가 발생하여 실명하게 되는 중년 이후의 노인에게 치명적인 질병이다.

당뇨병이 위험한 까닭은 장기간 합병증에 걸릴 위험을 안고 지내야 하기 때문이다. 증상은 대개 10~20년 동안에 걸쳐 진전되므로 첫 증상은 진단받아 알게 되기 훨씬 이전에 이미 나타났으나 환자가 모르고 있었을 가능성이 있다. 당뇨병 환자의 주된 장기간 합병증은 혈관의 손상으로 심장질환의 위험에 두 배로 노출되는 것과 당뇨병 환자의 사망원인 70%를 차지하는 관상동맥질환인 것으로 밝혀져 있다. 당뇨병의 주된 합병증으로 미세혈관의 파괴로 인한 실명, 신장의 장애 그리고 신경손상 등이 있다. 당뇨병 환자는 망막혈관의 손상으로 발생한 망막증으로 시력이 점차 손상되고 결국에는 시력을 잃게 된다. 그래서 당뇨병 환자는 1년에 한 번은 안과 진료를 받아야 한다. 또한 당뇨병에 의한 신장의 손상 때문에 나타나는 신장병은 조직의 흉터를 동반하는 상처, 뇨 단백의 상실에 이어 만성 신장병으로 발전되며 경우에 따라서는 투석을 해야 하고 신장이식이 필요할 수도 있다. 당뇨병이 악화되면 당뇨병성 발의 궤양으로 고생하게 되며, 치료가 어렵고 심지어 절단해야 하는 문제가 발생하기도 한다. 그래서 특수한 신발을 선택함으로써 환자의 발에 궤양이 발생하지 않도록 해야 한다.

제2형 당뇨병은 비교적 적게 배출되는 인슐린 때문에 발병하며, 신체 조직의 인슐린 부족으로 인슐린 수용체가 관여되는 것으로 알려져 있다. 특히 당뇨병 환자 중 제2형 당뇨병이 90%를 차지한다. 제2형 당뇨병의 전 단계에서 생활환경을 변화시키거나 인슐린 민감성 약물을 복용함으로써 병세를 개선 또는 역전시킬 수 있다. 제2형 당뇨병의 원인은 비만을 비롯하여 육체적인 운동 부족, 영양의 결핍, 스트레스, 그리고 도시화이다. 특히 우리의 주식인 흰쌀밥을 많이 섭취하면 당뇨의 위험이 커지고, 동시에 운동 부족은 병세를 악화시킨다.

당뇨병의 병리생리학적인 관점에서 살펴보면 인슐린은 혈액에서 글루코오스를 탈취하여 특히 간이나 지방조직, 그리고 근육 세포로 보내는 과정의 조절을 담당하는 역할을 한다. 그래서 인슐린이 부족하거나 그 수용체가 민감하지 못한 경우 당뇨병 발병의 주요 원인이 된다. 글루코오스는 3가지 방법으로 얻어지는데, 탄수화물을 포함한 식품에서 장으로 흡수되거나, 간에서 글리코겐이 파괴되어 공급하거나, 신체의 비탄수화물로부터 글루코오스가 만들어지는 글루코오스 합성과정이 있다. 이 과정에서 인슐린은 신체 내 글루코오스의 수준을 조절하는 핵심적인 역할을 하게 된다. 인슐린의 역할은 글리코겐을 파괴시켜 글루코오스가 되는 과정을 방해하거나 또는 글루코오스 합성과정을 방해하는 일에 참여하는 것이다. 동시에 인슐린은 글루코오스가 지방으로 운송되는 것을 촉진하고, 글리코겐의 형태로 글루코오스를 저장하도록 함으로써 혈액에서 글루코오스의 농도를 낮추는 역할을 수행한다•.

당뇨병은 혈액에 들어있는 당의 양을 측정하여 진단할 수 있다. 최근 세계보건기구의 정의에 의하면 공복에서 혈장의 글루코오스 수준이 7.0mmol/L (126mg/dL) 이상이 되거나 두 번의 공복에서 글루코오스를 측정하여 7.0mmol/L (126mg/dL) 이상을 나타내면 당뇨병으로 진단한다. 또 75g의 글루코오스를 구강으로 투여하고 두 시간 후에 혈장의 글루코오스의 수준이 11.1mmol/dL(200mg/dL) 이상이 되거나, 식사와 무관하게 11.1mmol/dL (200mg/dL)이 넘으면 손상된 글루코오스 허용 수준을 넘는 것으로 판단하고 있다.

제1형 당뇨병은 예방할 방법이 없으나, 전 세계적으로 당뇨병 중 85~90%의 환자에 해당하는 제2형 당뇨병은 예방이 가능하다고 전문 의사들은 말한다. 당뇨 전문 의사들에 따르면 제2형 당뇨병은 정상체중을 유지하

• Barrett K. E. et al., Ganong's Review of Medical Physiology 24th ed, McGraw-Hill Medical, 2012

고, 지속적으로 육체적인 운동을 하며, 건강한 식단을 유지하면 병의 진전을 지연시킬 수 있다고 한다. 하루에 적어도 90분 이상의 고강도 운동을 계속하면 당뇨병에 걸릴 확률을 30%나 낮출 수 있다고 한다. 식습관 개선 또한 당뇨병을 예방하는 방법이다. 통밀이나 섬유소가 많은 식품을 섭취하고, 좋은 지방인 견과류, 식물성기름, 생선에서 얻은 불포화 지방산을 섭취하는 것이 크게 도움이 된다. 특히 설탕이 들어간 음료수, 붉은색 고기를 가능한 적게 섭취하고, 생선의 불포화지방을 섭취하는 것이 당뇨병 예방에 효과적이라고 한다.

당뇨병의 치료약물로 간에서 글루코오스의 생성을 감소시키는 메트포르민(metformin)은 일반적으로 제2형 당뇨병 환자에 처음 처방하는 약물이다. 제2형 당뇨병 환자에게 혈당을 감소시키는 약물로는 여러 종류의 약물이 처방되는데, 인슐린 배출을 증가시키게 하는 약물로 슬포닐요소(sulfonylurea), 또 장에서 당의 흡수를 감소시키는 약물로 아카보스(acarbose), 시타글립틴(sitagliptin)이 처방된다. 당뇨병을 예방하기 위해서 식물성분으로 당의 흡수를 감소시킨다고 알려진 여주나 바나바추출물이 권유되기도 한다. 신체가 인슐린에 더욱 민감하게 하도록 하는 약제인, 티아졸리딘디온(thiazolidinedione)을 사용하여 소변으로 당을 더 많이 배출되도록 하는 약재들이 처방되기도 한다[••]. 만약 제2형 당뇨병에 인슐린이 사용되면, 처음에는 구강섭취 약물을 계속 투여하면서 당의 목표수치가 도달할 때까지 인슐린 사용량을 증가시켜야 한다.

•• Krentz, A. L. & Bailey C. J. Oral Antidiabetic Agents; "Current role in Type 2 Diabetes Mellitus" Drugs 65(3), 2005, 385-411.

사람의 인슐린은 51개의 아미노산으로 구성되고 분자량이 5808Da인 단백질이다. 인슐린의 삼차구조는 A사슬과 B사슬의 이형이중체로 이황화 결합으로 서로 연결되어 있다. 인슐린은 처음으로 발견된 펩타이드호르몬으로, 멕레오드(J. J. R. Macleod)의 실험실에서 벤팅(Frederick Banting)에 의해서 개의 췌장에서 분리되었다. 벤팅과 맥레오드는 인슐린의 추출 및 발견으로 1923년 노벨생리의학상을 수상하였다. 그 후 생거(Frederick Sanger)에 의해서 1951년에 인슐린의 아미노산의 순서가 결정되고, 이 업적으로 1958년에 생거는 노벨화학상을 수상하였다. 인슐린의 삼차구조는 호지킨(Dorothy Hodgkin)에 의해서 밝혀졌으며, 이 연구업적으로 1964년 노벨화학상을 수상하였다. 그 후 인슐린은 화학적으로 합성된 최초의 단백질이 되었고, DNA 재조합 기술로 생산되기도 하였다. 한편 얄로(Rosalin S. Yalow)는 인슐린을 확인하는 방사성면역측정법의 발견으로 1977년 노벨생리의학상을 수상하였다.

인슐린은 1982년에 백크만(Beckman)사의 릭스(Arthur Riggs)와 이타쿠라(Keich Itakura), 제네텍(Genetech)회사의 보이어(Herbert Boyer)가 공동으로 발견한 유전자 재조합 방법으로 사람의 인슐린의 유전자를 사용하여 대장균에서 대량 생산할 수 있게 되었다. 그 후 1982년에 Eli LIlly 회사에서 이를 제품화하여 휴물린(Humulin)이라는 상품명으로 시장화되었다. 최근에 캐나다에서 쉽게 기를 수 있는 식물로 붉은 물감을 만드는 잇꽃(Safflower)에서 훨씬 값싼 가격으로 인슐린을 생산할 수 있다고 한다*.

* Tsou C., Chinese bulletin of Life Science(in Chinese) 27(6), 2015, 777-779

기타 호르몬 관련 질환

시상하부에서 분비되는 여러 호르몬들의 작용으로 뇌하수체의 호르몬의 분비를 자극하거나 억제할 수 있다. 시상하부에서 호르몬의 조절 방법은 뇌하수체 조절기전과 그 이하 기관에 작용하고, 시상하부의 조절을 받은 이하 기관도 다시 시상하부를 조절하는 상호작용을 하게 한다. 이렇게 시상하부의 조절을 받는 뇌하수체 호르몬은 우리 신체의 각 부분을 조절하는 수많은 생리적, 화학적 반응에 관여하게 된다. 따라서 이러한 스테로이드 호르몬 의약품은 다른 의약품보다 더 주의해서 사용해야 한다. 그중 스테로이드를 외부에서 계속 공급해주다 보면 우리 몸속에서 일어나는 스테로이드 합성이 중단되기 때문에 주의해야 한다. 특히 의약품으로 가장 많이 사용되는 호르몬인 부신피질호르몬은 효력은 강력하나 남용되기 쉽기 때문에 더욱 주의해야 한다.

내분비계통이 잘못되어 얻어진 질환은 3가지 그룹으로 분류된다. (1) 내분비샘 저분비로 호르몬의 결핍이 유발되는 질병이다. (2) 호르몬 샘의 과분비로 호르몬을 과잉으로 분비한다. (3) 내분비샘에 나타나는 양성 또는 악성종양이 있다. 호르몬 관련되어 발생하는 여러 가지 질환을 <표 5-1>에 요약하였다.

관절염, 신경통 등의 치료를 위해 부신피질호르몬을 장기 복용하게 되면 약물성 비만, 골다공증, 호르몬대사 이상 등의 부작용이 나타날 수 있다. 또는 위궤양, 당뇨병, 백내장, 녹내장 등을 일으켜 시력을 저하시킬 수 있다. 시중에 판매되고 있는 부실피질호르몬이 첨가된 피부연고를 습관적으로 자주 사용하면 얼굴이 붉어지고 혈관이 확장되는 등의 '스테로이드성 여드

표 5-1 호르몬 관련 질환

질병 분류	질병명	구분	관련 호르몬
글루코오스, 항상성 오류	당뇨병	1형	인슐린 부족
		2형	인슐린 수용체 부족 및 변이
	저혈당		인슐린 과다, 프로제스테론
갑상선 오류	갑상선종		요오드 결핍
	갑상선 기능항진증		갑상선호르몬 과다분비
	갑상선 기능부전증		갑상선호르몬 분비저하 타이로트로핀 자극 호르몬의 감소
	갑상선 암		방산선 노출, 호르몬
칼시움 항상성오류, 대사적인 골 질병	부갑상샘 오류		부갑상선호르몬 과다분비
	골다공증		에스트라디올 감소, Vit. D 결핍
	구루병		Vit. D 부족 에스트로젠
	류마티스 관절염		코티솔 부족
뇌하수체 샘 오류	부적절한 항이뇨성 호르몬의 증상		바소프레신 감소, 프로제스테론
전방뇌하수체 오류	뇌하수체 기능부전		놔하수체 호르몬 분비기능저하
	뇌하수체 암	선종	뇌하수체 호르몬의 과다분비
		쿠싱병	부신피질자극호르몬 과다분비
성호르몬 장애	성 발달장애	양성체	남녀 성 호르몬의 불균형, 에스트로젠 핵수용체 변이
	성기능 부전증	선천성장애	에스트로젠 수용체 유전적인 변이
		후천성장애	에스트로젠 분비장애
	사춘기장애	지연된 사춘기	에스트로젠 부족

	조숙성 장애	난포자극호르몬, 황체형성호르몬의 증가
멘스기능 및 수정장애	무월경	프로락틴의 증가 성장호르몬의 증가

름'이 유발될 수 있다. 이러한 여러 가지 부작용을 고려했을 때, 스테로이드 호르몬 의약품 사용 시 한층 더 세심한 주의를 기울일 필요가 있다. 호르몬 의약품은 가능한 의사의 처방에 따라 세심하고, 올바르게 사용함으로써 우리가 예상하지 못했던 나쁜 부작용을 피할 수 있다.

수용체의 잘못으로 발생하는 질환의 연구 분야에서는 분자 생물학의 급속한 발달로 핵수용체의 유전자 배열이 알려지게 되었고, 핵 내부 DNA에 결합하는 영역과 배위자에 결합하는 영역이 존재한다는 사실이 여러 실험을 통해서 증명되었다. 성호르몬 수용체의 유전적 변이는 성호르몬 작용부전을 일으키고, 우리 인간의 성 생식기의 분화, 기능의 유지에 파탄을 초래한다. 만약 비타민 D 수용체(VDR/ Vitamin D receptor)가 유전적 변이에 의해 비정상적으로 작동하면 성장장애나 대머리의 원인이 되는 제2형 구루병을 유발한다. 여성 호르몬 수용체(ER/ Estrogen receptor)가 유전적 변이에 의해 작동하지 않게 되면 골단 폐쇄부전에 의한 신장증이나 당뇨병이 유발된다고 한다.

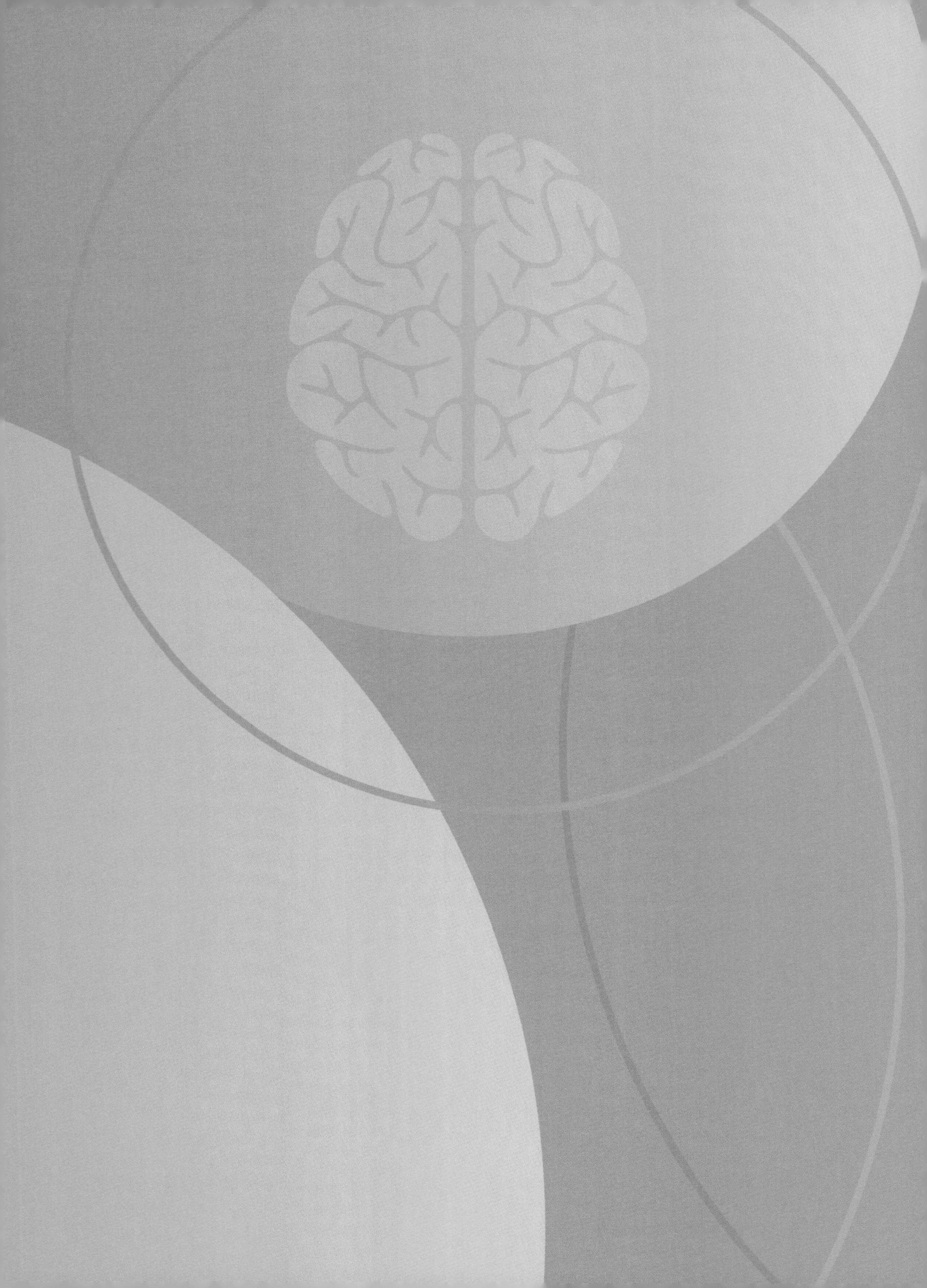

제 6 장

신체 내부에서 독성물질의 해독작용과 세포성장의 조절 – 암의 정체

1 우리의 생명을 위협하는 독성물질

우리가 외부에서 잘못 섭취하는 생명을 위협하는 다양한 독성물질은 먼저 생체감각체계를 통하여 인지되고, 뇌가 판단하여 처리함으로써 위협에 대비하여 생존하고 있다. 이 과정에서 뇌는 즉각 위험물질을 판단하여 취득 여부를 결정한다. 신체 감각 중에서 주로 시각은 오랜 경험을 통하여 얻은 지식을 활용하여 독극물을 확인하고, 후각으로 냄새를 확인하여 거부하거나 입에서는 맛을 감지하는 혀의 감각체계에 의해서 섭취와 거의 동시에 밖으로 내보내는 식으로 거부한다. 한편 신체 내부에서 생성된 건강을 위협하는 수많은 위험물질은 신체의 여러 기관 중 주로 간, 신장에서 확인하고 처리함으로써 인류는 오랫동안 생명을 유지할 수 있었다.

신체 내부에서 발생하는 치명적인 독성물질은 대부분 간에 보내서 그 독성을 상실하게 하는 해독작용을 통해 대처하고, 신장을 통해 외부로 방출된다. 근대에 문명이 급격히 발전하면서 인간은 수없이 많은 독성물질을 생산하고 배출하여 생명체에 크게 위협을 주고 있으며, 이와 같은 독성물질에 관한 연구는 독성학이라는 학문으로 발전하였다. 그동안 이루어진 독성물질의 연구는 암의 발생 원인 물질을 찾는 연구에도 크게 기여하였다. 고대 문명의 발전과정을 살펴보면, 그리스 시대부터 독성물질에 관심이 있었음을 알 수 있다.

최근 체내에서 유전정보를 사용하여 만들어진 수많은 단백질 중 혹시 잘못 만들어졌거나 기능을 상실할 경우 곧바로 폐기시키는 체계의 흥미로운 연구도 큰 성과를 거두었다. 체내에서는 폐기시켜야 할 단백질에 표지물질을 부착시킨 다음, 프로테오솜이라는 체내의 폐기물 처리공장을 통하여 파괴시키고 몸 밖으로 배출하게 된다. 이렇게 신체 내부에서 발생한 폐기물은 인간이 일상생활에서 폐기물을 처리하는 과정과 비슷한 방법으로 처리하여 폐기시키고 있다.

신체 내부에서 세포의 성장조절에 문제가 발생하여 잘못될 때에는 여러 가지 수선 작용에 의해 원상태로 회복시키고 있지만, 혹시 문제가 해결되지 못한 경우 세포는 지속적으로 성장하는 암세포로 발전하기도 한다. 이 장에서는 현재 전 세계적으로 가장 높은 사망원인인 암의 발생 원리를 알아보고, 미리 대처하는 방법들을 간단히 소개해 보려고 한다.

생명을 위협하는 독성물질

인간은 복잡한 자연환경에서 생존해야 하는 인류 발생 초기에서부터 지금까지 수없이 많은 위해물질에 노출되면서 희생되었고, 그 과정에서 축적된 지혜를 바탕으로 생존하여 지금처럼 엄청난 수로 인구 증가를 이루었다. 자연에 생존하는 동물이나 식물이 가진 독성물질 중에는 생명유지의 원리를 잘 활용하여 다른 생명체에 치명적인 영향을 미치는 독성물질을 만들어 자신을 보호하도록 진화하여 생명을 유지하는 경우도 있다. 이러한 독소(toxin)물질은 생물체가 살아있는 세포나 기관에서 만드는 적은 분자의 펩타이드이거나 또는 단백질로, 조직에 침투하면 질병의 원인이 되는 위험한 물질들이다. 독소는 식물이나 동물체의 내부에서 자연적으로 만들어진 물질들을 말하며, 인위적으로 합성된 화합물을 독소라고 하지 않는다. 독소라는 어휘는 유기화학자인 브리거(Ludwig Brieger)에 의해서 처음 사용되었다[•].

생물체에서 만들어진 독성물질로 사람의 생명을 위협하는 독소들은 신경독소와 세포독소로 구분된다. 신경독소를 가진 유기체로는 검정피부거미, 대부분의 전갈, 박스형 해파리, 뱀, 원뿔모양의 달팽이, 청색고리모양의 문어, 개구리, 산호, 알지나, 사이아노박테리아 등이 있다. 이들 생물체가 만드는 신경독소는 콜린 관련 세포를 공격하여 아세틸콜린을 파괴시키는 효소를 붕괴시키므로 기능하게 된다. 이때 신경전달 물질인 아세틸콜린은 수용체에 부착하여 목표세포에 신호를 계속 전달하게 되고 경련을 유발하며 심지어 죽음에 이르게 된다. 이렇게 신경독소는 주로 동물의 신경계를 손상하고 이온통로를 망가뜨린다. 신경연접부 후부에 작용하는 신경독소로 폴리펩타이드 독소인 α-붕가로톡신이나 α-코브라톡신이 있으며, 신경근육 경계의 아세틸콜린의 수용체에 부착하여 근육의 마비를 일으키기도 한다. 한편 세포독소는 포스포다이에스터레이스 같은 효소단백질로 지방에 부착하여 세포막을 붕괴시키고, 심장의 체계에 치명적인 영향을 주기도 하며 혈압을 낮추는 기능을 하기도 한다. 세포독소 중의 효소 하이얄유로

• Hoper, Douglas,"Toxin" on line Etymology of Dictionary, http://www. etymol inecom/? term· oxin

니데이스는 조직의 막을 용해하여 다른 독성물질의 진입을 도와주므로 독성물질이나 다른 효소들의 조직 내부에 침투를 가속화시키도록 한다.

근 독성은 방울뱀이나 멕시코 구슬 모양의 도마뱀이 가진 독소로, 비 효소성 수용체에 적용되는 메커니즘으로 근육조직을 손상시킨다. 세포독소 중에 심장독소는 출혈을 일으키는 적혈구세포를 파괴하고 피의 응고를 유도하기도 한다. 이렇게 위험한 독소로 질병의 치료에 이용되는 튜니스의 독사에서 얻은 효소 포스포다이에스터레이스 타입 A2는 암세포를 파괴시키는 항암능력을 가지고 있어 암세포 치료에 사용하기도 한다. 또 다른 세포독성물질로 아주까리 열매의 단백질 독소, 중국 코브라의 심장독소 III 등은 테러리스트에 의해서 생물무기로 사용될 수 있다. 상대 동물을 질식시켜 먹잇감으로 사용하는 독사의 경우, 이빨의 구멍에서 방출하는 독극물에는 강력한 여러 가지 분해효소들을 포함하고 있다. 만약 독사의 독소성분이 동물의 혈관을 통하여 침투하면 순식간에 목숨을 잃게 된다. 뱀독의 성분에는 강력한 분해효소인 L-아미노옥시데이스와 포스포다이에스터레이스가 들어있고, 이 효소들은 혈관 내피세포층을 붕괴시켜 출혈이 발생하게 된다[••].

독소의 독성 중에는 생명에 크게 영향을 주지 않는 벌침 같은 것이 있는가 하면, 거의 치명적으로 생명을 앗아가는 것들도 존재한다. 우리가 잘 알고 있는 생선 중 복의 내장에 들어있는 '테트라톡신' 등은 생명을 곧바로 앗아가는 대단히 위험한 물질들로 알려져 있다. 생체독소에는 두 가지 주된 기능이 있으며, 그중 하나는 포식하기 위해서 독소를 방출하여 다른 생체

•• Bauchot R., Snakes: A Natural History. Sterling Publishing Co., Inc pp., 1994, 194-209

의 생명을 빼앗아가는 것으로 독거미, 독사, 해파리, 말벌, 그리고 전갈 등이 여기에 속한다. 또 다른 기능은 자신을 보호하기 위하여 독소를 방출하는 것으로 벌, 개미, 꿀벌, 독을 쏘는 개구리, 흰개미, 장수말벌 등이 여기에 속한다. 생체독소 중에는 사이아노 박테리아에 의해서 만들어진 사이아노 독소가 있고, 편모충에 의해서 만들어지는 위험한 독소도 존재한다. 또한 세포에 접촉되면 괴사를 일으키는 '네크로톡신' 독소는 혈류를 통하여 온몸에 퍼지고, 사람의 피부나 근육조직에 치명적으로 가장 민감한 위험물질이다. 괴사 독소를 가진 생물체로는 등에 가는 줄무늬가 있는 거미와 대부분의 방울뱀, 독사 등이 있고, 이들은 효소 포스포다이에스터레이스나 여러 종류의 트립신 같은 세린단백질 가수분해효소를 만들어 상대방의 세포에 침투시킨다.

식물이 성장하기 시작하면서 독성물질을 만들게 되는 것은 한정된 지역에서 생장해야 하는 특수성 때문으로, 초식동물들로부터 스스로를 보호하기 위한 자연적인 현상이다. 또한 식물은 살아남기 위하여 줄기나 잎사귀에 가시가 돋게 하거나 끈적거리게 만들어 스스로를 보호하지만, 가장 일반적인 방법은 화학물질을 만들어 초식동물에 큰 피해를 입히는 것이다. 오랜 세월 동안 식물은 광범위하고 복잡한 과정을 통하여 스스로 독성 화합물을 합성하여 초식동물이 섭취하는 것을 포기하도록 진화하였다고 여겨진다. 이렇게 수많은 식물들은 곤충이나 사람이 식물을 섭취할 경우 불쾌감을 주거나 질병을 갖게 하거나 심지어 죽음에 이르게 하는 방법으로 스스로를 보호하도록 진화하여 온 것이다[•].

• Hruby K. Cosmos G. Fuhrmann, M. Thaler H., Hum. Toxcol 2(2), 1983, 183-195

그러나 식물이 가지고 있는 여러 물질 중에는 질병을 낫게 하는 물질도 포함되어 생명을 구하는 데 도움을 주기도 한다. 그동안 동서양 모두 식물을 사용하여 이러한 병의 치료제를 개발하고 의약품을 생산하는 것이 가능하였고, 기초과학이 일찍이 발전한 서양에서는 약의 효능 성분만을 분리하고 독성성분은 배제하는 방법으로 약물을 개선하고 발전시켜 왔다. 그러나 동양에서는 아직도 식물의 모든 성분을 함께 섭취하여 병을 낫게 하는 방법을 사용하다보니, 사람이 얼마나 많은 다른 독성성분을 섭취하게 될지 모르는 실정이다. 현대 과학은 대부분의 자연물질의 각 성분을 완벽하게 분리할 수 있고, 그 성분의 분자구조까지 규명이 가능하다. 현재 약물이 어떤 원리로 병을 낫게 하는지 알 수 있을 정도로 과학기술이 발전하였으므로, 부작용을 일으키는 물질은 가능한 제거하여 약효성분만 환자에게 투여하도록 연구하고, 해가 되는 불순물들이 포함되지 않도록 규제도 강화되어야 하겠다.

곰팡이 아스퍼질러스 플라버스(Aspergillus flavus)가 가진 독소 중에서 아플라톡신(aflatoxin)은 가장 강력한 독소의 하나로, 토양이나 부패된 채소, 건초, 곡물 등에 들어있다. 주요 식품인 카사바, 칠리페퍼, 목화씨, 땅콩, 쌀, 참깨 씨앗, 해바라기 씨앗, 수수, 옥수수, 견과류 그리고 밀이나 여러 종류의 양념 향신료 등은 만약 보관을 잘못하면 이 독소에 오염될 수 있다. 이렇게 식품에 오염된 아플라톡신을 사람이나 애완동물이나 농축산 동물이 섭취할 수 있다. 식료품에 아플라톡신이 오염되지 않도록 하려면 높은 습도와 상온의 14~40℃를 피해서 보관해야 한다. 혹시 축산동물의 오염으로 달걀이나 우유제품, 식육류에 오염된 식품을 섭취하면 위험한 질병에 걸릴 수도 있다. 아플라톡신에 많이 노출되면 간의 괴사나 간암 또는 쓸개 암으로 진전되기도 한다. 만성적으로 아플라톡신에 노출되면 체내에서 아플라톡신의 대사물질이 암 억제 유전자를 돌연변이 시켜 암을 일으킨다고 알려졌다•.

특히 버섯류에 맹독성 물질이 많이 들어있는데, 그중에서도 아마니타 팔로이드에 들어있는 '알파-아미니틴'은 동물이 섭취해서 혈관을 통하여 진입하면 오염된 세포의 기능을 상실하게 하는 생명에 치명적인 효소의 방해제들이 들어 있다. 특히 이 버섯의 독소물질인 '알파-아미니틴'은 유전체의 합성과정에 필수적인 RNA 중합효소 II의 강력한 방해제로, 생명을 앗아가는 성분으로 잘 알려져 있다. 여러 독버섯에 들어있는 공통적인 독소로 '올래라닌', '머스케린(muscerrine)', '자이로 미트린', '코프린', '아이보텐산' 등이 있다. 이러한 독소는 신장의 손상을 일으키거나 환자에 따라서 간 이식을 해야 하는 상황을 만들기도 한다. 이 독소의 치사율은 10~15%인데, 최근에 개발된 엉겅퀴에서 추출된 물질을 섭취하면 오염된 간의 해독제로 기능한다는 사실이 밝혀졌다••.

식품 및 환경독성물질

식물이나 동물을 음식재료로 사용하고 있는 사람은 실제로 여러 종류의 독성물질에 노출된 채 살아가고 있다. 미국에서 출간한 의학사전인 《도날드 의학사전》에 따르면 '음식물 독성'은 '음식물과 관련된 질환'과 같은 의

• Fratamico P.M. et al., Foodborne Phatogens, Microbial & Mol. Biol. UK. Horizen Scientific Press, 2008

•• Hruby K. Cosmos G. Fuhrmann, M. Thaler H., Hum. Toxcol. 2(2), 1983, 183-95

미로 사용되고 있다. 음식물에 의한 질병은 주로 오염으로 손상된 음식물, 병원성 박테리아, 바이러스, 또는 기생충에 의해서 발생하기 때문이다. 이러한 질환요인으로는 식육소의 질병 원인 단백질인 프리온(prion)과 땅콩의 아플라톡신, 독성버섯, 그리고 여러 종류의 오염된 콩들로 적어도 10분 이상 끓이지 않은 것들이 속한다[***].

이렇게 부패하였거나 오염된 식품을 섭취하면 토하거나 발열, 통증, 설사를 동반하는 식중독에 걸리게 된다. 일시적인 구토가 연장되어 나타나고, 감염된 음식을 제거하더라도 박테리아 같은 미생물이 위를 통과하면 장에서 개체수가 폭발적으로 증가하여 문제를 일으키게 된다. 이러한 질병을 유발하는 식품의 성분으로 주로 박테리아의 '엔테로도톡신(enterodotoxin)', '마이코톡신(mycotoxin)', 바이러스, 기생충, 자연적인 독소, 병원성 물질, 단백질 부패로 발생하는 유독성 물질이 존재한다. 음식물에 의한 질병의 원인은 수많은 화학물질, 살충제, 그리고 독버섯에 들어있는 보미톡신(vomitoxin) 같은 자연에 존재하는 독성물질들 때문이다[****].

한 세기 전만 해도 동네 가정주부들이나 원로들로부터 식재료가 오염되지 않게 하는 여러 가지 지식이나 정보들을 전수받아 안전하게 조리하고 보관할 수 있었기에 많은 이들이 건강을 해치지 않고 생존할 수 있었다. 지난 반세기 동안 영양학의 급속한 발전으로 소비자들에게 음식물을 제공하는 여러 가공공장에 국가가 관여하여 규칙을 만들고, 반드시 위생 규칙을 지키도록 하여 시민에게 해가 되지 않도록 조치하고 있다. 또한 음식물의 유통과정에서 상품 포장에 음식물의 조리과정 표지, 음식물 첨가제, 유효 사용기

*** www.cdc.gov/nicdod/diseaseinfo/foodborneinfections-ghtm, 2011
**** "Toxin" Wikipedia, http://en.wikipedia.org./wiki/list of toxin., 2021

간 등을 명시하도록 규제함으로써 큰 사고를 예방할 수 있도록 하였다.

음식물을 보관하는 과정에서 가장 혁신적인 현대문명의 기술은 냉장고의 발견이라고 볼 수 있다. 이때 명심해야 할 점은 식재료는 대부분 생체물질이며 따라서 병원성 물질인 박테리아, 바이러스, 곰팡이, 균류의 생존에 필요한 영양성분이 되므로 반드시 이들 병원성 물질의 생존에 필요한 적정 온도를 피해 더 낮은 온도로 보관해야 한다는 점이다. 또한 조리하는 과정에서 손쉽게 고온처리할 수 있도록 불을 쉽게 사용할 수 있는 것도 큰 혜택이다. 전기, 가스, 그리고 요사이 흔히 사용되는 인덕션 같은 온열기구의 편리한 이용은 식품의 조리과정에서 문제가 발생하지 않도록 하는 데 큰 도움을 준다.

화학적인 환경오염물질들을 여기에 열거해보면, 가축에 사용되는 생물학적인 오염원으로 항생제나 호르몬, 발암물질, 균주, 살충제, 호르몬 파괴물질, 탄저균, 돌연변이 물질 등이 있다. 화학원소로는 수질을 오염시키는 비소(As), 페인트의 납(Pb), 수은(Hg) 등 중금속들이 있다. 미세먼지에 들어있는 카드뮴(Cd), 크롬(Cr) 등도 위험한 오염물질에 포함된다. 건축자재의 아스베스토스(석면), 다이옥신, 퓨란, 할로알칸, 폴리클로리네이트 바이오페닐, 그리고 흡연이나 토양의 방사선 물질로 라돈 같은 것도 환경오염물질에 포함되어 있다.

물리적인 환경오염원으로 빛, 우주선, 전자기장, 광오염, 자외선, X선 등이 있을 수 있다. 또한 기후 관련한 환경오염으로 가뭄, 홍수, 안개 천둥번개가 있다. 진동이나 소음도 물리적인 환경공해가 된다. 또한 생물학적인 환경공해로는 생물오염으로 생명체의 건강을 위협하는 요소로 의료폐기물이나 미생물의 시료, 바이러스, 곰팡이독소들이 있다. 또한 병원성 알러지,

조류독감, 콜레라, 에볼라, 광견병 그리고 전염병으로 말라리아나 코비드처럼 전 세계적으로 유행되는 질병(pandemic) 그리고 음식물의 독성 등이 있다.

심리적인 환경오염원으로 스트레스는 물론이고 폭력, 인간관계에서 오는 스트레스, 정신건강이나 무선통신기술의 급격한 발전으로 나타난 사생활의 건전성 등이 오염원으로 작용하여 사람의 정신건강에 문제를 일으킨다. 이는 결국 암 발생 요인이 되기도 하며 4절에서 설명하려고 한다.

2 독성물질의 인지 및 해독기능

독성물질의 인지 및 대처

현재 우리는 이제껏 한 번도 경험해 보지 못한 수없이 많은 새로운 독성물질과 매일 접촉하는 것을 피할 수 없다. 원시시대에는 이러한 독소나 위해물질을 잘못 섭취하여 생명을 잃을 경우, 부족의 원로들이 이를 기억해 두었다가 다시 섭취하지 못하도록 부족원들을 교육하여 생명을 보호하였다. 많은 세월이 흐르면서 이러한 수많은 경험은 기록으로 남겨졌고, 이 정보들은 중세 이후에 과학자나 임상의사들이 인간 생명을 유지하는 데에 큰 보탬이 되도록 해주었다.

독성물질을 인지하기 위해 우리의 감각기관은 주로 생체 인식과정의 시각, 후각 및 촉각기관을 활용한다. 인간은 음식물을 섭취하는 과정에서 외부의 위험요소를 탐지하는 오랜 경험으로 터득한 지식을 바탕으로 오감을 통하여 독성물질을 인지한다. 그동안 문명이 발전하는 과정에서 잘못 섭취한 음식물로 수없이 많은 희생을 치렀고, 그 대가로 지금은 식재료에 독성물질이 포함되는지 미리 파악한 후 유통과정에서 상품으로 사용하지 못하도록 규제하고 있다. 여러 종류의 채소를 제공하는 전통 쌈밥집의 예를 들자면, 식당 주인도 그 내부 성분을 모르는 상태로 과학적인 근거도 없이 손님들에게 섭취를 권고하는 경우가 있다. 이때 시각적으로 알려지지 않은 채소는 피하는 것이 좋고, 혹시 줄기나 잎사귀에서 진액이 나오면 이는 채식동물에게 도움이 안 되도록 진화해온 것이므로 기피하는 것이 바람직하다.

외부의 독성 성분은 후각으로 불편한 냄새를 감지하고, 미각에서 불편한 식감으로 거부하게 된다. 대부분의 독성물질은 섭취와 동시에 거부반응이 나타난다. 만약 위에 들어가면 심한 복통과 더불어 뇌신경을 통해 유발된 고열과 두통을 동반한 식중독 거부반응이 나타나 고생하게 된다. 식중독은 주로 부패한 식품 섭취로 나타나므로 항상 주의하고 대비해야 한다.

간의 대사 및 해독기능

간은 포유동물이 가진 유일한 생체기관으로 생명 유지에 필요한 여러 가지 대사산물을 해독시키고, 단백질을 합성하며, 소화와 성장에 필요한 여러 가지 생화학적인 물질을 생산하는 대단히 중요한 기능을 수행하고 있다. 또한 간은 사람의 생명 유지에 필수적인 대사과정과 에너지원인 글리코겐의 보관을 조절하고, 적혈구 세포의 붕괴, 호르몬의 제조 및 독성물질의 해독작용을 주관하는 중요한 기관이다. 사람의 간은 폭이 15cm이고 무게가 대략 1.5kg 정도로, 횡경막 아래쪽에 위치한 가장 무겁고 큰 생체기관이다.

간은 에너지원인 탄수화물 대사과정 중에서 몇 가지 중요한 역할을 수행한다. 간에서 글루코오스로부터 저장성 탄수화물인 글리코겐을 합성하여 저장하기도 한다. 필요하면 간은 글리코겐을 파괴하여 글루코오스를 만들어 혈액에 공급한다. 간에서는 어떤 아미노산, 젖산, 또는 글리세롤로부터 글루코오스를 합성하기도 하며 지방세포나 간세포는 지방의 붕괴로 얻어진 글리세롤로부터 글루코오스를 합성하기도 한다. 한편 간의 기능이 약화되면 에너지를 만드는 탄수화물의 공급에 차질이 발생하므로 피곤해지는 현상이 발생한다.

간에서는 상당 부분의 아미노산을 합성하고, 단백질 대사로 합성 또는 붕괴하는 작업을 수행하며, 혈액의 응고인자나 적혈구세포를 합성한다. 간에서는 지질대사에 관여하는 중요한 역할들을 하는데, 호르몬의 구성물질로 20여 단계 이상의 과정을 거쳐 합성되는 콜레스테롤을 합성하고, 지질합성, 트리글리세라이드나 신체의 지질단백질들이 합성되고 있다. 물에 녹지 않은 지질은 담즙산을 분비하여 용해시키고, 관련되는 여러 화학반응이 간에서 이루어지기 때문에 간은 신체의 중요한 여러 정밀 유기합성화학공장의 집합체라고 말할 수 있다. 간에서 만들어지는 인슐린은 혈액의 당을 관리하고, 성장인자를 생산하며, 어린이의 성장에 필요한 여러 가지 역할을 할 뿐 아니라 성인이 되어 필요한 대사물질을 합성하는 과정에도 계속 관여한다.

간의 바로 밑에 있는 작은 주머니 형태의 쓸개에는 간에서 만들어진 쓸개즙을 보관하며, 지질을 용해하여 완전한 소화를 위하여 소장으로 보내고 있다. 간에서는 과산화수소, 독성 산화물질을 파괴시키는 카탈레이스라는 효소를 만들어 독성물질을 제거하는 해독작용을 한다. 간은 신체 내부에서 거의 모든 기관을 지원하는 다양한 기능을 수행하기 때문에 대단히 역동적인 기관으로 알려져 있다. 간염바이러스인 헤파타이티스는 간이 부종을 형성하게 하는 간염을 일으키고, 간염바이러스 B와 C에 감염되면 후에 간암으로 진전된다. 간에서는 생체에서 발생하는 여러 종류의 물질을 분비하고 폐기시키는 해독작용의 주요한 작용을 수행한다. 또한 우리가 약물을 섭취했을 때 파괴시키거나 독성물질을 변조시키는 중요한 역할도 한다. 이처럼 대부분의 약 물질은 간에서 약물대사라는 과정을 통하여 신체에 해가 되지 않도록 변화한다. 독성물질은 쓸개즙이나 소변을 통하여 밖으로 버려진다.

간에서 이루어지는 글룩유로닐화는 정교한 해독 메커니즘으로 약물, 오염물질, 빌리루빈, 안드로겐, 에스트로겐, 미너럴, 코티코이드, 지방산 유도체, 레티노이드, 담즙산 같은 생체내부의 물질들을 해독시키는 약물대사에 관여하고 있다. 탄수화물 단당체인 유리딘 이인산 글룩유론산을 UDP-글룩유로닐트렌스퍼레이스라는 효소를 사용하여 여러 가지 타입의 독성물질에 부착시키는 방법으로 독성의 활성을 없애는 해독 방법이 사용되고 있다•. 이 과정에서 UDP-글룩유론산은 해독과정의 중간체로 간에서 만들어진다. 글룩유로닐화로 얻어진 독성물질에 부착된 복합물질을 글룩유로나이드라 하고, 이들은 원래 물질들보다 물에 더 잘 녹게 된다. 이렇게 사람의 간에서는 글룩유로닐화를 통해서 수많은 독성물질들을 종전보다 물에 더 잘 녹도록 하고, 이러한 방법으로 신체에서 소변이나 변을 통하여 손쉽게 배설되도록 하게 해준다. 특히 호르몬은 신체에서 글루유로론화되면 체내에서 운송이 더욱 쉬워진다. 그래서 약리학자들은 폭넓은 치료 효과를 얻고자 이

• Bock K. Kohle C., Methods in Enzymology 400, 2005, 57-75

러한 원리를 활용하여 약품을 글룩유론산에 부착해 더욱 효율적으로 전달할 수 있도록 연구하고 있다.

이처럼 간은 우리 신체에서 가장 중요한 정밀화학공장의 집합체로 생명을 유지하는 데 필요한 여러 물질을 공급하고 해독기능을 한다. 따라서 간이 잘못되면 일시적으로 투석을 통하여 연명이 가능하나 장기적으로는 생명 유지가 불가능하다. 만약 간의 기능이 완전히 상실되면 간 이식을 통하여야만 생명 유지가 가능하다. 간의 질병 중에 간 뇌장애는 정상적으로 간에 의해서 제거되는 혈류에 독소를 축적함으로써 일어나는 질병이다. 증상으로는 혼수상태가 되고 복부통증이나 간이 붓게 된다. 간의 질병 대부분은 혈액의 성분인 헤모글로빈의 파괴된 물질인 빌리루빈이라는 물질을 증가시키므로 얼굴이 노랗게 되는 황달에 걸리게 한다. 일상생활에서 심하게 피곤을 느끼는 증상이 계속 나타나면 간의 기능이 잘못되었거나 간 기능에 필요한 영양성분, 특히 미네랄이나 비타민의 상실로 간 기능이 약화되었기 때문이다.

3 생체의 폐기물 처리기능

감각체계가 인지 못 하는 독성물질: 생체내부의 해독기능

해독작용은 생리학적으로 또는 의학적으로 사람의 신체를 포함한 살아 있는 유기체가 주로 간에서 수행하는 독성물질을 제거하는 작업을 말한다. 그뿐만 아니라 오랫동안 중독성 물질을 사용하다가 유기체가 생명을 유지하도록 스스로 대처하는 항상성을 통해 알아서 약물을 배제시키는 과정이라고도 할 수 있다. 독성물질 섭취 후 오염을 제거하거나 투석 또는 금속이 착염을 만드는 킬레이트 요법을 사용하여 제거할 수도 있고, 해독제를 사용하여 치료할 수도 있다.

많은 대체의학 분야 개업 의사들이 해독식품 같은 여러 타입의 해독제를 만들어 치료하고 있는데, 의과학자들은 이를 시간이나 금전을 낭비하는 것으로 보고 있다. 과학적인 측면에서 해독용 음식이란 불가능하고 합리적인 근거가 희박하다고 생각하고 있다. 주로 간과 신장(콩팥)에서 세포 내부의 단백질인 여러 효소들을 사용하여 스스로 해독기능이 가능하다고 알려져 있기 때문이다.

알코올의 해독은 오랜 기간 지속적으로 음주가 습관화된 심한 알코올 중독자를 정상으로 되돌리려는 치료방법이다. 심각한 알코올 중독은 뇌의 대사와 순환촉진의 작용을 담당하는 중추신경계의 신경전달 물질인 감마-아미노부틸산(GABA)의 신경연결 수용체의 기능을 축소시키는 것으로 알려졌다. 오랜 기간 알코올에 중독된 사람을 의료적인 관리 없이 급격히 중단시키는 것은 심각한 건강 문제를 야기할 수 있으며, 경우에 따라 치명적일 수 있다. 알코올의 해독치료는 알코올 중독의 완벽한 해결책이 되지 못하므로, 먼저 해독시킨 다음 알코올을 남용하여 중독되도록 하는 정신건강 관련 문제도 동시에 치료해 주어야 한다. 임상 의사들은 중독자 개인이 약을 사용하지 않고도 생활에 적응할 수 있도록 증상을 제거하고 완화시키는 약물을 처방하고 있다. 이렇게 중독성 치료는 뇌의 결단력이 필요하므로, 환자에게 획기적으로 정신적인 전환점이 요구된다.

사람의 신체는 자연적으로 자신을 평시 상태로 유지하려고 하는 능력을 잘 갖추고 있고, 여러 신체기관들이 혈액과 신체 내부를 청소하도록 구성되어있다고 한다. 런던 왕립대학의 독성학자인 알란 부비스(Alan Boobis)는 신체가 가진 해독체계는 대단히 우수하고 정교하며 효율적인 체계라고 주장하고 있다. 증명되지 않은 해독 음식을 섭취하는 것은 오히려 해가 되며, 정상적인 체계를 망가뜨리는 위험을 감수하는 셈이다.

대체의학에서는 신체의 독소를 신속하게 제거하여 신체 손상을 줄여야 한다는 불안감을 이용하여 근거 없는 장치인 해독용 부착제나 약물을 사용하는 신체세척을 권장하고 있다. 필자가 알아보니 현재 우리 주위에 광고

하는 이러한 과학적인 근거가 없는 해독요법은 선진국에서도 이미 한때 유행했던 상행위였다. 일찍이 영국에서는 '과학과 판단력'이라는 시민단체가 해독 관련 식품이나 상업제품의 사용은 시간과 금전을 낭비하는 행위라고 주장하였다. 이들이 권하는 해독 식품은 극히 제한적으로 구성된 식품으로, 장기간 실시하면 신체가 영양부족으로 치명적인 결과를 초래할 수도 있으니 주의해야 한다. 어떤 해독 방법은 신체의 독소를 제거한다는 구실로 오히려 더 큰 해를 입히기도 한다. 장을 청소해야 한다는 주장에 따르면 제안된 음식물을 제거하기 위하여 소금이나 약용식물을 먹고 관장을 하게 되는데, 이는 영양결핍으로 오히려 해가 된다. 장은 일반적으로 청소할 필요가 없고, 스스로 잘 알아서 정화되는 소화기관으로 알려져 있다.

최근 우리나라에서도 발바닥에 붙이는 해독용 깔개가 광고되었는데, 이는 일본에서 이미 유행했던 과학적 근거가 없는 제품이다. 붉은색이 나타나는 것은 실은 깔개 안에 들어있는 철분이 발에서 나는 땀의 습기 때문에 산화철 반응을 일으켰기 때문인데 이런 수법으로 사람들을 현혹한다. 그뿐만 아니라 필자는 얼마 전에 일본 단체 여행을 다녀왔는데, 게르마늄 팔찌를 비싼 가격에 팔면서 효험이 있다고 하는 상행위를 보고 실소를 금치 못하였다. 미국의 유명한 의료기관인 메이요 클리닉이 보고한 바에 의하면, 지워지지 않는 특정 독소가 치료되었다는 환자의 몸에서 독소가 축적되었던 증거를 찾지 못했다고 한다. 이는 일반인들에게 과학적 상식이 부족하다는 점을 노리고 존재하지도 않는 독소를 제거한다는 그럴싸한 생각을 전제로 상업화하는 행위를 비판한 것이다. 결론적으로 해독에 관련된 모든 생각은 실제로 별 의미가 없으며, 신체는 스스로 해독하고 폐기물과 독소를 제거하는 해독체계를 자체적으로 잘 갖추고 있다고 '영국의 음식연합회'

에서 주장하고 있다.

상품화된 영양제나 건강보조제의 비타민 중에서 A, D, E, K는 물에 녹지 않으므로 국제보건기구의 권장량을 초과하여 계속 섭취하면 간독성을 일으키게 된다. 녹차 추출물의 카테닌 성분이나 노니의 아트라퀴논 성분은 간의 손상을 가져오므로 다량 섭취하면 심각한 문제를 초래할 수 있다. 헛개 추출물이나 영양제의 과잉섭취로 철분을 너무 많이 섭취하는 경우 역시 간 기능을 손상시킨다. 특히 해열진통제인 아세토아미노페논을 술과 함께 먹게 되면 심한 급성 간 기능 장애를 유발하므로 주의해야 한다. 간에 문제가 발생해도 통증이 전혀 없어 증상을 쉽게 알아볼 수 없기 때문에 미리 대비해야 한다.

잘못 만들어진 단백질의 폐기: 프로테오솜의 기능

필자는 생화학연구자로, 이 저서의 여러 곳에서 생체시스템은 마치 상당히 유연한 종합 유기합성 공장인 세포의 집합체와 같다고 강조하고 있다. 여기에 더해 세포 내부의 여러 필수 물질 합성공정에서 잘못 만들어져 해가 되는 단백질들이나 기능이 소멸된 단백질, 세포 내부에 문제를 일으키는 단백질을 폐기하는 중요한 해독체계를 소개하고자 한다.

단백질의 파괴현상은 신체 내부에서 기관의 형성, 항체의 기능 및 생성, 유전자의 전사, 세포주기의 진행, 부종의 형성, 심지어 종양발생의 억제와도 깊은 관련이 있다. 2004년 이스라엘 생화학자 치카니버(Aron Ciechanover), 로스(Iwin Rose), 그리고 허시코(Avram Hershko)는 세포 내부에서 기능이 상실된 단백질의 파괴과정에 관한 분자수준의 연구업적으로 노벨화학상을 수상하였다. 이들의 연구 내용에 따르면, 파괴되어야 할 단백질을 찾아 표지하는 과정에 관여하는 표지자인 유비퀴틴(ubiquitin)을 폐기되어야 하는 단백질에 부착시키면 프로테오솜(proteosome)이라는 단백질 폐기 장소에 보내진다. 이때 파괴되어야 할 단백질은 N-말단의 아미노산 잔기의 순서에 의해 결정된다[•]. 현재 단백질 파괴과정의 연구 성과는 질병의 치료제 개발에 효과적으로 활용되고 있다. 자궁경부암의 원인균인 파필로마 바이러스 단백질은 유비퀴틴을 부착하는 E3 효소를 활성화하여 폐기시킴으로써 암의 생성을 억제할 수 있다. 또한 이러한 원리를 활용하여 치매의 원인 단백질인 베타아밀로이드를 제거하려는 시도의 연구가 진행 중이다.

생체내부에서 발생한 폐기물의 배출: 신장의 기능

신장은 두 개의 붉은 갈색 콩 모양의 신체기관으로 복막의 오른쪽 왼쪽 공간에 위치하고, 성인의 경우 크기가 12cm로 생체내부의 해독기능에 중요한 역할을 한다. 한 쌍으로 구성된 신장은 신장 동맥에서 혈액을 받는데, 혈액은 신장 정맥으로 나가고 각 신장은 소변을 방광으로 보내는 관인 뇨관에 부착되어 있다. 신장은 여러 종류의 신체 체액의 부피를 조절하며 액체의 삼투압, 산염기의 균형, 전해질의 농도 그리고 독소의 제거에 관여하는 주요 해독기관이다.

혈압 조절도 신장에서 이루어지는데, 직접 감지하지는 않지만 정기적인 혈압 조절은 전적으로 신장에 의해 이루어진다. 이때 혈압 조절 과정에는

• 양철학, 《생화학: 생명과학의 기초》, 자유아카데미, 2009, p115

크기가 혈장의 소디윰 농도에 의해서 좌우되는 세포외부 액체저장소의 유지를 통하여 관리된다. 호르몬인 알데스테론이 증가하면 세포외부 액체보관 장소를 팽창시키고 소금의 재흡수를 증가시켜 세포막 용액 저장실을 확장하고 혈압을 증가시킨다고 한다. 반대로 호르몬 레닌의 수준이 낮아지면 엔지오텐신 II와 알도스테론 수준이 감소하여 세포 밖 액체저장소를 수축해 혈압을 감소시킨다.

신장은 신진대사과정에 생성된 다양한 폐기물을 소변으로 배출시키는 중요한 기능을 수행한다. 신장의 미세구조 기능성 단위를 네프런(nephron)이라고 하며, 주요 기능은 여과를 통한 혈액의 공급, 재흡수, 분비, 배출과 같은 과정을 거쳐 소변을 생성하는 것이다. 소변에는 질소화합물과 여러 폐기물질이 포함되고, 단백질의 붕괴로 인한 뇨산과 여러 다양한 호르몬, 에리스로포이에틴, 칼시트리올, 그리고 레닌을 배설한다. 신장은 하루에 180리터의 여과물을 만들고, 이러한 과정은 미세벽에서 나타나는 압력에 의해서 정수 여과되는 것으로 알려져 있다. 신장에 들어온 혈액 부피의 1/5은 사구체에서 여과시키며, 재흡수되는 용질이 없는 물, 소듐, 중탄산염, 글루코오스 및 아미노산들은 다시 흡수한다. 신장을 구성하는 단위체에서는 비타민 D의 전구체물질을 그 활성구조인 칼시트리올로 변경시키고, 에리스로포이에틴 같은 호르몬을 합성하기도 한다. 신장에서 합성된 레닌은 단백질 분해효소로 혈압상승물질인 엔지오텐신을 조절하고 알도스테론의 수준을 조절한다. 활성화된 비타민 D인 칼시트리올은 장에서 칼시윰의 흡수와 신장에서 인산을 재흡수하는 기능을 자극하여 수행하고 있다.

신장에서 재흡수하는 과정에서 초 여과된 분자가 운반되어 주변 모세관으로 모이는데, 이는 주로 발광체 세포막의 선택적인 수용체에 의해서 이루어진다. 물은 기저부의 작은 관에서 물의 55%가 재흡수되고, 정상혈장 수준의 글루코오스는 기저부 관에서 완전히 재흡수되며 Na^+/글루코오스가 상호 운송하는 역할을 수행한다. 혈장의 글루코스가 350mg/dL이 되면 운송자는 완전히 포화되고 글루코오스를 소변으로 상실하게 된다. 보통 혈장의 글루코오스의 수준이 대략 160mg/dL가 될 때까지 글루코오스가 충분히 허용되며, 따라서 임상에서 당뇨 증세의 평가에 대한 중요한 실마리가 된다.

신장과 폐, 이 두 기관의 체계는 pH를 비교적 안정한 값으로 유지하는 산염기 항상성 유지에 관여하고, 폐는 탄산가스의 농도를 조절함으로써 산염기 조절에 관여한다. 그래서 신장은 산 염기 균형을 유지하는 신체에서 두 가지 대단히 중요한 역할을 하고 있다. 하나는 소변에서 중탄산염의 재흡수와 재생산에 관여하는 것이고, 다른 하나는 수소이온을 배출하고 산을 소변에 보내는 기능을 수행하는 것이다. 이때 삼투압이 증가하면 호르몬에서 항 이뇨성 호르몬(ADH)을 분비하고, 그 대신 신장에서 물을 재흡수하여 소변의 농도를 증가시킨다. 이 두 개의 인자가 서로 협조하여 혈장의 삼투압을 항상 정상이 되도록 유지시킨다.

4 암의 발생원인과 예방 및 치료

암의 발생원인 및 암세포의 특성

현재 의과학 분야에서 대부분의 과학자가 가장 심혈을 기울여 연구하고 있는 분야는 암의 퇴치와 관련된 연구들이다. 현시점에서 암은 정확한 진단에 따라 조기에 발견하면 수술이나 약물치료를 통해 완벽하게 치유가 가능한 질병이다. 그래서 정기검진은 대단히 효과적인 예방법이다. 다행히 우리나라는 모든 국민에게 정기검진을 실시하는 몇 안 되는 국가로 국민건강에 큰 혜택을 준다. 암은 다른 질병과 달리 치유과정이 길고 비용이 많이 들기는 하지만 과학적인 치유 방법을 선택하면 완쾌될 수 있다. 만약 암이 확정되었는데 조급한 나머지 비합리적이고 과학적 근거가 없는 치유 수단을 택한다면 결과적으로 치료 시기를 놓쳐 치명적인 결과를 초래할 수도 있다. 2020년 통계청에서 발표한 보고에 따르면 국내에서 암으로 인한 사망자 중에서 폐암이 가장 다수를 차지하고, 남성은 폐암, 간암 순서로, 여성은 폐암, 대장암, 췌장암의 순서로 나타났다. 2020년 암 사망률은 남성이 여성보다 1.6배나 높았다. 흥미로운 사실은 지난 30년간 암 환자들의 통계를 살펴보면 한국인의 암은 10~20년의 격차를 두고 미국인 암 발생의 형태를 비슷하게 따라가는 특징을 가지고 있다는 점이다. 위나 대장암 환자는 줄면서 유방암, 췌장암, 신장암의 환자가 늘어나는 까닭은 경제적으로 여유가 생기면서 서구식 식사인 지방의 섭취가 현저히 늘어났기 때문으로 추측된다.

암의 가장 보편적인 타입을 암종(carcinoma)이라 하며, 폐, 대장, 간, 위, 유방 등의 신체의 내부나 표면에서 일어나는 가장 흔한 암이 여기에 속한다. 한편 뼈, 관절, 지방, 연결조직 그리고 근육 등의 신체를 지탱하는 조직에 나타나는 암을 육종(sarcoma)이라고 하며 일반 암과 구별한다. 또한 림프종(lymphoma)은 신체의 면역조직과 림프절에 발생하는 암이고, 백혈병(leukemia)은 골수에서 자라고 혈액에 많은 수가 축적된 미성숙된 혈액세포의 암이다. 생명과학자나 의사들은 암종, 육종, 림프종, 백혈병 등 4가지 다른 유형의 암들을 구별하기 위하여 독특한 이름들을 사용한다. 일반적으로 이러한 이름들은 관련되는 세포 유형을 나타낼 수 있도록 접두어를 사용하여 표기하고 있다. 예를 들면 골(osteo)이라는 접두어는 뼈에서 발생하는 암인 골육종(osteosarcoma)에 사용한다. 마찬가지로, 선(gland)을 의미하는 아데노(adeno)는 선세포에서 발생하는 암으로 선암종(adenocarcinoma)이라 부른다. 유방(선)암(breast adenocarcinoma)도 같은 유형의 암이다.

세포의 측면에서 정상세포는 새로운 세포의 성장과 노후세포의 사멸이 균형을 이루고 있는 상태이나, 암 세포에서는 이러한 균형이 파괴된 상태이다. 그래서 암의 발생은 정상세포의 성장 조절 능력이 상실된 상태를 말한다. 노후되거나 손상된 세포가 정상적이고 자발적으로 파괴되는 세포의 사멸에 문제가 발생해도 암세포가 만들어진다. 이렇게 암은 유전자의 돌연변이나 기능의 상실로 오랜 기간 축적되어 발전하기 때문에 처음 원인이 발생한 지 10~20년이 지난 중년 이후에 주로 나타난다. 정상세포와 암세포의 차이점을 간단히 말해보자면, 정상세포는 일정 기간 분열하다 사멸하지만 유전자의 돌연변이로 발생한 암세포는 영양이 공급되는 한 무한증식한다는 특징을 가진다. 정상세포는 다른 세포에 접촉하게 되면 분열이 자동적으로 중지되나, 암세포는 이를 무시하고 계속 증식한다(그림 6-1). 암을 예

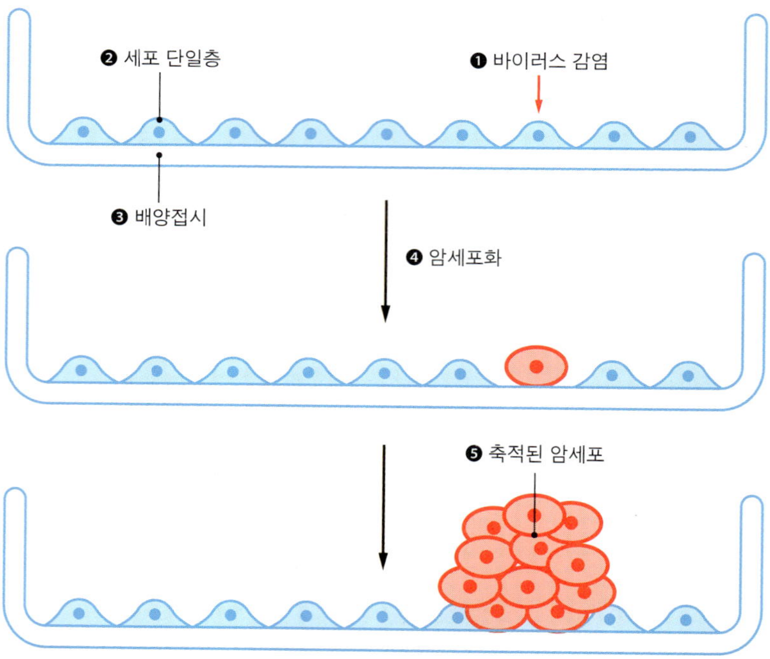

그림 6-1 정상세포는 접시 내부에 가득 차면 성장이 멈추는 반면, 암세포는 계속 성장하여 큰 덩어리를 만들 수 있다.

방하기 위해서는 발암성 원인성분에 노출을 최소화하는 식으로 사전에 예방하는 것이 가장 중요하다.

암세포는 정상세포보다 과도한 세포분열을 하여 종양을 일으키므로 과학자들은 세포주기에 관심을 기울이기 시작하였다. 2001년 미국의 생물학자 하트웰(Leland H. Hartwell), 영국의 암 연구학자 너스(Paul M. Nurse) 그리고 헌트(Timothy Hunt)는 세포분열 주기를 조절하는 수단으로 싸이클린, 싸이클린 의존성 인산화효소 등 여러 단백질을 발견한 업적으로 노벨생리의학상을 수상하게 되었다. 싸이클린에 좌우되는 인산화 효소(CDK)가 너무 활성화되면 세포분열이 촉진되고 암세포로 발전한다. 그래서 싸이클린에 좌우되는 인산화효소(CDK)를 억제하는 화학물질이 항암제가 될 수 있으므로, 항암제 연구의 새로운 암 억제제를 탐색하는 목표물질로 사용 가능하다.

암세포의 또 다른 특징은 전이하여 여러 기관으로 침투한다는 것이다. 암세포는 쉽게 분리되어 혈액이나 림프절을 통해 상당히 멀리 떨어진 기관에까지 침범하여 전이되는 특징을 가지므로 암은 다른 질병에 비해 치료가 훨씬 어렵고 결국에는 사망에 이르고 만다. 침윤이나 전이에 의해서 전파되지 않은 종양을 양성종양(benign)이라 하고 침윤이나 전이에 의해서 전파가 가능한 종양을 악성종양(malignant)이라고 하는데, 암은 악성종양에 해당한다. 인체에 발생하는 암은 200여 가지나 될뿐더러 암 환자의 20%는 사망하기 때문에 위험한 질병이다. 전이과정에서 암세포는 혈장에 부착하여 안전하게 이동한다(그림 6-2). 이렇게 혈장에 붙어있는 암 세포는 정맥의 큰 관에 접근, 우심방의 심장을 통해 이동하고, 폐를 통과해 동맥으로 순환된다. 폐에 도달한 암세포는 동맥의 순환기를 통하여 신체 각 조직, 유방, 근육, 피부, 뇌 그리고 신장에 분산 이동할 수 있다. 암세포는 비장(지라)이나

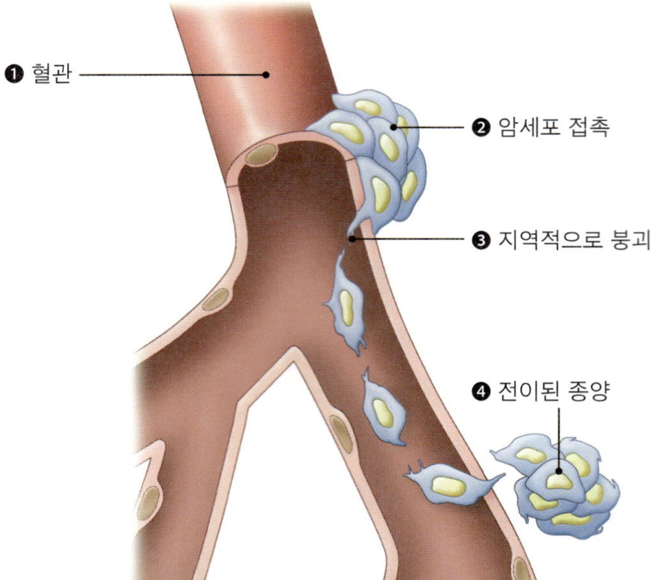

그림 6-2 암의 전이 암세포는 혈관을 통하여 이동하다 특정 지역에서 혈관의 내피세포를 밀어내고 기저막을 파괴하여 혈관 외부로 배출된다. 이렇게 배출된 암세포는 그 지역에 침유되고 적착되어 주위를 암세포화 한다.

소화관을 통과한 다음 문맥을 통하여 간으로 이동하고, 다시 심장을 통하여 이동되어 특정지역에 침착하게 된다.

암은 종류에 따른 전이 현상이 다르게 나타난다. 유방암의 경우 신체의 여러 조직에 전이되어 뇌, 간, 골격, 폐 등에 암을 일으킨다. 유방암은 유선을 통해 뼈암으로 시작하여 지역의 골조직을 녹이고, 결과적으로 통증이 나타나면서 골격구조의 붕괴를 가져온다. 전립선암의 경우 가끔 뼈암으로 발전하는데, 반면에 대장암은 주로 간에 새로운 암을 형성하게 된다. 암이 치명적인 질병인 이유는 암세포의 전이가 신체 전체를 황폐화시키기 때문이다. 뇌에서의 전이는 중추신경계를 빠르게 훼손하며, 반면에 폐나 간의 암세포는 이 기관의 주된 기능을 파괴하여 생명을 위협한다.

암을 일으키는 화학물질

발암물질은 생명의 유지과정을 간섭하거나 세포의 성장조절을 불가능하게 하여 세포가 지속적으로 분열되도록 유도하고 최종적으로 종양을 형성하도록 한다. 유전성 독성은 DNA에 부착하여 비가역적으로 유전자의 손상 또는 돌연변이를 일으켜 암을 일으키는 발암물질을 말한다. 지금까지 동물실험에서 확인된 발암성 화학물질의 수는 1,500여 종에 이르며, 이들은 체세포의 유전체에 돌연변이를 일으켜 정상세포를 암세포화 시킨다. 그중 방향족 탄화수소화합물로 7,12-다이메틸 벤즈[α]-안트라센(DMBA)이나 벤조피렌은 담배 연기나 자동차 매연에 미량 존재하는 것으로 알려진 발암성 화합물이다. 방향족 아민류나 관련 니트로화합물인 4-아미노 비페닐, 2-나프틸아민 그리고 벤지딘(색소염료)은 방광암의 원인 물질이다. 또한 방향족 아조화합물인 다이 메틸아미노아조벤젠(DAB), 3-메톡시-4-아미노아조벤젠은 간암의 원인 물질이다. 지방족화합물, 특히 N-니트로소 화합물이나 사염화탄소, 둘신, 아자세린, 다이에틸 스틸베스톨, 우레탄 등은 폐암, 림프종 및 간암을 유발한다. 현재 사염화탄소는 발암물질로 실험실에서 사용이 금지되어 있다.

또한 독성이 강한 N-니트로소 화합물 중 N-나이트로소 부틸아민(방광암), N-나이트로소 다이메틸아민(간암), 나이트로소 메틸유리아(폐암, 림프종) 그리고 위암을 일으키는 강한 돌연변이 물질 N-메틸-N‘-나이트로-N-나이트로소 구아니딘(MNNG) 등이 있다. 무기화합물 중에서는 비소, 카드뮴, 크롬, 니켈, 납, 베릴륨, 석면이 발암물질로 알려졌다. 유기 할로겐 화합물인 벤젠 핵사클로라이드(BHC), 알드린, 폴리클로로르벤젠(PCB) 같은 살충제나 농약 등도 간암을 일으킨다. 천연물질인 곰팡이 중 아플라톡신은 간암을 일으킨다.

암은 지역에 따라 발생의 원인 물질이 다르게 나타난다. 이는 주위 환경이나 지속적으로 같은 음식물을 섭취하는 습관에 따라 나타난 차이점이기도 하다. 이렇게 지역에 따라 그 빈도가 다르게 나타나는 특정 암의 발생 원인을 규명하기 위해 지역의 생활습성을 조사하는 방법으로 역학적인 연구가 수행되었다. 그동안의 연구 결과로 지역마다 다른 빈도로 암이 발생한다는 사실이 밝혀졌다. 유전적 또는 환경적인 요인들과의 관계를 오랜 기간의 조사를 통하여 알아보기도 했다. 일본에서 대장암의 발생 빈도는 적게 나타나나 위암의 발생 빈도가 높게 나타나고, 미국에 이민 온 일본인 가족에서 이 차이점은 점차 사라졌다. 한 지역에서 다른 지역으로 이민을 가면 특정한 암 발생 비율에 현저한 차이가 나타난다는 사실을 발견함으로써 지역적인 환경과 위치가 암 발생의 큰 요인임을 확인하게 된 것이다. 이때 암으로 발전하는 위험의 정도는 유전적인 것보다 식문화 또는 주변 환경의 요인으로 특정 지역에서 지배적이라는 사실이 밝혀졌다. 한 지역에 오래 정착한 사람들의 음식 기호성이 세대가 바뀌면서 변화하고, 이러한 생활습성이 특정 암의 빈도를 높인다는 사실을 발견한 것이다.

많은 여러 암의 유발 요인 중 흡연은 공통적으로 여러 나라의 국민건강에 가장 큰 피해를 주고 있다. 흡연은 폐암의 주된 원인이며 구강암, 후두암, 기관지암, 위암, 췌장암, 신장암, 그리고 방광암의 원인이 되기도 한다.

최근의 통계에 의하면, 흡연은 적어도 암으로 사망하는 사람 3명 중 한 명 꼴로 가장 큰 사망의 원인이 된다. 다른 형태의 담배, 시가, 파이프 흡연, 연기 없는 도바코도 구강암의 발병 원인이다. 흡연으로 사람에게 암을 일으키는 화학물질들로는 아미노 스틸벤 이외에도 28가지의 화학물질이 밝혀졌다.

어떤 원자는 스스로 방사선을 발생하여 공간을 통해 진행할 수 있는 높은 강도의 에너지를 갖는다. 이런 방사선에 지속적으로 노출되면 암이 유발된다. 강한 햇빛은 낮은 강도의 방사선이지만 태양의 자외선도 오래 쬐면 피부암이 생긴다. 강한 직사광선을 피하고 자외선 방지용 로션을 사용하여 자외선의 조사를 줄이면 피부암을 예방하는 효과를 얻을 수 있다. X선이나 방사성 동위원소가 방출하는 강한 방사선은 암의 발병률을 높인다. 이 두 타입의 방사선은 자외선보다 강하며 의류나 피부에 침투해 신체 내부 조직의 발암 요인이 된다. 고강도 방사선의 암 유발 능력으로 나타난 여러 가지 예로는 원자력 발전소의 붕괴로 누출된 방사선의 조사, 원자탄의 낙진 또는 방사선물질의 과잉조사 등이 있다. 이들 고에너지 자외선은 DNA의 구조를 변형시켜 정상세포를 암세포로 만든다.

서양에서 육가공 시 부패 방지에 사용되는 아질산(HNO_2)은 우리 몸에서 DNA 염기의 아미노기를 제거하고, 동시에 변형된 염기는 수소결합능력의 변화로 유전정보가 잘못된 염기의 순서를 갖게 만든다. 고기와 함께 섭취할 때 우리의 DNA를 손상할 가능성이 있는데도 아직 아질산을 사용하는 이유는 이만큼 값싼 부배 방지용 대체물질이 없기 때문이라고 하며, 고기를 구워 먹을 때도 아미노산의 산화로 아질산이 얻어진다고 한다.

암 발생 원인 물질 중 환경에 의해 만들어진 오염물질 속에 들어있는 여러 작용으로 실제 암의 주범이 되는 경우도 있다. 공장의 배기가스를 비롯해서 여러 화학물질은 폐암의 직접적인 원인이다. 환경오염 물질은 기침, 두통처럼 생체에 미약한 영향을 미치는 것으로 시작하여 일정 기간이 경과하면 암이나 장애아 출산으로 이어진다. 오랫동안 지속적으로 환경오염에 노출되면 생체 유전자에 돌연변이를 유발하여 변형되고 암이 유발된다. 특히 우리나라에서 문제가 되는 황사에도 여러 발암물질이 들어있다.

발암성 물질(carcinogen)은 오랜 기간 여러 단계의 유전적인 돌연변이의 다단계 변형 과정을 거쳐 세포분화를 촉진한다. 발암성 물질에 노출되고 정상세포가 암세포화하는 데 수십 년의 경과 기간이 필요하다. 젊은이가 담배를 흡연하게 되면 발암물질에 노출되고 일반적으로 20~30년 후에 암으로 나타난다. 이렇게 질병의 정착과정 기간을 지체 시간(lag time)이라고 한다. 발암성 화학물질은 우리 세포 내의 유전자 중에서 특정 지역을 손상시키고, 손상된 DNA가 우연히 세포의 성장조절에 관여하는 원 발암성 유전자의 일부분에 문제가 발생하면 여러 단계의 변형을 통하여 암세포로 발전한다(그림 6-3).

호주의 병리학자 마샬(Barry J. Marshall)과 워렌(J. Robin Warren)은 암을 일으키는 바이러스 헬리코박타 파이로리를 발견한 공로로 2005년 노벨생리의학상을 수상하였다. 이 박테리아 헬리코박타 파이로리가 위벽에 상처를 유발하여 감염된 사람은 위암으로 발전될 위험이 증가한다고 알려졌다. 위암의 발생 원인은 아직도 연구 중이다. 독일의 미생물학자 하우센(Harold Zur Hausen)은 대략 100여 가지의 사람의 파필로마파이러스 중에서 암의 발생에 관여하는 16개의 변종바이러스를 발견한 공로로 2008년 노벨생리의학상을 수상하였다. 변종 바이러스를 사용하여 곧바로 파필로마바이러

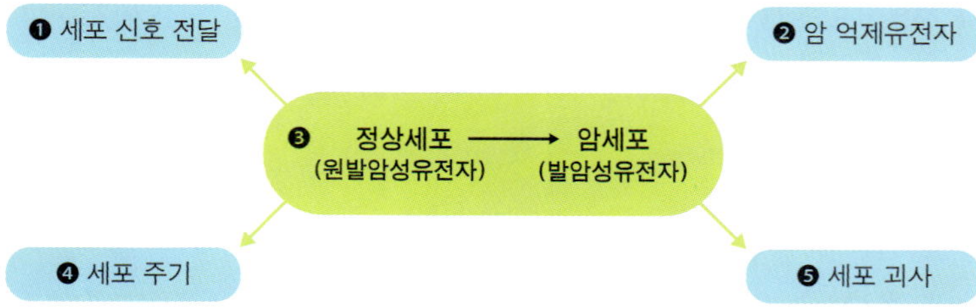

그림 6-3 암의 발생과정 요약 세포의 성장조절을 담당하는 원 발암성 유전자가 발암인자의 장기간 노출로 돌연변이 되어 발암성 유전자로 바뀌면 암세포로 발전한다. 이 과정에서 암세포로 전환을 제어하는 암 억제 유전자가 기능을 상실하면 정상세포는 암세포로 정착한다. 정상 유전자가 암 유전자로 변경되는 과정에서 세포주기는 잘못된 유전자를 원상태로 복구하는 작업을 수행하고 필요에 따라 세포를 죽게 하는데, 이 과정이 제대로 기능하지 못하면 역시 원 발암성 유전자는 발암성 유전자가 되어 정상세포가 암세포로 바뀌게 된다.

스(HPV) 백신이 만들어졌고, 자궁경부암은 백신의 예방접종을 받으면 암에 걸리지 않게 되었다.

또한 바이러스는 암 중에서 실제로 몇 종의 암 발생의 직접 원인이 되고 있다. 간암, 특정 림프암, 혈액암, 자궁암, 위암, 육종 등이 그 예이다. 사람끼리 암이 전파되는 경우는 감염성바이러스에서 아주 일부를 차지한다. 간암의 원인인 간염바이러스는 주로 술잔을 통하여 다른 사람에게 전염되고 있다. 자궁암은 다중의 성관계로 파필로마 바이러스(HPV) 감염으로 발생한다. 카포시 육종은 사람의 면역 결핍 바이러스 때문이며 피부의 혈관에 나타나는 악성종양이다.

또한 화학물질이나 방사선 외에도 스트레스는 암의 유발 원인으로, 통계적으로도 성격이 소심하며 스트레스에 저항력이 적은 사람의 암 발병률이 높다. 실제로 필자가 현직에서 암 연구를 하면서 겪은 경험으로, 평소 스트레스를 많이 받았던 소심한 성격의 동료들이 모두 암으로 세상을 떠나게 된 것을 볼 수 있었다. 지속적인 심각한 스트레스는 호르몬의 분비 같은 생체조절체계에 큰 변화를 초래하고 신진대사 및 유전자에 영향을 준다. 아직 분명하게 증명된 연구 결과는 없으나 스트레스는 암의 초기 유발요인이라고 말할 수 있다. 일상에서 관찰된 암으로 생명을 잃은 사람 중에서 유별나게 매사에 민감하고, 스트레스에 취약한 중년 이상의 사람이 많았다. 이러한 사실을 과학적으로 증명하기는 힘들지만 스트레스는 암 발생의 간접적인 영향임을 누구도 부인하지 않는다. 최근 역학조사에서 직종별로 암에 걸릴 확률이 다르게 나타난다는 보고가 있으며, 스트레스를 더 많이 받는 직종에 종사할수록 실제로 암 발병률이 높다는 통계 결과가 보고되었다.

암의 발생 및 억제유전자

지금까지 살펴본 암 발생에 관한 여러 연구 결과들을 정리하여 보자. 암세포는 세포를 분열하는 조절 메커니즘에 문제가 발생하여 무한정한 분열을 하게 되고, 주위의 세포에 영향을 주어 자체를 파멸에 이르게 한다는 점에서 정상세포와 차별화된다. 이러한 측면에서 볼 때 암의 원인을 밝히는 연구는 세포성장 분열의 조절에 관한 현상을 잘 이해함으로써 구명될 수 있을 것이다. 예를 들면 세포배양 시 정상세포는 자라서 서로 접촉할 때까지 성장하고 그 이상은 자라지 않는다. 분열은 20~50번까지 나타났다가 그 이상으로는 분열하지 않으며, 세포는 결국 죽게 된다. 그러나 암세포를 배양하면 <그림 6-1>에서처럼 세포의 접촉에 의해 분열이 중단되지 않고, 위아래로 층을 이루어 자라서 차곡차곡 쌓이는 특성을 갖는다.

암이 유발되는 원인은 정상유전자에 돌연변이를 일으키는 돌연변이 유발물질(mutagen) 또는 DNA를 손상시켜 암으로 발전시키는 발암물질(carcinogen)이 여러 복잡한 과정을 거쳐 정상유전자를 발암성 유전자로 변화시키기 때문이다(그림 6-3). 다시 말해서 암은 발암물질이나 유전자를 돌연변이 시키는 원인으로 인해 정상적으로 세포 성장조절을 담당하는 원발암성 유전자(proto-oncogene)가 발암성 유전자(oncogene)로 돌연변이되고, 세포의 성장 조절에 문제를 일으켜 발생하는 질병이다. 또 발암억제 유전자의 기능 상실로 인한 세포의 암화억제 기능 실패로 나타나거나, 돌연변이된 유전자의 손상을 수선하는 과정의 세포주기에 문제가 발생하여 암세포가 만들어지기도 한다(그림 6-3)*.

사람을 포함한 많은 생물체에서 발견된 원발암성 유전자가 활성화 되어 발암성 유전자가 되는 현상은 1976년 미국의 미생물학자 비숍(Michael J. Bishop)과 바머스(Harold E. Varmus)에 의해서 처음 발견되었다. 이들은 1989년 발암성 유전자를 발견한 업적으로 노벨생리의학상을 수상하였다. 그 후 수많은 과학자들은 사람 및 여러 종류의 동물의 암 조직에서 또 암세포의 DNA에서 세포 내부의 이입을 통하여 활성화된 암 유전자를 발견할 수 있게 되었다. 유전자의 이입(gene transfer)으로 활성화된 암 유전자들로는 ras계에서 H-ras, K-ras, N-ras가 있고 또 위암의 hst, 간암의 lct 유전자가 알려져 있다**.

세포에서 기능하는 유전자 산물이 잘못되어 암을 일으키는 유전자를 원

* Chial H., Nature Education 1(1), 2008
** Czernilosky A.P. et al., Nature 287(5779), 1980, 198-203

발암성 유전자라 하고, 원 발암성 유전자가 가진 정보에 따라 만들어진 대부분의 단백질은 (1) 세포 성장인자 및 조절인자 (2) 수용체 단백질과 내부 조절 단백질 (3) 여러 신호전달 인산화 효소 (4) 핵 내부의 전사활성 단백질들로 구성된다. 그동안 이루어진 암 발생 연구에서 가장 획기적인 연구성과 중 하나는 수많은 과학자들이 세포의 성장 및 분화과정의 신호전달체계의 연속적인 신호 흐름을 설명할 수 있는 체계도를 완성하게 된 것이다. 최근 혈액암(글리백), 폐암(아이레사)의 항암치료제는 세포의 성장 신호가 전달되는 단계에서 효소의 기능을 억제하는 방해제들로, 이제까지 없었던 강력하고 부작용이 거의 없는 치료제이다. 그래서 발암성 유전자가 만드는 여러 단계의 물질을 살펴보면 암이 발생하는 구체적인 원인들을 이해할 수 있고, 여러 가지 항암제 개발에 필요한 목표물질로 사용하여 항암제를 개발할 수 있게 되었다.

세포성장의 신호전달 과정 중 세포 외부에서 전달되는 신호 또는 신호체계에 문제가 발생하면 스스로 만든 신호물질이 지속적으로 세포 분열을 유도하여 억제 불가능한 상태가 되는데, 이때 암세포가 만들어진다. 세포의 성장인자로 세포표피 성장인자(EGF)는 피부에 상처가 났을 때 세포 내부에 신호를 전달하여 근처의 피부를 재생시키는 역할을 한다. 이때 상피 성장인자는 세포막의 성장인자 수용체와 결합하고 활성화된 수용체는 성장의 신호경로를 통하여 내부에 전달된다. 수용체에서 전달된 신호는 수용체 내부의 지역을 인산화하고 근접해 있는 단백질을 인산화하며 바로 근접한 Sos 단백질에 보내어 세포의 안쪽 표면에 닻을 내리고 있는 Ras 단백질을 활성화시킨다. 이렇게 장암세포에서 Ras 유전자가 변형되어 암 유발 Ras로 바뀌면, 세포가 조절 못하는 성장을 지속하게 되어 장암이 형성된다고 알려졌다[•].

다음 단계의 원발암성 유전자가 만드는 신호를 전달받은 수용체 단백질은 세포내벽 바로 근처의 다음 신호전달 단백질을 인산화하는 방법으로 신호를 전달한다. 신호는 수용체가 접수하고 곧 세포 내부에서 인산화 반응의 화학적인 신호를 거쳐 여러 단계로 증폭된다. 핵 내부에서 세포주기를 관장하는 단백질의 인산화는 마치 자동차의 엑셀 같은 기능으로 신호를 급격히 증폭시켜 세포분열을 계속 촉진하는 기능을 수행한다. 세포 내부의 경로를 거쳐 핵 내부에서는 전사활성인자를 활성화시키고, 증폭된 전사에 의해 많은 전령 RNA를 만들어 세포의 성장 및 분화에 필요한 단백질을 단기간에 충분히 만들어낸다.

이렇게 세포 내부로 전달된 세포성장 신호는 초기에는 주로 세포 안쪽 벽에 부착되어 있는 여러 단백질(G-단백질)에 GTP가 결합하고, 가수분해효소의 활성화로 GTP가 GDP로 가수분해된다. 이와 같은 신호전달 G-단백질은 적은 분자량으로 대장암의 원인 유전자인 Ras 발암성 유전자가 여기에 속한다. 대장암의 경우 Smg 유전자의 활성으로 GTP 가수분해효소의 활성을 조절하며, 이 유전자의 잘못으로 정상세포가 암세포가 되기도 한다.

마지막 단계로 세포핵 내부에서 신호를 전달시키는 단백질은 대부분 전사활성인자들로, DNA에서 RNA가 만들어지는 전사단계의 활성화에 기능한다. 세포의 성장 분화와 관련되는 대표적인 암 관련 전사 활성인자로 c-myc, L-myc, N-myc, c-Jun, c-fos 등이 있다. 이들 전사인자는 세포의 성장 분화의 유전자들의 발현을 촉진하여 정상세포를 암세포로 변동시킨다. 그

• Bos JL., Cancer Research 49(17), 1989, 4682-4689

동안 암의 발생 원인을 모르는 경우, 특정 암세포의 핵에서 어떤 전사활성 인자가 유난히 많이 만들어지는지를 조사하였다. 특히 위암 세포나 백혈병, 폐암, 간암 세포에서 c-myc이 유별나게 많은 양이 만들어진다고 알려졌다. 이러한 암세포화의 모든 과정은 특정 암을 치료하는 항암제를 개발하는 데 중요한 정보를 준다•.

사람의 발암성 유전자를 발견하기까지의 초기 역사를 살펴보면 대단히 흥미롭다. 미국의 미생물학자 페이톤 로스(Payton Rous)는 닭에서 발견한 레트로바이러스에서 암을 일으키는 바이러스성 유전자와의 관계를 유추하였다. 닭의 육종암을 일으키는 원인 바이러스는 정상세포를 암세포로 변형시키는 능력을 가진 레트로바이러스의 유전자 사크(Src)임이 확인되었다. 이러한 바이러스성 암유전자는 세포에 감염된 레트로바이러스가 RNA 정보를 DNA로 전달하는 역전사 과정에서 세포가 가지고 있던 유전자를 바이러스에 옮겼기에 만들어진다. 연구 과정에서 모든 바이러스성 암유전자가 정상세포에 존재함을 알게 되었으며, 정상적인 상태에서 세포를 암세포로 변형시키는 능력은 없으나 이 유전자가 바이러스에 옮겨지면 발암 능력을 가진다는 사실이 밝혀졌다. 이는 바이러스에 옮겨지는 과정에서 유전자가 변이를 일으켜 활성화되기 때문이다.

포유동물의 세포는 낮은 빈도이긴 하지만 외부 DNA를 흡수하는 능력을 가진다. 바이러스 등으로부터 흡수된 DNA의 일부는 세포 내부의 DNA의 사슬에 유입되어 새로운 형질의 전환을 일으키게 된다. 1982년 미국 MIT 대학의 와인버그(Robert Weinberg)는 인체의 방광암 세포의 DNA를 마우스

• Felher DW. Bishop JM, Molecular Cells 4(2), 1999, 199-207

의 섬유아세포인 NIN/3T3 세포에 유입시키는 데 성공하였다. 이러한 방법으로 세포에서 암으로 변형시키는 발암성 유전자를 확인할 수 있게 되었다. 이 연구성과는 암을 유발하는 사람유전자를 처음으로 발견한 것으로, 암 연구의 기폭제 역할을 하게 되었다. 와인버그가 발견한 사람의 암유전자는 바이러스성 유전자인 H-ras의 세포 안에 있는 대응유전자이며, 레트로바이러스의 연구로 이미 세상에 알려진 세포에 존재하는 암 유전자이다••.

세포에 종양의 생성을 억제하는 유전자가 있다는 사실은 정상세포와 종양세포를 서로 융합시켜 비종양성 혼성세포를 제작하는 헤리스(Herney Harris)의 실험에서 밝혀졌다. 이 실험과정에서 헤리스는 정상세포에 유전자가 종양세포를 만들어내지 않도록 억제하는 능력이 있음을 발견하였다. 이러한 연구 결과로 종양세포의 발생을 억제하는 유전자의 존재 가능성을 제시할 수 있게 되었다(그림 6-3). 그 후 미국의 분자생물학자 아놀드 레빈(Armold Levin)과 모세 오웬(Mose Owen) 은 1979년 바이러스 SV40로 형질전환된 세포에서 SV40 T 항원과 결합하는 53kDa의 단백질을 발견하였다. 관찰 결과 이 단백질은 정상적인 세포에서는 적게 발현되나 돌연변이된 형질전환세포에서는 발현이 증가하였다. 이렇게 증가한 p53이 형질전환과 관련된다는 사실이 확인되어 이를 암과 관련된 유전자로 생각하게 되었다. 이어서 형질전환을 유발한 초기의 p53을 유전자 재조합시키고 이 유전자가 야생형이 아니라 돌연변이 유전자임을 발견하였으며 1989년 p53을 암 억제 유전자로 명명하였다•••.

•• Shih, C. Weinberg, RA., Cell. 29(1), 1982, 161-169

••• Levin AJ. Lane DP. eds, Cold Spring Harbor Lab. Press., 2010

여성은 사춘기, 임신, 수유 중일 때 여성호르몬의 작용으로 단백질 생산이 활성화되어 과잉 생산된다. 암세포 세포생물학자인 와인버그(Robert Weinberg)는 정상적으로 일정 기간이 지나면 활성이 소멸해야 하는데, 유전자의 변이 때문에 비정상적으로 많은 수용체를 생성하여 암이 유발된다는 사실을 관찰하였다. 다시 말해서 종양억제 유전자의 변이로 유방암 환자의 30%, 난소암 환자의 20%가 수용체를 과량 생산한다는 사실을 확인하였다. 최근에는 이 수용체의 기능을 차단하는 단백질을 단일항체로 만든 유방암 치료제로 허셉틴(herceptin)이 개발되었다.

암 억제 유전자 p53의 중요한 역할은 신진대사의 불규칙한 유전체의 손상을 확인하여 세포 내에 정상적인 자살 프로그램을 작동시키는 신호를 보내는 결정을 하는 것이다. 그래서 세포의 지속적인 성장과 분열기구를 제거하고, 유기체의 건강과 생명유지에 대한 위협에 대처한다. 실제 세포사멸과 암 억제 유전자 p53의 활성화 신호와의 관계를 살펴보면 흥미롭다. 암 연구자들은 p53 종양억제 유전자가 세포를 죽음에 이르게 하는 신호로 기능하는 단백질을 생산한다는 사실을 발견하였다. 만약 DNA가 손상된 세포에서 손상이 수선되지 않으면 p53 단백질은 세포를 죽이도록 유도한다(그림 6-3).

세포생리학적인 스트레스는 p53의 양을 세포에서 신속하게 증가시킨다. 증가한 p53 단백질은 전사 후 변형 과정과 여러 가지 조치를 일으키는 유발효과를 나타낸다. 모든 종양세포에서 p53의 특수경고 신호는 세포의 증식을 억제하고 세포사멸을 자극하는 기능을 한다. 결과적으로 종양억제 유전자가 세포에서 없어지거나 또는 돌연변이로 불활성화되면 정상세포는 암세포로 바뀌게 된다. 사람의 암세포에서는 암 억제유전자 p53의 기능을 억제하는 조절체(Mdm2) 단백질이 과잉 생산됨이 관찰되었다. 그래서 암세포는 p53의 기능을 조절하는 물질이 파괴되어 세포의 자율적인 종양감시 기능이 상실된 상태라고 말할 수 있다(그림 6-3). p53 암 억제 유전자에 돌연변이가 발생하면 세포를 보호하는 기능을 상실하고, 다른 유전자들의 변이를 막지 못해 결국 암을 유발하는 주요 원인이 된다.

사람에서 발견된 여러 암 중에서 p53의 기능 이상으로 발생하는 암은 대장암, 유방암, 폐암, 뇌암, 간암, 방광암 등 50% 이상을 차지한다. 최근 인공지능을 사용하여 암을 퇴치하는 물질의 가능성을 조사하였더니, p53을 가장 가능성 있는 암 치료의 대상으로 선정하였다고 한다. 이는 인공지능은 해결책이 아니며, 현재까지의 기술로는 암을 완전히 퇴치할 수 없으니 더욱 많은 실험연구를 통해 연구성과가 축적되어야 한다는 사실을 말해준다.

병원에서 더 이상 희망이 없다고 판정받은 말기 암 환자가 시골로 내려가 동네 사람들의 권고로 이것저것 먹어 보았더니 암이 깔끔하게 없어졌다고 하는 사례를 가끔 듣곤 한다. 희귀하지만 일어날 수 있는 일이다. 아마 기능하지 못했던 암 억제 유전자가 기능을 되찾음으로써 나타난 현상일 것이다. 아주 적은 확률로 일어나는 일인데, 동네에서 누가 권고한 어떤 약초의 효과라고 착각하게 된다.

암 발생의 예방 및 치료

최근 미국에서 한국계 암 전문 임상의사의 치료과정을 소개한 글에 의하면, 미국에서 암 환자는 자신의 암에 관하여 상당히 깊은 전문지식을 갖추고 있으며 의사가 치료단계에서 약물 투여나 처치 방법을 환자와 상의 없이 처치했다가는 큰 문제가 발생한다고 하였다. 그래서 미국 병원에서는 치료에 관여하는 의사들이 협의하여 결정된 처치내용을 환자에게 통보하고 동의를 구해야 한다고 한다. 암은 생명을 위협하는 심각한 질병이기 때문에 의사와 환자가 밀접하게 의견을 교환하는 과정을 두고 서로 협의하에 치료하는 것이다. 이처럼 이제 선진국의 반열에 오른 우리도 자신이 걸린 암에 대한 지식을 갖추어야 한다고 생각한다. 거기에 이 저서가 도움이 되었으면 한다.

암을 예방하여 불안에서 해방되기 위한 몇 가지 사항을 요약해보자. 먼저 암을 일으키는 여러 요인을 피하는 것이 필수적이다. 화학적인 발암물질의 접촉을 최소화하면 폐암 및 간암을 예방할 수 있다. 우리 체내의 유전자에 영향을 주어 돌연변이를 일으키는 방사선, 자외선, X-선 노출도 가능한 한 방지해야 한다. 고에너지 노출을 줄이면 혈액암과 림프암을 예방할 수 있다. 또한 발암물질이 포함된 기호식품이나 흡연을 방지하여 폐암을 예방한다. 주위 몸을 청결하게 하면 간염 바이러스, 파필로마 바이러스, 헬리코박터 파이로리균 같은 암 유발 바이러스나 박테리아에 감염되지 않도록 하여 간암, 자궁암, 위암을 예방할 수 있다. <표 6-1>에 위에서 언급한 여러 가지 주의해야 할 사항을 정부 기관이 정리하여 교육하기 위한 자료와 함께 참고로 만들어 보았다.

암의 조기 진단은 필수적이다. 현재 건강 보험공단의 지원으로 조기 암 진단을 무료로 실시하고 있으며, 40세 이상 남녀는 2년마다 위내시경 검사, 대장암은 만 50세 이상 1년마다 분별 잠혈검사, 그리고 자궁경부암은 만 20세 이상 2년마다 수행하고 있다. 국내 간암 환자의 75%가 B형 간염바이러스 보유자였는데, 그동안 지속적으로 간염예방접종을 실시한 결과 간암은 감소하는 추세이다.

표 6-1 암의 발생원인 및 대처 방안 비교

원인	보건복지부	국립암센터	미국 암 협회	필자의 안
기호품	1. 담배를 피우지 말고 남이 피우는 연기도 피한다. 2. 술은 하루에 두 잔 이내	–	1. 담배를 피우지 않는다. 2. 과도한 알코올 섭취를 피한다.	1. 절대 금연 2. 술은 적당히 마실 것 3. 커피는 너무 뜨겁지 않게 4. 스트레스 해소
신체 요건	자신의 체격에 맞는 체중 유지	–	–	적정 체중관리
식품	채소와 과일을 충분히 섭취	1. 우유와 된장국 매일 섭취 2. 곰팡이 핀 음식을 먹지 않는다.	지방과 칼로리 과다섭취 금지	1. 탄수화물 줄이기 2. 단백질 비중 높이기 3. 불용성 셀루로오스 섭취
예방 접종	1. 간염예방접종 2. 지침에 따라 조기검진	–	–	1. 정기검진 필수 2. 간염백신, 자궁암 백신 접종
음식물	1. 짜지 않게 2. 탄 음식을 피한다.	1. 영양분을 골고루 균형 있게 먹는다. 2. 편식하지 말고 식단에 매일 변화를 준다.	짜지 않게 먹고 탄 음식을 피한다.	1. 염분이 적고 타지 않은 음식 섭취 2. 동물성지방 대신 생선 섭취 3. 채소를 골고루 섭취
성관계	감염병에 걸리지 않도록 주의	–	–	–
발암성 물질	1. 노출되지 않도록 주의 2. 작업장 안전 수칙 준수	–	1. 노출되지 않도록 주의 2. 작업장 안전 수칙 준수	1. 발암성 화학물질 접촉 금지 2. 바이러스, 박테리아 감염 조심
비타민	–	비타민 A, B, C	–	1. 비타민 B군 섭취 2. 미네랄

에너지선	–	태양광 자외선을 피한다.	태양광 자외선을 피한다.	1. 고강도 방사선 2. 고에너지 피하기 3. 자외선 차단제
생활습관	–	매일 목욕하기	무리하지 않고 적당히 운동	1. 땀 흘리는 운동 2. 무리한 운동은 자제
스트레스	–	스트레스를 피하고 즐거운 마음으로 생활	스트레스를 줄이고 즐거운 마음으로 생활	1. 스트레스 노출 최소화 2. 자기만의 스트레스 해소법 갖기 3. 취미 생활화

최근 미국에서는 산업체의 작업장에서 발생하는 폐기물이 특정 암을 일으킨다고 알려졌다. 광산이나 살충제의 성분인 비소가 폐암, 피부암, 간암을 일으킨다고 한다. 건축 산업의 석면, 도금 산업의 크롬, 광산이나 일부 주택에 발생하는 라돈은 폐암의 원인이 되는 위해물질로 밝혀졌다. 가구산업이나 가죽산업에 날리는 먼지는 비암의 원인이고, 염색이나 폐지에 활용되는 형광염료의 나프틸아민이나 벤조스틸벤은 방광암의 원인물질로 밝혀졌다. 합성 고무인 타이어 분진에 들어있는 비닐클로라이드나 벤젠은 백혈병이나 간암의 원인물질로 보고되었다.

육류섭취와 대장암과의 관계를 살펴보면, 세계에서 육류를 가장 많이 섭취하는 뉴질랜드 주민들의 대장암 발병률이 가장 높다는 조사 결과가 발표되었다. 반면에 고기를 먹지 않는 나이지리아 주민은 대장암에 거의 걸리지 않는다. 그래서 세계 암 재단에서 하루 육류섭취량을 80g 이하로 권장하고 있다. 여기서 잠깐 필자의 생화학적인 견해를 이야기해보겠다. 불용성 섬유를 적게 섭취하면 대장암에 쉽게 걸린다. 간에서 해독되어 오랜 기간 장에 머물며 보호되었던 발암물질이 균에 의해 재활성화되면 발암물질로 기능하기 때문이다. 최근 우리나라의 육류소비량이 서양을 앞선다고 보고되었는데, 20~30년 후에 우리나라의 장암 발병률이 세계에서 가장 높아질까 우려된다.

어떤 저서에서 우리의 주식인 김치가 마치 위암과 관련이 있는 것처럼 기술하고 있으나 여기에는 근거가 없어 보인다. 염장 젓갈류를 섭취하는 동남아시아 사람들이나 우리보다 훨씬 짠 음식을 많이 먹는 서양 사람들의 위암 발병률이 낮은 것으로 보아 상관관계가 거의 없다고 판단한다. 한편 필자의 실험실에서 컬큐민이라는 화학물질의 항암 능력을 조사한 적이 있는데, 인도인들의 위암 발생률이 적은 이유는 컬큐민이 들어 있는 카레를 항상 먹기 때문으로 짐작된다. 또한 커피는 남성의 방광암 발생과 관련이 있다는 기록이 있으며, 뜨거운 커피를 자주 마시면 구강암이나 식도암의 발생률이 상승하리란 것이 필자의 생각이다. 1970년대 미국에서 살구씨가 암 치료에 효과적이라는 말이 돌아 미국 보건 당국이 난색을 표한 적이 있다. 이 때문에 당시 살구씨 추출물 주사를 맞고자 멕시코에 많이 방문하였는데, 후에 과학적으로 근거가 없는 사기행각임이 밝혀졌다.

필자의 경험에 따르면 모든 초기 암의 발병 원인인 스트레스는 가능한 피하여 암에 걸리지 않도록 해야 한다. 따라서 스트레스에 어떻게 대처하는지가 중요한데, 스트레스의 관리는 근본적으로 인내심을 기르는 것이라고 볼 수 있다. 따라서 심성을 착하게 하고 겸손하며 남을 배려하는 자세를 기르도록 권하고 싶다. 이에 더해 가능한 한 이기심을 버리고, 넓은 아량을 가지고 행동하여 주위의 질시를 받지 않도록 하는 식으로 스트레스 요인을 제거해야 한다. 또한 사리판단을 공정하게 하고 체념할 것은 곧바로 포기하는 자세도 필요하다. 악기의 연주나 자기만의 특별한 취미를 가지고 스트레스를 없애는 것도 좋은 방법이다.

만약 암이 분명하다는 진단이 내려지면 의사는 환자의 암이 어떤 타입인지, 진행 속도는 어떠하며 다른 건강한 조직에 진전되었는지를 조사한다. 유방암은 가끔 X-선 사진(mammograms)을 이용해 초기 단계에서 발견이 가능하다. 유방 X-선 조영법은 폐경기 중년여성의 이상 유무를 발견할 수 있는 가장 유용한 방법이다. 그러나 이것만으로 유방암인지 아닌지를 판단하기는 어렵다. 만약 유방 X-선 조영법의 사진에 이상이 나타나면 유방암이 실제로 존재하는지 알아보기 위해 더 정밀한 검사를 실시해야 한다.

대변 잠혈검사(fecal occult blood test)는 대변에 보이지 않을 정도의 양으로 존재하는 혈액을 찾아내어 대장암을 포함한 여러 질병의 증세를 판단할 수 있다. 난소암이나 전립선암에 대해서도 몇 가지 혈액검사가 활발하게 연구되고 있다. 한 가지 예를 들면 전립선 세포에서 만들어지는 전립선 특이항원(prostatic-specific antigen, PSA)이라고 불리는 물질이 특히 암 환자에서 양이 증가함을 발견하였다. 이 전립선 특이항원은 혈액에서 순환되며 간단한 혈액검사를 통해 발견할 수 있다. 암의 존재 여부를 더 정확히 진단하기 위하여 의사들은 현미경으로 암이 침범한 조직의 시료를 관찰하는 조직검사를 시행한다. 현미경 검사는 조직의 작은 부분을 수술로 떼어내어 검사(biopsy)한다. 의사는 현미경 검사를 통해 종양이 실제 존재하는지, 만약 존재한다면 그것이 악성인지 양성인지를 판단한다.

암 조직은 현미경으로 살펴보면 특유의 모양을 나타낸다. 의사가 관찰한 특성 중에는 수많은 분화된 세포, 핵의 크기와 모양의 다양성, 특이한 세포

모양의 결함, 정상 조직의 구성적인 결함, 종양 경계가 불완전하게 생긴 것들이 있다. 이러한 결과를 종합적으로 분석하여 종양의 존재를 확인할 뿐만 아니라 종양이 악성(malignant)인지 양성(benign)인지를 판단한다. 따라서 암의 정확한 진단은 개인병원보다 병리 실험실을 갖춘 종합병원에서 하는 것이 바람직하다. 가능하면 믿을만한 병원에서 한 번 더 해보는 것도 좋은 방법이다. 간혹 부정확한 진단으로 치료 시기를 놓치는 바람에 암세포 덩어리가 손 델 수 없이 커져 사망하는 경우가 있기 때문이다.

암이라는 진단이 나오면 의사는 병이 얼마나 진전되었는지 종양의 시기 결정(tumor staging)을 한다. 종양의 시기는 종양의 크기가 어느 정도인지, 얼마나 멀리 주위 조직에 침범했는지, 다른 지역의 세포에 얼마나 전이되었는지에 따라 결정된다. 중요한 판단 기준은 암세포가 지역 림프절에 전파되었는지이다. 마지막으로 암세포가 다른 지역으로 퍼져 있는지도 중요한 평가 요소이다. 낮은 평가(low grade)는 I 또는 II기로 더 적은 비정상세포의 수를 가지며, 높은 평가(high grade, III~IV기)에서는 높은 수의 비정상 세포의 수를 가지고 환자의 생존율은 훨씬 줄어든다.

최근 항암제의 개발 연구

현재까지 항암제의 연구는 앞에서 기술한 암세포가 발생하는 원인을 근거로 세포의 성장 조절에 관여하는 단백질의 방해제를 탐색하여 많은 성과를 얻었다. 암은 암을 억제하는 유전자 기능의 장애 때문에 발생한다는 원리를 바탕으로 암 억제 유전자의 기능을 회복하는 물질을 찾아 항암제의 능력을 조사하는 연구도 병행되었다. 한편 항암제를 탐색하는 다른 방법으로 세포주기 사멸과 관련 효소 방해제 또는 활성제의 연구가 진행되고 있다. 바이러스가 암세포화의 원인이 되는 몇 가지 암에서 암치료 백신은 이미 상용화되어 있다. 암세포의 형성과정에서는 혈관이 급작스럽게 많이 생성되므로 암세포의 성장을 억제하기 위한 혈관형성 방해제도 사용된다.

2차 대전 후 미국 하버드대학 의과대학의 시드니 파버(Sidney Faber)는 폴산이 백혈병의 환자에게 미치는 영향을 연구하였다. 또한 윌리스(Lucy Willis)는 폴산의 유도체인 아미노프테린과 아메도프테린이 경쟁적으로 폴산합성 효소의 방해 작용을 하는 물질이며 대사과정에서 필수적인 효소를 억제하기에 항암제가 될 수 있음을 밝혀냈다. 이어서 1948년에 급성림프원구 백혈병환자에 폴산 유도체가 효과적임을 발견하였다. 그 후 폴산의 유도체는 악성 세포분열을 방지하고 정상적인 골수 세포기능을 회복시키는 것으로 밝혀졌다•.

뉴욕의 슬로안 케터링 암 센터의 버치널(J. Burchenal)과 파버(Sydney Faber)의 도움으로 메토트렉세이트(methotrexate)의 연구를 통하여 항암 효능을 입증하였다. 또한 미국의 화학자 힛칭스(G. Hitchings)와 엘리온(G. Elion)의 도움으로 유전자의 구성 물질인 퓨린계 유도체인 6-머캅토 퓨린(6-Mercapto-purine, 6-MP)을 합성하여 백혈병 치료에 효과적인 암 치료제를 만들어냈다. 미국 제약회사인 엘라이 릴리(Eli Lilly)사의 천연물연구 팀은 매일초(Medagascal periwinkle)에서 얻은 알칼로이드로 당뇨병 치료제를 찾는 연구 과정을 통해 빈크리스틴(vincristine)을 발견하였으며, 이 물질이 미세소관 생성억제기능을 가지며 종양세포의 분열억제 능력이 있음을 발견하

• Miller, D.R., British J. of Haematology 134(1), 2006, 20-26.

였다[••].

1965년에 미국의 의사 홀란드(J. Holland), 프래이레이(E. Freireich) 부부는 암 치료에 결핵요법처럼 서로 다른 원리로 작용하는 약물을 동시에 조합하여 치료하는 결합화학요법 치료방법을 개발하였다. 이 방법은 지금도 많은 의사들이 사용하는 방법으로, 하나의 약물을 계속 사용할 시 내성을 갖지만 여러 가지 약물을 동시에 투여하면 내성이 발생하지 않는다는 원리를 이용한 것이다(표 6-2). 이를 기반으로 메토트랙세이트, 빈크리스틴, 프레드니손, 6-머캅토 퓨린(6-MP) 등을 동시에 투여하는 암 치료제가 개발되었다[•••]. 이러한 치료법은 소아암 환자에 처방하여 장기간 큰 효과를 얻었고, 이로써 불치병으로 여겨졌던 암은 치료가 가능한 병으로 알려지게 되었다. 이후로 모든 암 치료에는 다양한 약물을 복합적으로 동시에 적용하는 것이 원칙으로 자리 잡았다.

1964년에 미세소관 작용억제제로 탁솔(Taxol)이 발견되었다. 인공적으로는 합성이 어렵고 태평양 연안의 주목나무에서 얻을 수 있는 이 물질은 다년간의 임상시험으로 난소암에 특히 효과적이라는 사실이 밝혀졌으며, 유방암에도 효과적이라고 한다[••••]. 1966년에 안정적인 유도체인 이리노데칸은 장암치료제로 승인되었다. 이 효소억제제는 난소암 또는 폐암에도 효과적인지 연구 중이다. 토포아이소머레이스 II와 DNA 합성에 결정적인 역할을 하는 효소 방해제도 암 치료제로 개발되었다[•••••].

•• Farber Sydney et al., New England J. of Medicine. 238(23), 2020, 787-793
••• Rachel Airley, Cancer Chemotheraphy. Wiley-Blackwell, 2009
•••• Stierle A. et al., Science 260(5105), 1993, 214-221
••••• Nitiss J.L., Nature Review. Cancer. 9(5), 2009, 338-350

표 6-2 항암치료제 복합처방 방법

암의 종류	약물	두문자어
폐암	싸이클로포스파마이드, 독소루비신, 빈크리스틴, 바이노렐빈(Cyclophosphamide, doxorubicin, Vincristine, vinorelbine)	CAB
위암	에피루비신, 씨스플라틴, 5-풀루오로유라실(Epirubicin, cis-platin, 5-flurouracil)	ECF
	에피루비신, 씨스플라틴, 카페시타빈(Epirubicin, cisplatin, capecitabine)	ECX
장암	5-풀루오로유라실, 폴리닉 산, 옥사플라틴(5-fluorouracil, fo-linic acid, oxaliplatin)	FOLFUX
유방암	싸이클로포스파마이드, 메토트랙세이트, 5-풀루오로유라실, 바이노렐빈(Cyclophosphamide, methotrexat, 5-Fluoruracil, vinorelbine)	CMP
	독소루비신, 싸이클로포스파마이드(Doxorubicin, cyclophos-phamide)	AC
췌장암	젬씨타빈, 5-풀루오로유라실(Gemcitabine, 5-fluorouracil)	FOLFOX

또한 백금화합물로 백금원자에 염소암모니아가 리간드로 붙은 배위화합물인 시스플라틴이 항암제로 각광받고 있다. 미시간 대학의 로젠버그(B. Rosenberg)는 백금전극의 전기장이 박테리아의 성장을 멈춘다는 사실을 처음 발견하였다. 세포분열에 백금화합물이 미치는 연구 과정에서 시스플라틴이 합성되었고 정소암 치료에 탁월한 효과가 있음이 밝혀졌다. 한편 영국 국립암센터의 윌트쇼(E. Wiltshaw)는 다른 백금화합물인 카보플라빈을 개발하였는데, 이 물질이 더 탁월한 효과를 가지며 신장에 덜 부담된다는 사실을 발견하였다*.

최근에는 사이클린에 좌우되는 인산화 효소(CDK) 억제제가 연구 중인데, 이 과정에서 플라보피리돌(Flavopiridol) 같은 약제제가 발견되었다. 이 CDK 억제제는 세포주기의 진행을 막으며, 여러 종류의 CDK의 활성을 직접적으로 방해한다. 구체적으로는 CDK7을 억제하며 CDK의 인산화를 줄이는 방식으로 세포주기 진행을 억제하고 암세포를 사멸시켜 암 치료제로 사용된다[**].

현재까지 개발된 항암제는 5가지로 분류할 수 있다. (1) 알킬화제: 세포 내의 친핵성 물질을 알킬화시키는 화합물로, 세포 내의 주요 분자와 공유결합을 형성하여 세포의 활동을 저해하는 항암제가 있다(예: 시스플라틴, 카보플라틴, 옥살플라틴) (2) 대사저해제: 유전자의 구성요소인 퓨린과 피리미딘의 유사체가 항암제로 쓰인다. 세포분열 시 DNA 사이에 삽입하면 정상적인 분열을 억제한다. (3) 알칼로이드와 테르페노이드: 세포의 미세소관 작용을 억제하는 항암제(예: Vinca 알칼로이드, 탁산 계열) (4) 토포아이소머레이스 저해제: 이 효소는 유전자의 전사 복제 시 필수적이다. 토포아이소머레이스 I의 효소억제제가 항암제로 기능하는 캠토테신, Type II 토포아이소머레이스 억제제: 에토포사이드, 암사크린 (5) 항종양제: 면역억제제인 닥티노마이신(dactinomycin), 독소루비신(doxorubicin), 에피루비신(epirubicin), 불레오마이신(bleomycin).

암세포와 림프구의 세포융합으로 단일클론항체를 만들어 항체를 항암제에 부착시키면 항암제가 암세포 종양만 선택적으로 공격하도록 할 수 있다. 이를 미사일 요법이라 부르며, 독성이 강한 항암제를 필요한 곳에 소

[*] Wang D. & Lippard S.J., Nature Review. Drug Discovery 4(4), 2005, 307-320

[**] O'Leary B. et al., Nature Review. Clinical Oncology 13(7), 2016, 417-430

량으로 보내는 방법이다. 최근에는 발전된 나노입자를 이용하는 방법으로 폴리탁셀(politaxel) 같은 항암제가 개발되었다. 물에 대한 용해도가 떨어지는 단점이 있지만, 자성을 띤 나노입자를 제조하면 외부자기장에 의해서 불용성 약물과 결합시켜 치료 효율을 크게 향상시킬 수 있다. 최근에 개발된 항암제들에 관한 정보는 영국의 암 정보서비스인 Cancer BACUP(British Association of Cancer United Patients)에서 볼 수 있다.

상품화된 몇 종류의 항암제를 소개한다.

1. **벨케이드(Velcade)** 그동안 치료제가 없었던 다발적 골수종의 생존율이 낮은 65세 이상의 환자 치료에 사용되며, 생존율을 14개월 연장 가능하다. 이 치료제는 난소암, 전립선암, 유방암, 비세포성 폐암, 비호지킨성 림프암에 효과가 있는 것으로 보고되었다.
2. **아리미덱스(Arimidex, 아나스트로졸)** 영국의 제약회사 아스트라제네카의 개발 약품으로 유방암 치료제이다. 기존의 유방암 치료제인 타목시펜보다 재발률을 17%로 낮춘 약제로, 부작용이 전혀 없는 것이 특징이다. 이 약제는 유방암이 호르몬 에스트로겐(oestrogen)에 의존한다는 점에 착안하여 개발되었다. 폐경기 여성은 엔드로젠(androgen)을 전환하여 에스트로겐을 얻으므로 이 반응에 관여하는 효소인 아르마테이스의 방해제 아리미덱스(arymidex)를 개발한 것이다. 이 치료제에는 에스트로겐의 양을 감소시키는 효과가 있다.
3. **아바스틴(Avastatin)** 결장암 치료제로, 하버드 대학의 포크만(Juda Forkmn) 교수가 개발한 혈관 형성억제물질이며 생존율의 연장에 효과가 있다. 생명공학 벤쳐회사 지넨테크(Genentech)사는 암세포 근처의

혈관 형성을 억제시키는 혈관 생성인자의 항체를 제조하여 말기 결장암 환자의 생존율의 향상에 크게 기여하였다.

4. **아이레사(Iressa)** 암세포의 성장 신호전달체계 효소를 방해하는 것으로 폐암의 우수한 치료제이다. 이 약제는 표피 성장인자 수용체에 작용하여 세포성장, 혈관형성이나 전이의 억제제로 세포사멸을 유도하고 암의 생성 발달에 영향을 미친다고 알려졌다. 이 약제는 성장인자 수용체에 전달된 신호를 전달하는 신호 단계를 활성화시키는 효소들의 방해물질로 기능한다. 아이레사는 부작용이 거의 없다는 장점을 가지며 대장암, 난소암, 두경부암, 전립선암에 효과가 있다.
5. **타르시바(Tarceva)** 폐암 및 췌장암 치료제로 개발된 약제로 진행성 비소세포 폐암과 무진행성 세포암의 생존율을 3배 이상 향상시키는 표적 암 치료제이다. 화학요법에 실패한 국소진행성 비소세포의 폐암 2차 치료 또는 국소진행성 췌장암의 1차 치료에 사용된다.
6. **에드세트리스(Adcetris)** 면역체계의 이상으로 발생하는 혈액암의 일종인 역행성 다세포 림프종 치료제이다. 1회 접종에 $4,500(500만 원)로 한 번에 3회 접종하고 보통 7~9회 사용하려면 최소 1억 원이 들어 현재로서는 가장 비싼 치료제이다. 이 약물은 림프절과 피부 등 다양한 지역에 발병하는 악성종양에 효과가 있다. 이 약제는 미국의 시에틀 지네틱스(Genetex)사가 개발한 약품으로 미국 FDA의 임상허가에서 뛰어난 효과가 있다고 알려진 제품이다.

최근에 면역의 원리를 이용한 표적항암제가 개발되어 큰 효과를 보이고 있다. 이어지는 7장에서는 세포의 면역과 함께 면역 항암제를 소개하고자 한다.

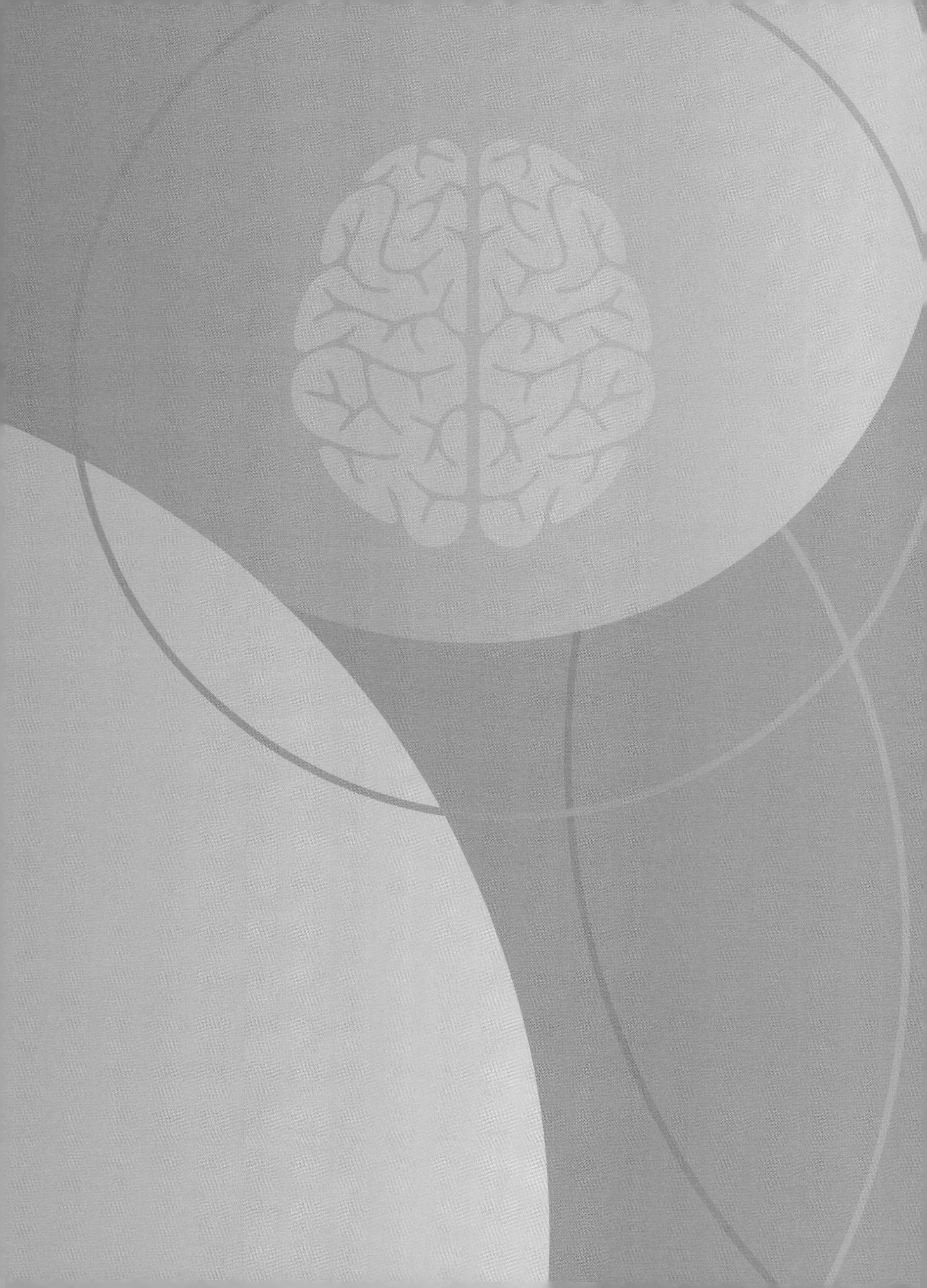

제 7 장

우리의 몸은 어떻게 외부 침입자로부터 방어되는가?

생명과학자들이 정의하는 생명체란 죽은 유기체나 무생물과 달리 살아있는 유기체가 신진대사, 성장, 자극에 대한 반응을 하고 적응의 특성을 가진 개체이자 같은 종의 번식 같은 생명활동을 수행하는 생물체를 말한다. 특히 미생물은 살아있는 생명체로, 보통 눈으로 볼 수 없고 현미경을 사용해야만 그 존재의 확인이 가능하다. 이 저서에서 여러 번 언급하고 있듯이 우리는 살아가는 동안 외부에서 유입된 다양한 독성물질 및 내부에서 생산된 수많은 위험물질과의 접촉을 통해 생명을 위협받지만, 우리 신체는 이러한 위해상황을 잘 해결하고 처리하여 생존해왔다. 그러나 이보다 훨씬 더 위험한 질병을 유발하는 미생물은 우리에게 기생하여 생존하면서 신체를 파멸에 이르게 하는 생명체이다. 미생물은 박테리아, 바이러스, 균류 등 원시시대부터 인류와 함께 꾸준히 진화하면서 공생해왔다. 최근 코로나로 인한 미생물 피해를 실제로 경험하고 이에 대처하기 위해 쌓아올린 백신 등의 연구 성과는 앞으로 우리가 계속 건강하게 생존하는 데 꼭 필요한 지식으로 활용될 것이다.

1 미생물 박테리아의 침입과 백신에 의한 방어

외부 침입자 미생물과 박테리아의 정체

일반적으로 생명체는 세포에 핵이 있는지 여부에 따라 원핵생물과 진핵생물로 구분된다. 미생물은 대부분 원핵세포로 구성되어 있고, 세포 내부에 핵이 없는 것이 특징이다. 그러나 일부 미생물이나 균주는 다세포로, 핵을 가지고 핵막으로 둘러싸여 유사분열을 하며 DNA가 히스톤 단백질과 함께 염색체로 구성되어 있기도 하다. 한편 바이러스는 단순한 미생물 유기체로, 만성적인 감염성 병원균으로 분류하고 있다.

역사적으로 미생물이 존재하리라는 예상은 실제로 발견하기 수세기 전부터 있어왔다. 눈에 보이지 않는 미생물 생명체의 가능성은 6세기 초에 인도의 마하비라(Mahavira)에 담긴 내용인 쟈이니즘(Jainism)에서 예측되었으며, 던더스(Paul Dundas)는 마하비라의 보이지 않는 미생물이 지구상의 물, 공기, 불에 존재한다고 주장하였다•. 일찍이 로마인 바로(Marcus T. Varro)는 눈으로 볼 수 없으나 공기 중에 떠돌아다니는 작은 물체가 입을 통해 신체에 들어가면 심각한 질병이 유발될 거라며 미생물의 존재를 경고하기도 하였다. 그리고 한참 후인 1576년 네델란드인 레벤후크(Antonie van Leeuwenhoek)는 직접 설계해서 제작한 현미경을 사용하여 박테리아와 다른 미생물을 처음으로 관찰할 수 있었다. 1658년 예수회 수도원의 수사인 커쳐(Athanasius Kircher)는 현미경을 사용하여 미생물을 관찰하고, 질병에 걸리는 이유는 미생물 때문이라고 주창하였다. 그 후 레벤후크를 미생물의 아버지라고 부르게 되었다. 한편 영국의 후크(Robert Hooke)는 1665년에 곰팡이에 의해 부패한 물체에서 처음으로 미생물을 관찰한 미생물학자가 되었다.

그 후 미생물에 관한 본격적인 연구는 19세기에 시작되었으며, 식물학자인 콘(Ferdinando Cohn)이 알지와 광합성 박테리아에 대해서 연구하면서 박테리아인 간상균(Bacillus)을 소개하기도 하였다. 콘은 박테리아를 분류하는 일을 시작하였으며, 균류나 식물이 무성생식의 수단으로 생성된 생식세포인 내생포자(endospores)를 최초로 발견하였다. 그동안 미생물에 관한 연구업적의 공로로 파스퇴르(Louis Pasteur)를 현대미생물학의 아버지, 코흐(Robert Kochs)는 의학미생물학의 아버지라고 부르게 되었다••.

일반적으로 미생물은 여러 종류의 질병을 옮긴다고 해서 공포의 대상이었지만, 미생물을 활용한 식품가공기술의 발전은 상당히 오래전부터 골칫거리였던 식료품 보관 문제를 해결해주면서 인류의 식생활과 영양 공급을 상당히 개선시켰다. 아주 오래전부터 가정에서나 소규모 공장에서는 알코올, 식초, 유가공품 제조를 위한 발효기술이 발전해왔고, 특히 우리나라의

• Dundas, Paul, Hohn Hinnels ed., The Jain, London: Routeledge, 2002, 24

•• Wainwright, Milton, Advances in Applied Microbiology 62, 2003, 333-355

옛 선조 주부들은 필수적인 채소를 한 해 동안 무사히 보관할 수 있도록 미생물을 사용하여 발효시켜 젓갈 등과 같은 여러 종류의 반찬으로 만드는 지혜를 가지고 있었다. 특히 채소를 공기 중의 미생물을 활용하여 발효시킨 한국의 김치는 세계인의 미각을 자극하는 독특한 음식문화의 대표적인 식품으로 평가된다•••.

현재 미생물을 응용하는 산업 중에서 규모가 큰 아미노산의 생산기술은 박테리아인 코린박테리움 굴루타미컴(coryne bacterium glutamicum)이라는 미생물을 이용하여 맛을 내는 식품첨가물인 L-글루탐산을 연간 2백만 톤이나 생산하고 있으며, 우리나라에서는 식품첨가용 조미료로 판매되고 있다. 또한 가축의 사료 첨가물로 필수아미노산인 라이신을 대량으로 만들어 공급하고 있다. 미생물을 사용하여 만들 수 있는 다당체, 폴리에스터나 폴리아마이드는 조직공학에서 약물전달체로 또는 피부시술에 사용되고 있다. 그동안 미생물을 이용하여 셀루로오스, 폴리글루탐산, 피부 충진제 하이얄유론산이나 콜라젠 등을 제조해왔다.

특히 주류제조업에서 미생물은 더 다양한 역할을 담당한다. 막걸리, 위스키, 맥주, 포도주, 그리고 소주 등 모든 주류에 들어있는 알코올은 미생물을 활용하여 글루코오스를 분해시켜 제조하는데, 이 기술은 상당히 오랜 역사를 가진다. 소주는 감자를 사용하고, 맥주는 호프를, 포도주는 포도의 당을, 막걸리는 쌀을 발효시켜 알코올이 포함된 여러 종류의 주류를 만들게 된 것이다. 특히 서양에서 전통적으로 생산해온 유제품도 미생물을 활용한 발효기술을 사용하여 제조한다. 이렇게 만들어진 유제품은 소화흡수

••• 네이버 지식백과, 최준식, "위대한 문화유산-김치" https:// terms.naver.com/entry.naver.

는 물론 비타민 생산, 아미노산 제조, 병원성 미생물 생성 억제에도 도움을 주어 인류의 식품생산 개선에 크게 기여하고 있다.

지구상의 최초의 생명체 박테리아의 발견

이미 언급했듯이 네델란드의 미생물학자 레벤후크는 1576년에 직접 설계한 렌즈 한 개가 달린 현미경을 사용하여 박테리아를 관찰할 수 있었다. 이는 단일 렌즈로 얻어낸 과학사의 가장 중요한 변혁이라고 평가받는다. 박테리아라는 명칭은 1828년에 에렌버그(Christian G. Ehrenberg)에 의해서 처음 사용되었다. 프랑스의 미생물학자인 파스퇴르(Louis Pasteur)는 1859년 발효공정에 참여하는 미생물의 성장이 자발적인 세대로 보통 발효에 관여하는 박테리아도 아니고 균주나 효모, 곰팡이라는 사실을 밝혀내었다. 유럽의 의사 셈맬바이스(Innaz Semmelweis)와 리스터(Joseph Lister)는 분만시술 중 손 소독의 중요성을 이미 알고 있었다. 그러나 의사들이 자신의 손을 소독하기 시작한 건 그로부터 한참이 지난 1870년대에 이르러서이다.

독일의 코흐(Robert Koch)는 의학 미생물의 선구적인 연구로 콜레라, 탄저균, 결핵균에 관하여 연구하였다. 코흐는 결핵균에 관한 연구로 최종적으로 세균의 존재이론을 증명하게 되었고, 이 업적으로 1905년에 노벨생리의학상을 수상하였다. 또한 독일의 식물학자 콘(Ferdinand Cohn)은 1870년부터 박테리아를 연구한 박테리아학의 창시자라고 할 수 있다. 콘은 박테리아를 형태에 따라 분류한 초기 학자이다. 1910년 독일의 의과학자 에를리히(Paul Ehrlich)는 항생제와 매독의 원인인 병원균(treponema pallidum-spirochaete)을 선택적으로 염색시키는 착색제를 개발하였다. 그가 개발한 항생제화합물인 살발산으로 매독균 병원체를 선택적으로 사멸시키는 것이 가능해졌으며, 이러한 약품 개발 연구 성과와 박테리아를 선택적으로 착색시키는 연구의 업적으로 에르리히는 1908년 노벨생리의학상을 수상하였다. 또한 그의 업적은 그램 착색과 질-닐슨(Ziehl-Neelsen) 착색방법의 기초가 되었다.

박테리아나 세균의 선조는 아마도 고온에 생존이 가능한 대략 25억년 또는 32억 년 전에 살았던 유기체일 것이다. 대략 30억 년 전의 유기체는 눈에 보이지 않는 미생물 박테리아와 균사체가 생명체의 대부분을 차지했다[•]. 박테리아는 라틴어로 바클레리움(baclerium)의 복수를 의미하고 그리스어로는 지팡이를 의미하는 박테리움(bakterium)에서 유래되었는데, 이는 처음 발견된 박테리아가 막대기 모양이었기 때문이다. 지구상에 가장 먼저 존재한 시조 생물체인 박테리아는 단세포 미생물로 예측된다. 유전자의 순서로 박테리아의 계통발생을 재건할 수 있으며, 이러한 연구결과를 바탕으로 박테리아는 세균이나 진핵세포에서 갈라져 나와 진화한 것이라는 예측이 가능해졌다.

박테리아 세포는 원핵세포의 1/10의 크기이며 전형적으로 0.5~5.0마이크로미터 크기이다. 일부 종은 눈으로 관찰이 가능하고, 타이오마가리타 나미비엔시스(thiomargarita namibiences)는 길이가 0.5밀리미터나 된다. 가장 작은 박테리아는 마이코플라스마(mycoplasma)종이며 가장 큰 바이러스는 0.3마이크로미터의 크기이다(그림 7-1). 모든 박테리아 종은 공 모양(cocci)이거나 막대기형(bacilli)의 모양을 한다. 약간 휘어진 막대모양 또는 코마모

• Homann, Martin et al., Nature Geoscience. 11(9), 2018, 665-671

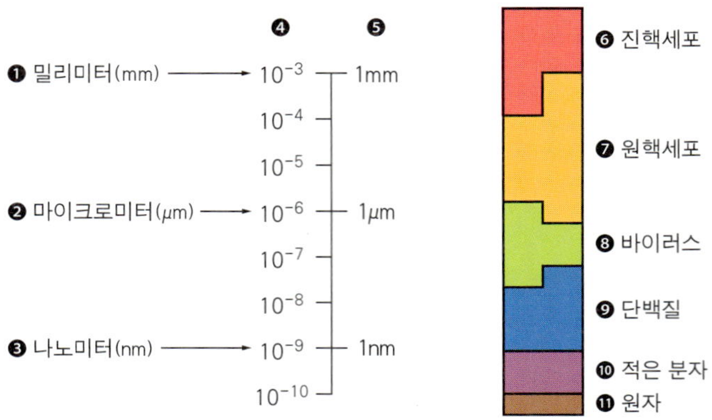

그림 7-1 원핵생물 박테리아의 크기를 다른 진핵세포나 바이스와 비교하였다.

양은 비브리오(vibrio)형이라 하고, 꼬인 모양이면 스피릴라(spirilla), 코일모양이면 스파이로키트(spirochaetes)라는 말을 박테리아 명칭 앞에 붙인다. 이들 박테리아의 모양은 영양분을 습득하거나 표면에 부착하여 액체에서 유영하거나 약탈자로부터 도망치는 데 필수적이다•.

박테리아의 외부구조는 세포막 바깥쪽에 다당체로 구성된 세포벽으로 둘러싸여 있다(그림 7-2). 박테리아의 세포막은 탄수화물과 세포막 성분인 펩티도글라이칸 사슬이 D-아미노산의 펩타이드에 의해서 상호교차 연결되어 있다. 세포막은 대부분의 박테리아가 생존하는 데 필수적인 보호벽으로, 항생제인 페니실린은 펩티도글라이칸의 합성을 방해하여 세포벽의 생산을 억제하는 방법으로 박테리아를 죽인다. 박테리아의 유전물질은 뉴클레오이드(nucleoid)라 불리는 불규칙적인 모양의 세포질 내부에 위치한 DNA의

• Cabeen MT. Jaceb- Wayner, Nature Reviews: Microbiology 3(8), 2005, 601-610

원형 박테리아 염색체로 구성된다. 뉴클레오이드는 혼합된 단백질과 RNA가 함께 있는 염색체를 가진다. 박테리아에도 다른 유기체처럼 단백질의 합성을 위한 라이보솜이 있기는 하지만, 박테리아의 라이보솜 구조는 진핵세포나 세균과는 상당히 다르다.

여러 연구자들의 노력으로 박테리아 세포막이 그램-착색에 반응되는 종류와 안 되는 종류가 있다는 사실을 확인하였다. 1884년 덴마크 의사인 그램(Hans Christen Gram)이 개발한 그램착색방법은 박테리아 세포막의 구조적인 특징에 따라 박테리아를 구별하는 방법으로 사용되었다. 그램-양성 박테리아는 두꺼운 세포막으로 여러 층의 펩티도글라이칸과 타이코익 산의 층으로 구성되어 자색으로 착색된다. 반면에 그램-음성으로 반응하는 박테리아는 지질탄수화물과 지질단백질의 세포막으로 구성되어 세포막이

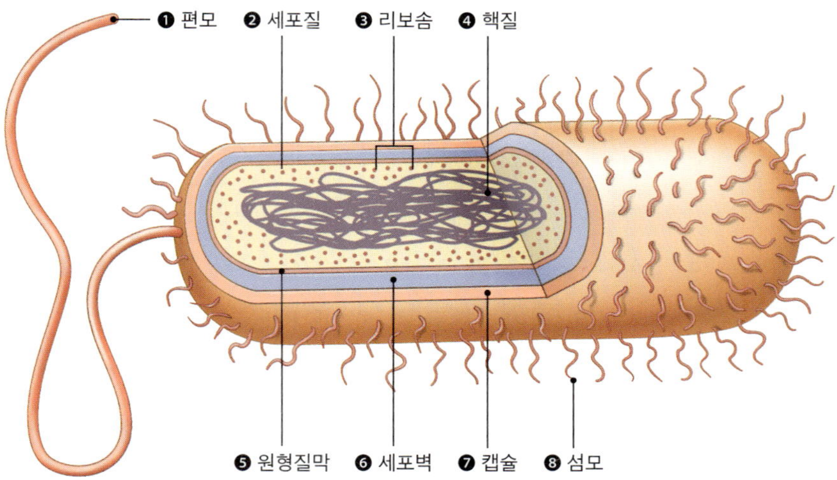

그림 7-2 전형적인 그램 박테리아 세포의 구조를 보여준다.

분홍색으로 착색된다. 대부분 박테리아의 분류는 형태학과 그램 착색을 혼합하여 가능하고, 4개의 그룹인 그램 양성 구균, 그램 양성 바실루스(간상균), 그램 음성 구균, 그램 음성 바실루스로 분류하고 있다. 어떤 유기체는 그램 착색이 아닌 다른 착생방법으로 확인하기도 한다.

박테리아가 가진 꼬리 같은 편모(flagella)는 단단한 단백질 구조로 직경은 20나노미터, 길이는 20마이크로미터나 되며 이동하는 용도로 사용된다. 편모는 세포막을 통한 전기화학적인 기울기로, 이온을 운송하여 에너지를 발산한다. 털이 달린 가장자리(fimbriae)는 부착 섬모(pili)라고 하여 섬세한 단백질의 필라멘트로 2~10나노미터 직경에 길이는 수 마이크로미터가 된다. 마치 가는 머리털처럼 고체표면 부착에 사용되거나 다른 세포의 표면에 부착하여 몇몇 박테리아 병원균의 전염성에 관여한다. 박테리아의 단백질은 박테리아 세포질에서 원형질막(periplasm) 또는 세포의 주변으로 운송되는 데 도움을 준다. 여러 가지 박테리아의 배출체계가 알려져 있으며, 이 구조는 병원균 전염성에 필수적인 기능을 가지고 있어 많이 연구되었다.

그램 양성인 박테리아들 중에서 바실러스(Bacillus), 클로스트리디움(Clostridium), 엔에어로박타(anaerobacta) 스포로할로박터(Sporohalo bacter), 홀리오박테리움(Holiobacterium)들은 강력저항체인 내생포자(endospore)라 부르는 독특한 정지된 구조를 가지고 있다. 내생포자는 박테리아 세포의 원형질 속에서 발전되고, 일반적으로 한 개의 내생포자가 각 세포에서 만들어진다. 각 내생포자의 DNA인 핵산과 라이보솜은 피질 층, 펩티도글라이칸, 그리고 다양한 단백질로 구성된 여러 층의 단단한 껍질에 의해서 보호된다. 내생포자는 극심한 물리적 또는 화학적 스트레스인 높은 수준의 자외선, 감마선, 계면활성제, 살균제, 열, 결빙, 압력 및 건조한 환경에서 살아남기 위해 반드시 필요하다. 그래서 정지된 상태에서 이 유기체가 수백만 년을 살아남을 수 있었다. 내생포자는 박테리아가 우주의 진공 상태나 방사선 조사에도 살아남을 수 있게 하였고, 우주 먼지를 통해 우주에 분포될 수도 있다. 내생포자를 생성하는 박테리아는 마찬가지로 질병의 원인물질로, 예를 들어 탄저균(Bacillus anthracis)은 내생포자를 들이켜므로 수축하고 클로스티리디움 테타나이(Clostyridium tetani)는 내생포자에 의해서 깊은 상처에 감염될 수 있다. 또한 파상풍의 원인인 보틀리늄의 중독은 포자에서 자라나는 박테리아에 의해서 배출된 독소 때문이라고 알려진다.

박테리아의 신진대사에 필요한 에너지원은 사용되는 영양분의 에너지 출처, 전자공여체, 탄소의 출처에 따라 달라진다. 먼저 빛의 에너지를 활용하는 광합성을 하는 유기체를 광 영양생물(phototrophs)유기체라 하고, 산화를 통하여 에너지를 사용하는 박테리아는 화학합성생물 유기체(chemotrophs)라고 한다. 화학합성생물 유기체는 화합물에서 에너지를 얻는데, 전자를 내주는 물질에서 전자를 운반하여 산화환원반응을 통해 말단 전자수용체에 전달하여 얻은 에너지는 신진대사에 사용된다. 수소, 일산화탄소, 암모니아에서 에너지를 얻은 박테리아를 무기생물 유기체(lithotrophs)라 하고, 유기화합물을 탄소 원으로 사용하는 박테리아는 유기생물 유기체(organotrophs)라고 한다. 전자를 최종적으로 받아들이는 과정에 산소를 사용하면 호기성(aerobic)유기체라 하고, 대신 질산염, 황산염, 또는 탄산가스를 사용하면 혐기성(anaerobic)유기체라고 부른다.

어떤 박테리아는 유전물질을 세포들 사이에 이전시킬 수 있다. 박테리아에서 유전 물질을 이전하는 첫 번째 방법은 형질전환(transformation) 과정을 통해서 그들 주위로부터 외부의 DNA를 받아들이는 것이다. 두 번째 방법은 형질도입(transduction)이라는 방법이다. 세균 박테리아에 기생해서 살아가는 박테리오 파아지가 통합할 때 외부 DNA를 박테리아 염색체에 투입시키기도 한다(그림 7-3). 세균에 침투해서 증식하는 여러 종류의 박테리오 파아지가 존재하는데, 어떤 것은 단순히 감염되면 숙주박테리아를 해체시키고, 어떤 것은 박테리아의 염색체를 삽입시키기도 한다. 세 번째는 유전자를 이전시키기 위한 접합(conjugation)방법으로 DNA가 세포와 직접적인 접촉을 통하여 이루어지는 경우이다.

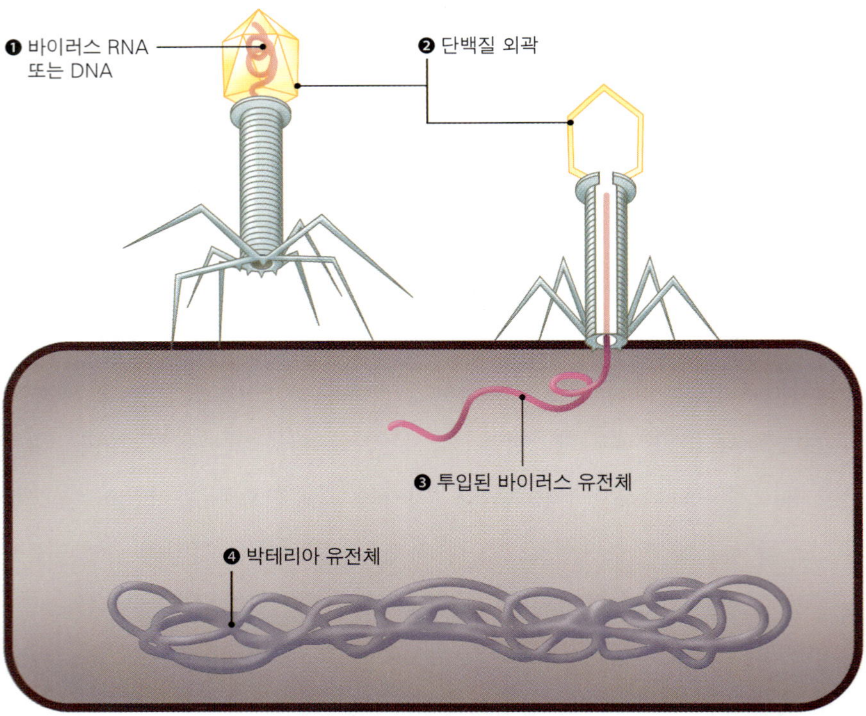

그림 7-3 박테리오 파아지는 DNA의 유전 물질을 박테리아에 주입한다.

유전자 가위는 현재 유전체의 편집과정에 사용가능하며 대단히 유용한 기술이다. 박테리아에 기생하는 박테리오 파아지 중계로 유전적인 형질의 도입 과정에, 어떤 박테리아 체계는 파아지의 유전체에 존재하는 독특한 유전체가 가진 DNA염기 순서인 크리스퍼(clustered regularly interspaced short parlindromic repeat, CRISPR)의 DNA순서를 활용하여 도입되기도 한다. 박테리아가 이미 파아지와 접촉한 적이 있는 경우에는 박테리아에 남아있는 파아지의 유전자 조각인 크리스퍼의 순서를 활용하여 박테리아의 복제를 억제한다. 그래서 파아지에서 유래된 박테리아의 유전체에 남아있는 크리스퍼 유전자순서를 자를 수 있도록 특별히 설계된 효소인 Cas 9이라는 유전체 절단 수단이 고안되었다. 이러한 유전자절단 기술을 개발한 샤르팡티에(E. Carpentier)와 다우드나(Jenifer Doudna)는 2020년 노벨화학상을 수상하게 되었다. 이 기술은 현재 크게 각광받는 유전자 절단도구로, 유전체의 편집교정에 사용되어 선천적인 유전병의 치료나 식품의 품종개발에 사용될 수 있어 생명공학의 대단히 유명한 연구 수단으로 여겨진다.

일부 소수의 박테리아 중에는 빛이 발생하는 화학적인 체계를 가지고 있다. 생체 형광(biolumineseence)은 가끔 물고기와 연결되어 생존하는 박테리아에서 나타나는데, 이 빛은 물고기나 다른 큰 동물을 유인하는 용도인 것으로 보인다. 이 형광 발색 유전자는 연구 중에 특정 유전자와 접합시켜 원하는 유전자가 삽입되었는지 육안으로 확인할 수 있게 하는 용도로 사용되기도 한다.

질병의 원인이 되는 박테리아와 산업에 활용되는 박테리아

지구상의 모든 식물이나 동물은 박테리아와 공생하는 것으로 알려져 있다. 사람을 비롯한 다른 동물도 수백만 개의 박테리아가 피부, 공기 중, 장내와 다른 여러 곳에 함께 살아간다•. 담, 또는 가래(sputum)의 시료는 병원성 박테리아를 죽이고 폐렴을 일으키는 유기체를 확인하기 위한 배양액으로 사용된다. 반면에 대변의 시료는 설사를 일으키는 유기체를 확인하기 위한 것으로 선택적인 배양액을 사용하여 배양하고, 만약 박테리아가 분리되면 그 형태를 비롯하여 성장양상이 호기성인지 혐기성인지, 용혈현상의 모양이나 착색이 어떠한지 더 조사한다. 이처럼 배양액의 성분에 따라 필요한 박테리아만 성장 가능하도록 설계하여 그 원인 박테리아를 찾아낼 수 있다. 공생하는 박테리아는 보통 해롭지 않으나 다른 신체에 침투하여 감염된다. 잘 알려진 대장균은 사람의 대장에서 공생하고 있으나 비뇨기에 감염되기도 한다. 또한 사람의 입에서 생존하고 있는 정상적인 균인 연쇄상 구균은 심장질환의 원인이 되기도 한다.

토양에서 식물의 뿌리 표면에 접착하여 토양층에 생존하는 뿌리 혹 박테리아는 공기 중의 질소를 고정하는 효소 나이트로지네이스를 가지고 있어서 질소를 포함하는 화합물로 변화시킨다. 우리 신체는 질소화합물로 구성되어 있는데, 식물을 섭취함으로써 질소원의 원료를 공급받는다. 또한 정상적인 사람의 내장에서 장내 면역성을 키우거나 폴산, 비타민 K, 비오틴 같은 비타민을 합성하고 탄수화물을 젖산으로 바꾸면서 소화가 안 되는 탄수

• Sears CL, Anaerobe. 11(5), 2005, 247-251

화물을 발효시키는 박테리아종이 1000여 가지나 존재한다고 한다[**]. 특히 창자에 있는 세균들은 가능성이 있는 병원균 박테리아의 성장을 억제하기도 한다.

지구상의 모든 동물 생명체는 기생하는 박테리아에 의존하여 생명을 유지한다. 일례로 금속 코발트를 포함하는 코발아민은 정교한 화학합성방법으로도 제조하기 대단히 어려운데, 어떤 세균은 이 코발아민을 포함한 비타민 B_{12}의 합성에 필요한 효소의 유전체를 가지고 있어 합성된 코발아민을 우리에게 손쉽게 제공하기도 한다. 비타민 B_{12}는 수용성으로 사람의 신체에서 모든 세포의 신진대사에 반드시 필요하고, 이 코발아민은 DNA합성 과정의 필수조효소로 기능하며, 지방산과 아미노산 신진대사에 반드시 필요한 중요한 비타민이다. 또한 코말아민은 신경계의 정상기능에 특별히 중요한 인지질의 막인 메이엘린(myelin)의 합성에도 관여하고 있다.

만약 박테리아가 다른 유기체와 연계하여 기생충으로 기능한다면 해당 박테리아는 병원성으로 분류된다. 병원성 박테리아는 인간의 질병과 사망의 주된 원인이고, 파상풍의 감염, 장티푸스성 열병, 디프테리아, 매독균, 콜레라 식품에 의한 질병, 한센병, 결핵과 같은 전염성 질병의 발생 원인이다. 헨리코박타 파이로리는 괴양성 위나 위암의 원인균으로 근래에 발견되었다[***]. 농업에서는 박테리아가 앞사귀 반점병, 마름병을 일으키거나 그 외 식물을 시들게 하는 병의 원인이 되며, 축산업에서는 유전병, 식중독균, 탄저균의 원인으로 밝혀지곤 한다.

포도상 구균(Staphylococus), 연쇄상 구균(Streptococcus) 같은 유기체는 피

[**] Gorbach SL, Annals of Medicine. 22(1), 1990, 37-41
[***] MIller AK, Williams SM, Genes and Immunity. 22(4), 2020, 214-226

부에 감염되면 폐렴이나 뇌막염, 폐혈증의 원인이 될 수 있고 체계적인 염증반응으로 쇼크나 혈관확장, 그리고 심지어 사망의 원인으로 작용할 수 있다. 다른 유기체들은 항상 사람의 세포 사이에서 자라고, 유기체의 세포 내에서 재생하는 질병으로 발진티푸스 같은 질병을 일으킨다. 발진티푸스 병원체 중 하나는 티푸스의 발생 원인이 되며, 다른 것은 럭키산 수막염을 일으킬 수 있다. 성병 원인균 중 하나인 클러미디어(Chlamydia)는 세포 내부의 기생충 속의 하나인 폐렴이나 요도관 감염발생의 원인이 되고, 또한 심장혈관질환 발병의 원인이 되기도 한다•.

어떤 박테리아는 독소를 생성하는데, 이것이 질병의 원인이 되기도 한다. 이들 독소는 파괴된 박테리아 세포로부터 얻어진 내부독소이며 박테리아에 의해서 생성된 외부독소는 외부환경으로 배출되기도 한다. 그러나 몇몇 외부독소는 변성독소로 바뀌어 병을 막는 백신으로 사용되기도 한다. 젖산 박테리아인 락토 바실러스(Lactobacillus)종이나 락토코코스(Lactococcus)종은 수천 년에 걸쳐 효모나 곰팡이와 함께 치즈, 피클, 간장, 사우어크림, 식초, 포도주나 요구르트의 제조과정에 사용되었다. 박테리아가 다양한 유기화합물을 파괴시키는 능력은 놀라운 것으로, 폐기물 처리에 미생물을 이용하기도 한다. 박테리아는 석유의 수소화 탄화물을 붕괴시킬 수 있어서, 기름유출로 인한 유류제거에 가끔 사용된다. 또한 박테리아는 산업적인 독성폐기물을 분해시키는 미생물을 활용한 처리과정에 사용되고 있다••.

현재 박테리아는 빨리 자라고 비교적 손쉽게 조작이 가능하여 분자생물

• Saiman L., Paeditric Respiratory Reviews. 5 Supp A, 2004, S367-369

•• Neves LC. et al., Applied Biochemistry & Biotechnology., 129-132 (1-3) 130-152

학, 유전학, 생화학 연구과정에 필요한 극소량의 생체물질을 대량생산하는 만능의 생체물질 대량 제조기로 활용되고 있기도 하다. 박테리아 DNA를 돌연변이 시켜 표현형 유전자를 조사해 볼 수 있고, 생명과학자들은 유전자나 효소의 기능을 확인하는 데 또는 박테리아에서 신진대사의 경로를 결정하는 데 사용할 수 있으며, 이렇게 얻은 지식으로 더 복잡한 유기체 연구에 활용할 수 있다. 그 중 가장 잘 연구된 대장균의 신진대사는 자세히 알려져 활용되고 있다. 현재 이러한 유전공학기술을 활용하여 인슐린, 성장인자 그리고 항체 같은 치료용 단백질의 대량생산이 가능하게 되었다.

2 병원균 바이러스의 정체

병원균 바이러스의 발견

바이러스(virus)는 라틴어로 독약이나 유독한 액체를 의미한다. 인도-유럽 기반의 산스크리트어에서 비자(visa)는 고대 그리스에서 모두 독성이라는 의미로, 1398년 트레비사(John Trevisa)에 의해서 처음으로 소개되었다. 전염성이나 독성이 강하다는 의미인 비률런트(Virulent)라는 어휘는 라틴어에서 온 것으로, BC 1400년에 사용되었다. 전염성 질병의 원인이 되는 물질의 존재에 관한 사실은 1728년에 예측되었으며, 이는 1892년 소련의 미생물학자 이바노프스키(Dmitri Ivanovsky)가 바이러스를 발견한 것보다 훨씬 더 이전의 일이다•.

파스퇴르(Louis Pasteur)는 초기 광견병을 일으키는 원인 물질을 찾는 연

• Collier L. Balows A. Sussman M., Mahy B. Collier LA(eds.) Virology 7 9th ed., 1998, 75-91

구를 시작하였으나, 찾기 어려웠을뿐더러 현미경을 사용해야만 볼 수 있는 너무 작은 병원균에 관하여 의심을 가지게 되었다. 1884년에 미생물학자 샴버랜드(Charles Chamberland)가 박테리아를 제거하기에 충분한 작은 구멍을 가진 여과장치를 새로 개발하였다. 그래서 1892년 러시아 생물학자 이바노프스키(Dmitri Ivanovsky)는 이 여과체를 활용하여 토바코모자익 바이러스에 관하여 연구할 수 있게 되었다. 그는 이러한 병원체를 용해 가능한 살아있는 세균이라 하고, 바이러스라는 말을 처음 사용하였다. 바줴링크(Martinus Beijerinck)는 바이러스가 액체 같은 성질을 가졌다고 하였고, 스텐리(Wendell Stanley)에 의해서 바이러스가 입자라는 것을 증명하게 되었다. 같은 해에 뢰플러(Friedrich Loeffler)와 프로쉬(Paul Frosch)가 같은 여과체를 통해 최초로 입이나 발에 병을 일으키는 동물의 바이러스를 확인할 수 있게 되었다[••].

20세기 초 영국의 미생물학자 트와트(Frederick Twot)는 박테리아에 기생하는 한 그룹의 바이러스들을 발견하였으며, 지금은 이들을 박테리아 파아지라고 부르고 있다. 한편 캐나다의 미생물학자 데렐(Felix dHerelle)은 바이러스의 수를 계산하는 방법을 제시하였다. 박테리아가 들어있는 배양 접시에 그가 개발한 바이러스를 넣으면 혼탁액을 정확하게 희석시킬 수 있는데, 이때 바이러스의 농도가 크게 희석되므로 바이러스가 죽은 유기체들이 차지하는 영역을 표시한다. 그리고 그 영역의 수를 계산하고 희석된 배수를 곱하면 원래 혼탁액에 들어있는 바이러스의 수를 계산해낼 수 있다[•••]. 그후 항생제에 대한 박테리아의 저항 능력을 발견하였으며, 박테리아를 숙

•• Shors T., Understanding Virus. Jones and Bartlett Pub, 2017, 827

••• D'Herelle, F., Research in Microbiology 158(7), 2007, 533-554

주로 하는 박테리오 파아지를 사용하여 박테리아를 제거하고 치료할 수 있는 방법에 관심을 갖게 되었다.

19세기 후반에 들어서는 바이러스인 전염성 물체가 여과체를 통과할 수 있는 능력이나 그들이 기생하는 숙주의 필요성을 기준으로 바이러스를 다시 평가하게 되었다. 1906년에 미국의 생물학자 해리슨(Ross G. Harrison)은 림프에서 바이러스를 성장시키는 방법을 개발하였고, 1913년 이스라앨리(Steinhardt C. Israeli)와 램버트(R.A. Lambert)는 이러한 방법을 사용하여 기니피그의 각막 조직에서 우두바이러스를 키우는 데 성공했다. 그 후 1928년 마이트랜드(M.C. Maitland)는 닭의 신장을 갈아 만든 혼탁액에 우두바이러스를 배양하여 키울 수 있었다. 1931년 미국의 병리학자 굿-페스쳐(Ernest W. GoodPasture)와 우드러프(Alice M. Woodruff)는 수정된 달걀에 인플루엔자와 다른 몇 바이러스들을 배양해냄으로써 바이러스 연구에 큰 변혁을 일으켰다. 1949년 앤더스(John F. Enders), 웰러(Thomas Weller), 로빈스(Frederic Robbins)는 유산된 사람의 조직에서 얻은 배양세포를 사용하여 소아마비 바이러스를 배양하였다[•].

20세기 중반은 여러 종류의 바이러스들이 발견된 황금기였다. 현재 공식적으로 분류된 동물, 식물, 박테리아와 바이러스는 대부분 이 시기에 발견되었다. 1963년에는 불룸버그(Baruch Blumberg)에 의해서 간암을 일으키는 B형 간염바이러스가 발견되었다. 그리고 1965년에 티민(Howard Temin)에 의해서 RNA종양 바이러스인 레트로바이러스가 발견되었다. 레트로바이러스의 RNA를 사용하여 DNA를 만드는 역전사효소는 1970년 티민과 발

• Goodpasture EW. et al., Science 74(1919), 1931, 371-372

티모아(Baltimore D.)가 발견하였으며 이들은 이 연구업적으로 1975년에 노벨생리의학상을 수상하였다[••]. 2008년에 파스퇴르 연구소의 몽타니에(Luc Montagnier)와 배래-시누찌(Franceoise Barre-Sinoussi)는 에이즈를 일으키는 바이러스(HIV)인 레트로 바이러스를 발견한 공로로 노벨생리의학상을 수상하였다. 한편 1989년 카이론사의 휴턴(Michael Houghton) 팀은 간염을 일으키는 간염 C형 바이러스를 발견하였다[•••].

바이러스의 정체

바이러스는 화석을 만들지 못하기 때문에 바이러스의 기원에 대한 연구는 주로 분자 기술을 통해 이루어진다. 그동안 바이러스의 유전물질은 경우에 따라 숙주유기체의 생식계열이 첨가되는 식으로 여러 세대 동안 숙주의 후손에 수직적으로 옮겨졌을 것이다. 이렇게 하여 고생바이러스 연구자들은 수백만 년 전부터 존재한 오래된 바이러스의 역 추적을 통하여 발생의 시기에 대한 정보를 얻어낼 수 있었다.

바이러스는 비율이 훨씬 높은 전자현미경을 사용해야만 관찰이 가능한 전염성 물질로, 유기체의 살아있는 숙주세포에 침입하여 복제가 가능한 미생물이다. 스스로 자신을 재생할 수 없는 작은 크기의 감염성 물질이기 때문에 숙주 세포에 감염되어야만 복제된 바이러스를 생산할 수 있다. 바이러스는 모든 형태의 생명체, 동물, 식물 또는 박테리아나 세균을 포함한 미

•• Temin HN, Baltimore D., Advances in Virus Research 16, 1972, 129-186

••• Choo QL et al. Science 244(4902), 359-360

생물에 기생하여 생존할 수 있다. 일반 세포에서처럼 바이러스는 자체 재생을 지시하는 유전정보로 RNA 또는 DNA를 사용한다. 바이러스의 생애를 살펴보면, 이중나선 DNA(dsDNA)를 사용하여 기생할 세포(숙주)에 잠입한 후 감염된 숙주세포의 유전자 합성체계를 활용해 바이러스 스스로 생존에 필요한 DNA, RNA, 단백질을 제조하여 살아남는다. 대부분의 바이러스는 숙주 세포에서 자신과 같은 바이러스를 대량 재생하고, 이와 동시에 숙주는 죽게 된다.

바이러스의 구조는 상당히 다양한 크기와 모양을 가진다. 많은 바이러스가 공 모양으로 직경이 20에서 300nm 정도이다. 완전한 바이러스 입자를 비리온(virion)이라 하고, 비리온은 캡시드(capsid)라고 하는 단백질보호막으로 둘러싸인 핵산으로 구성된다. 정 20면체의 캡시드는 갭소미어(capsomere)라는 단백질 소단위체로 형성된다. 보호막 캡시드는 바이러스의 유전체에 의해서 만들어지고, 바이러스마다 구별되는 모양을 가지고 있다. 일반적으로 바이러스는 나선형, 20면체, 폭이 퍼진 형태(prolate), 포장형, 그리고 복합체 등 5가지 모양을 하고 있다. 나선형 바이러스는 단순형태의 캡소미어가 중심축을 나선모양으로 차곡차곡 쌓인 형태로, 중심에 공간이 있어 튜브를 만들게 된다. 바이러스 세포막은 감염된 숙주세포의 바깥쪽 세포막이나 핵막 또는 소포체 내부 막이 바이러스를 포장하고 있는 형태로 바깥쪽에 이중층을 형성한다. 이러한 바이러스의 구조를 갖는 것으로 인플루엔자 바이러스, 에이즈 바이러스(HIV), 그리고 심한 기관지의 증상을 나타나는 코로나바이러스(COVID 19)들이 있으며, 이렇게 포장된 바이러스의 대부분은 그들의 감염성이 포장된 구조에 따라 좌우된다고 한다. 박테리아 파아지 T4는 복합구조를 가지고, 20면체의 머리 부분이 나선형 꼬리에 부착되어 있다(그림 7-3). 이 구조는 육각형 둥근 접시모양으로, 단백질 꼬리 섬유가 불쑥 튀어나온 형태를 갖는다. 이러한 바이러스의 구조 때문에 분자 주사기처럼 행동하여 숙주 박테리아에 부착되고 바이러스의 유전자를 박테리아 세포 내부로 주입할 수 있다.

바이러스 종마다 대단히 다양한 유전체구조의 그룹이 관찰되고 이들 유전체의 구조는 식물, 동물, 균사체나 박테리아보다 다양한 유전체로 나타낸다. 현재 구체적으로 알려진 바이러스의 수는 7,000 이하로 기술되고 있기는 하나, 실제로는 수백만 개의 다른 종류의 바이러스가 존재할 것으로 예측된다. 2021년 1월까지 미국 생명공학 정보센터(NCBI)의 바이러스 유전체 데이터 베이스에 따르면 완전한 유전체 순서를 가지고 있는 바이러스는 193,000개로 알려져 있다. 바이러스의 유전체가 DNA이면 DNA 바이러스라 하고 또 RNA 유전체를 가지면 RNA 바이러스라고 부른다. 대부분의 바이러스는 RNA 유전체를 가진다고 알려져 있다. 유전체의 크기는 바이러스의 종에 따라 크게 다르다. 가장 적은 바이러스는 단일가닥 DNA(ssDNA)인 써코바이러스(circovirus)로 단지 4개의 단백질만 코드하므로 유전체의 크기가 2,000 염기쌍 정도이다. 가장 큰 것은 판도라 바이러스(pandoraviruses)로 유전체의 크기가 대략 2메가 염기로 2,500개의 다른 단백질을 코드할 수 있다*.

바이러스 생명의 회전은 종에 따라 크게 다르나, 보통 생명회전(cycle)은 여섯 가지 기초단계로 구성되어 진행된다. 바이러스는 생존하기 위해 (1) 숙주에 부착 (2) 바이러스 침투 또는 진입 (3) 자체 껍질 벗기 (4) 복제 (5) 구

* Philippe N. et al. Science. 341(6143), 281-286

조의 중계에 의한 바이러스 입자의 자체 조립 (6) 외부로 배출이라는 여섯 단계의 과정을 거친다. 부착 과정에는 숙주세포 표면에서 바이러스의 캡시드 단백질과 특수한 수용체 사이에 선별적인 부착 가능성으로 어떤 바이러스에 부착될지 바이러스 숙주의 범위와 숙주의 타입에 의해서 결정한다. 껍질 벗기(uncoating) 과정은 바이러스의 외곽 단백질이 제거되는 과정으로, 이 과정에서 바이러스의 유전체의 핵산이 숙주내부로 잠입한다. 복제 과정을 거치는 동안 일부 단백질은 바이러스 입자의 구조에 따라 유발된 자발적인 조합과정에 의해 변형이 일어나기도 한다. 마지막으로 세포막이 있다면 세포막을 파괴하므로 세포를 죽이는 단계인 숙주세포의 붕괴를 거치고 바이러스가 밖으로 배출된다•.

병원균으로서의 바이러스

바이러스는 지구상에 가장 풍부한 생명체로 알려져 있으며, 다른 모든 생물체를 합해도 그 수를 따라 잡지 못한다. 또한 바이러스는 동물, 식물, 박테리아 및 균사체 등의 모든 타입의 생명체에 감염되어 생존할 수 있다. 바이러스의 타입에 따라 감염될 수 있는 숙주가 제한되기도 하지만, 대부분의 바이러스는 특수한 방법으로 감염이 진행된다. 오직 사람만 감염되는 천연두 바이러스처럼 한 가지 종에만 전염되는 바이러스들을 좁은 숙주범위를 갖는다고 한다. 또 광견병 바이러스는 다른 여러 포유동물에 감염되기 때문에 숙주가 광범위하다고 한다. 식물에 감염되는 바이러스는 동물에

• Collier L, Balow A. Sussman M., Topllier & Wilson's Microbiology &Microbial Infections. 9th ed., 1998, 75-91

는 무해하고, 다른 동물에 감염되는 바이러스는 사람에게는 해가 되지 않는다[••].

바이러스를 매개로 하는 사람의 질병에는 증세가 약한 일반적인 감기, 인플루엔자, 수두(chicken pox), 목감기 등이 있다. 또한 심각한 광견병(rabies)이나 에볼라 바이러스 병, 에이즈(HIV), 조류독감, 그리고 사스(Sars) 등이 바이러스에 의해서 전염된다. 감염과정에서 기본적으로 감염된 세포를 파괴하고 결국에는 세포를 죽이게 된다. 다중세포의 유기체에서 만약에 충분한 세포가 죽게 되면, 전체 유기체는 그 영향으로 큰 고통을 받게 된다. 바이러스는 건강한 생체 유지체계를 파괴하고 병에 걸리게 하지만 유기체 내부에서 비교적 해를 끼치지 않으면서 존재한다. 그 예로 목감기를 일으킬 수 있는 허피스(herpes simplex) 바이러스는 사람의 신체 내부에 잠복한 상태로 오래도록 남아있을 수 있다[•••].

간염을 일으키는 B형 바이러스와 C형 바이러스들은 일생동안 만성적인 감염상태로 존재하고 숙주의 방어체계에도 불구하고 바이러스는 계속 신체에서 생존이 가능하다. 이렇게 만성적으로 감염된 사람을 간염바이러스'보유자'라고 하며 감염된 바이러스를 주위에 감염시킬 수 있다. 만약 이러한 보유자들의 인구가 증가하면 그 질병은 전염병으로 발전한다. 바이러스는 수평적으로는 엄마에서 자식으로 전염되고 평형적으로는 사람에서 사람으로 진행된다. 수직적인 전염의 예로 간염 B형 바이러스나 에이즈 바이러스(HIV)는 아이가 태어날 때 이미 감염이 되어 있다. 수평적인 전염은

•• Dimmock TP, et al., Introduction to Modern Virology (6th ed.),BlackwellPub. Co., 2007, 272

••• Margolis et al., J. of Virology. 81(20), 2007, 1169-1174

주로 신체 접촉 시 침과 같은 액체가, 또는 오염된 음식물이나 식수가 서로 교류되는 과정에서 전염된다. 공기 중의 바이러스는 주로 호흡기를 통해 옮겨지고, 바이러스에 오염된 모기가 숙주의 피부에 바이러스를 침투시켜 옮기기도 한다.

감염병학에서는 바이러스성 전염병이 유행하면 서로 간의 감염을 차단하는 방법과 관련한 연구를 먼저 시작한다. 감염병의 억제 방법은 바이러스가 어떻게 전염되는지에 관한 정보를 근거로 만들어지는데, 전파된 바이러스의 출처와 어떤 바이러스인지를 확인하는 단계가 중요하다. 어떤 바이러스인지 확인되면 백신으로 전염의 사슬을 무너뜨릴 수 있는지 조사한다. 만약 백신을 쉽게 얻을 수 없다면 청결이나 감염 억제가 주요한 대처방법이 된다. 감염된 사람을 다른 사회의 구성원과 격리하거나 바이러스에 노출된 지역을 폐쇄하는 것이 유일한 감염억제 방법일 때도 있다. 대부분의 바이러스는 사람이나 동물을 숙주로 감염 후 며칠에서 몇 주의 배양 기간이 필요한데, 이 기간 동안 감염에 의한 증상이 나타나지 않는 경우도 있다.

박테리아가 박테리아 파아지로부터 자신을 보호하는 주된 방법은 외부 DNA를 파괴하는 효소를 만드는 것이다. 이러한 기능을 하는 효소들을 제한효소라고 하며 독특한 순서의 DNA를 절단하는 것으로 밝혀졌다. 현재 제한 효소는 유전자 재조합 과정에서 자주 사용되는 편리한 도구로 DNA 지도를 작성하는 데 사용하는 등 분자생물학 연구의 중요한 도구로 사용된다. 이러한 제한 효소를 발견하고 효소의 기능을 규명한 세 명의 생화학자인 아버(Werner Arber), 네이턴(Daniel Nathan), 스미스(Hamilton O. Smith)는 1978년 노벨생리의학상을 수상하였다.

3 미생물을 공격하는 요격용 방어체계: 백신의 연구

백신개발의 역사

전염병을 일으키는 병원균에 대항하는 백신의 발견에 관한 초기 역사를 살펴보자. 바이러스 항체 물질을 백신으로 사용하기 전, 천연두는 천연두 바이러스를 직접 접종하여 예방하였다. 천연두 예방을 위한 시도는 10세기경 중국에서도 발견되었다. 또한 천연두 바이러스 접종에 관한 가장 오래된 기록인 16~17세기 중국의 기록에 따르면 종두물질을 코에 흡입하거나 상처딱지 가구를 흡입하여 효력을 얻을 수 있었다. 이러한 중국의 기록은 1700년대 영국의 런던 왕립학회에 접수되었는데, 그중 하나는 중국주재 동인도회사 직원이 마틴 리스터(Martin Lister)에게 전달하여 접수된 것이었다•.

• Silverstein, A M., A History of Immunology 2nd ed., Academic Press, 2009, 293

1721년 영국의 의사 마이트란드(Charles Maitland)는 런던의 뉴게이트 교도소에서 6명의 죄수에게 실험적으로 천연두 접종을 실시하였다. 한편 의사 제너(Edward Jenner)는 1796년 우두에 걸린 우유 짜는 소녀의 손에서 얻은 고름으로 만든 백신을 8세된 소년 핍스(James Phipps)의 팔에 난 상처에 집어넣었고, 6주 후에 그 소년은 천연두에 면역되었음을 알게 되었다. 제너(Edward Jenner)는 1798년 사용한 백신을 통해 핍스가 천연두에 걸리지 않는다는 사실을 확인하였으며, 백신은 어른에게도 안전하다는 보고서를 발표하였다•.

그 후 천연두백신보다 우두를 사용한 백신이 훨씬 안전하다는 사실이 확인되었다. 제너의 접종연구 이후에 등장한 백신은 1880년 파스퇴르(Louis Pasteur)가 닭의 몸에 콜레라와 탄저균을 배양하여 얻어낸 백신이었다••. 19세기 후반 백신의 개발은 여러 국가의 자존심의 문제가 되었으며, 백신에 대한 정책을 만들어 강제로 백신을 맞아야 하는 접종법이 통과되었다. 미국의 병리학자 우드러프(Alice M. Woodruff)와 굿페스쳐(Ernest Goodpasture)는 1931년 새 천연두(Fowlpox) 바이러스를 산란된 달걀에서 생장시킬 수 있음을 발표하였다. 이렇게 달걀에서 바이러스를 배양하는 방법은 1935년 황열병 그리고 1945년에 인플루엔자 백신의 개발과정에서 바이러스의 증식에 사용되었다. 1959년에는 새로 개발된 배양액과 세포 배양방법은 백신 제조를 위하여 바이러스를 증식시키는 새로운 방법으로 채택되었다•••.

백신연구는 20세기에 들어와서 급격히 발전하였으며, 디프테리아, 홍

• Stern A. M. & Markel H., Health Affairs. 24(3), 2005, 611-621
•• Pasteur L., Lancet 118 (3024), 1881, 271-272
••• Louten, Jennifer, Essential Human Virology. Acedemic Press, 2016, 134-135

역, 이화선염 그리고 독일 홍역에 대한 백신이 성공적으로 개발되었다. 그 중 가장 획기적인 백신제조의 성공사례는 1950년대의 소아마비백신 개발과 1960~1970년대의 천연두 박멸을 꼽을 수 있다. 이렇게 해서 백신은 더욱 일상화되었으며 많은 사람의 신뢰를 얻었다. 초기에 개발된 1세대 백신은 전체 병원성 유기체를 항원으로 사용하는 백신으로, 살아있거나 약화시켰거나 또는 죽은 형태의 항원을 사용하여 백신을 만들었다. 이러한 백신에 속하는 천연두백신과 소아마비백신은 살생 T-세포나 보조-T세포의 감응으로 면역성을 유발하는 능력을 가진다고 알려졌다. 살아있는 감쇠된 형태의 병원균은 위험한 형태로 전환될 수 있고, 에이즈바이러스(AIDS) 같이 면역 결핍된 백신 접종자는 질병을 일으킬 수도 있었다. 그러나 죽은 백신을 사용하면 이러한 위험은 없긴 하나 특수한 살생-T세포에 감응을 일으키지 않으며, 어떤 질병에는 전혀 효과가 없을 수도 있음이 밝혀졌다. 그래서 2세대 백신은 살아 있는 백신으로부터 위험을 줄이기 위하여 개발된 것으로, 소 단위체 백신은 특수한 단백질 항원 또는 재조합된 간염 B바이러스 표면항원 단백질 성분을 사용하기도 하였다. 최근에는 RNA나 DNA를 항원으로 사용하는 더 발전한 백신이 제 3세대 백신으로 출현하였다. 2016년 미국 국립보건연구원은 DNA 백신을 뇌의 대뇌세포 내부에 침투시켜 신경 줄기세포를 공격하는 지카(Zika)바이러스에 대응하는 시험을 시작하였다[●●●●].

●●●● Robinson HL, Pertmer TM, Advances in Virus Research 55, 2000, 1-74

백신의 기능 및 제조

우리 신체에 항원인 백신을 투여하는 것은 면역체계를 활용한 대처방법으로, 면역성을 갖도록 하여 전염병에 걸리지 않게 한다. 백신은 전형적으로 병을 일으키는 미생물과 유사한 물질이거나 미생물, 독소 또는 그의 표면 단백질을 약화시킨 것이거나, 죽은 형태의 항원을 사용하여 만든다. 백신은 자연적인 또는 병원균에 의한 미래의 감염을 예방할 수 있는 감염억제제로, 질병과 싸우는 치료제가 될 수 있어 인간의 생명 연장을 위한 가장 이상적인 대처방법이다•.

백신은 병의 위험을 줄이고 전염이 확산되지 않도록 면역체계의 대응을 유도하는 능력을 가진다. 초기에는 전염성이 있는 미생물 유기체로 백신을 제조하였으나, 근래에는 화학물질, 열 또는 방사선 조사를 통해 항원을 불활성화시켜 파괴한 것을 사용하거나 박테리아의 세포 외벽을 사용한다. 불활성화되고 감쇠된 백신의 예로는 폴리오백신, 간염 A 백신, 대부분의 인플루엔자 백신을 들 수 있다. 변성독소의 백신은 활성화가 되지 않은 변성독소 화합물을 사용하여 얻어지는 백신이다. 변성독소로 만든 백신은 파상풍이나 디프테리아 예방에 사용된다. 또한 감쇠된 미생물 대신 미생물 단백질의 소 단위체를 백신의 소재로 사용하기도 한다. 초기 간염바이러스 백신은 만성적으로 감염된 환자 혈액의 플라스마에서 추출한 것을 사용하였으나 지금은 바이러스 유전자에 소 단위체의 유전자를 재조합하여 효모에서 얻어낸 단백질을 사용한다. 자궁암을 일으키는 파필로마바이러스(HPV)

• Melief CJ, et al., Journal of Clinical Investigation. 125(9), 2015, 3401-3412

백신은 바이러스의 주된 캡시드단백질 일부를 사용한다. 인플루엔자 백신은 바이러스가 가진 해마굴루틴, 효소 뉴라미니데이스의 소 단위체를 사용하기도 한다.

근래에 각광받고 있는 mRNA 백신(또는 RNA)은 새로운 형태의 백신으로, 지질 나노입자 같은 운반체내부에 포장된 핵산인 RNA로 구성된 백신을 개발하여 사용하고 있다. 지난 2년 동안 전 세계적으로 유행한 코로나바이러스(COVID-19)의 전염을 억제하기 위하여 개발된 백신으로 여러 종류의 RNA 백신이 몇몇 나라에서 긴급하게 사용되도록 허가되었다. 최근 미국의 보건당국은 파이자-비욘텍(BioNtech)사와 모더나사가 mRNA백신을 생산하도록 허가하였다[••]. 이렇게 mRNA나 DNA 백신의 우수한 장점은 제작기간을 크게 단축하고, 쉽게 제작이 가능하며, 보관도 용이하여 저렴하게 생산할 수 있다는 점이다.

현재 개발되고 있는 혁신적인 백신들 중에 항원을 제시하는 기능의 수지상(dendritic) 세포 백신은 수지상 세포와 신체의 백혈구세포에 대항하는 항원을 결합시켜 면역반응을 증가시킨다. 또한 DNA 백신으로 사람이나 동물세포에 바이러스나 박테리아의 DNA를 삽입하여 바이러스 단백질을 체내에서 발현시켜 면역체계의 인식이 가능하도록 개발하여 사용하기도 한다. 발현된 단백질을 인식하는 몇 세포의 면역체계는 대단히 오랜 기간 생존하기 때문에 이들 단백질에 대항하여 공격력을 증강하게 되고, 바이러스의 급격한 성장을 방지할 수 있다.

백신은 수많은 사람에게 사용되므로 일반약품보다 철저한 승인이 요구

•• Gomez PL. Robinson JL, Rogalewicz J., Vaccines(5th ed.) New York, Saunders / elsevier, 2008, 45-59

되는 엄격한 생산과정을 따른다. 백신의 생산단계에서 제일 먼저 항원이 얻어져야 하며, 인플루엔자 바이러스 항원은 달걀 같은 기본세포에서, 그리고 간염 A 바이러스는 사람의 배양세포에서 지속적으로 모두 잘 자라야 한다. 바이러스나 박테리아에서 얻어진 재조합 단백질은 효모, 박테리아 또는 배양세포에서 얻을 수 있어야 한다. 최종적으로는 보조제, 안정제, 부존제가 포함됨으로써 완성된다. 특히 보조제는 항원에 대한 면역적인 감응을 증진시킬 수 있고, 안정제는 보관 수명을 연장시키면서 다중 처방으로 전염병에 사용할 수 있어야 한다.

백신은 대단히 소량의 활성 내용물인 항원을 기본으로 하여 여러 가지 보조물질로 구성된다. 면역반응의 보조 증진제로 백신에는 한두 개의 물질이 반드시 포함된다. 예를 들어, 파상풍 독소를 보통 명반(황산알루미늄)에 흡수시켜 만들면 단순히 파상풍 독소만 사용할 때보다 훨씬 높은 면역 활성을 나타낸다고 한다. 또한 방부제를 백신에 포함시켜 박테리아나 균사체의 오염을 방지시킬 수 있어야 한다. 최근까지는 살아있는 바이러스를 보유하지 않은 여러 종류의 백신에 따이머러셀(Thimesosal)이라는 방부제가 사용되었다. 많은 백신들이 스타필로코커스(Staphylococcus)의 심각한 오염으로 인한 부작용을 예방하기 위하여 방부제를 사용해야 한다. 그 외에 페녹시에탄올, 포름알데히드 등이 방부제로 사용된다.

4 면역체계를 활용한 면역항암제 연구

암세포와 면역체계의 연구

미국의 외과의사 콜리(William Coley)는 1893년에 면역체계를 이용한 암 치료의 가능성을 제일 먼저 제시한 임상의사이다. 박테리아가 감염되면 암세포가 괴사한다는 사실을 관찰해낸 그는 다양한 종류의 박테리아 배양액을 환자에게 주입하여 암을 치료하려 하였고 몇몇 환자에게서 효과를 보기도 하였으나, 부작용이 너무 심해 실용화할 수는 없었다. 그 후 콜리가 사용한 독소(toxin)의 활성 물질은 박테리아 세포벽의 내독소(endotoxin)인 지질다당체(lipopolysaccharide, LPS)인 것으로 밝혀졌다. 이 당지질은 항체를 만드는 B 세포와 대식세포의 세포막에 존재하는 수용체(TLR)에 부착하여 세포분열을 비 특이적으로 촉진시킨다. 그 후 연구자들은 동물 모델 실험을 통해 내부독소인 지질다당체의 활동으로 대식세포가 활성화되고, 흡착력이 있는 방어세포인 대식세포는 조직괴사인자(TNF-α)를 만들어 암세포를 특이적으로 죽일 수 있음을 증명해냈다*.

콜리가 암의 면역치료 가능성을 제시한 이후, 면역학자들은 염증을 일으키는 세포들과 면역세포들이 암세포의 성장 억제에 어떤 영향을 미치는지 밝혀내는 연구를 시작하였다. 그 결과 면역체계가 실제로 종양의 생성억제와 신체의 다중방어체계에 관여한다는 증거를 얻는 데에 성공하였다. 알려졌다시피 면역체계는 근본적으로 자체 조직에는 대항하지 않고 외부 물질의 인식과 제거에만 관여한다. 그런데 암세포는 여러 가지 측면에서 신체와 동일하며 신체의 정상세포와 구별이 불가능하므로 면역항암체계 연구는 상당한 어려움에 봉착하였다**.

이후 환자의 혈액에서 추출한 면역세포를 외부에서 배양시킨 뒤 환자에게 다시 주입하는 방식의 새로운 혼합치료방법이 사용되었다. 그래서 암 치료과정에서 면역세포 치료를 암 백신치료라고 부르기도 한다. 이때 외부에서 배양되어 투입된 면역세포는 암환자의 면역력을 강화시키고 암에 대항하는 힘을 길러준다고 알려진다. 암세포가 다른 질병과 달리 치명적으로 위험한 까닭은 치료 과정에 발생하는 높은 재발률과 전이에 있으나, 항암 면역 세포치료에서는 이러한 재발과 전이를 막을 수 있다는 큰 장점을 가지기에 항암치료 연구자들이 큰 관심을 기울이고 있다.

놀랍게도 우리 신체의 면역세포는 종양세포를 인식하고 감염세포를 죽일 수도 있지만, 종양을 증진시키는 상반된 이중적인 기능을 한다. 그래서 지난 반세기 동안 면역체계가 자체의 암세포를 어떻게 인지하고 죽이는지

* Kucerova P, Cervinkova M., Anticancer Drugs 27(4), 2016, 269- 277

** Restifo NP, Dudley ME, & Rosenberg SA, Nature Reviews. Immunology. 12(4), 2012, 29-281

에 대한 연구가 집중적으로 이루어졌다. 1980년과 1990년 사이에 프랑스와 일본의 면역학자들은 흉선에서 성숙된 백혈구세포의 하나인 T세포의 표면에 특정 단백질을 붙이면 면역세포가 병원체를 공격하는 기능을 상실한다는 사실을 발견하였다. 이러한 원리를 바탕으로 T세포의 표면에 붙어있는 특정 단백질의 기능을 없애 T세포의 기능을 되살리게 하는 시도를 하였다. 이를 통해 인체 스스로 암을 치유하도록 하는 방법을 적용할 수 있으리라는 사실이 밝혀졌다•••.

우리 신체의 방어체계는 세포나 조직에 특이한 메커니즘으로 작동하여 면역체계를 동원하며, 암세포의 증식을 억제하기 위해서 세포의 사멸을 유도하고, 상피세포는 암세포가 정상적인 위치에서 벗어나 자라지 못하도록 한다. 암 면역체계에서는 면역글로뷰린을 만드는 B세포와 T세포의 활성을 촉진시킬 수 있을 뿐만 아니라 심지어 항원을 다른 세포에 제시하는 수지상세포까지 자극할 수 있다면 수용체의 기능을 상향할 수 있을 거라는 의견이 제시되었다. 그래서 종양이 자라는 부위에 BCG(Bacillus Calmette-Guerin)와 같은 염증물질을 주사하여 비 특이적으로 종양환자의 면역기능을 자극하는 방법이 한동안 시험되었다. 또한 림파구 세포로 면역글로뷰린을 생산하는 자연살생 세포(NK)와 같은 기능을 하는 T-세포의 수용체인 분화클러스터(Cluster of differentiation, CD)의 단백질 복합체는 T-세포의 수용체로 세포독성 T-세포의 활성화에 참여하고 있다(그림 7-4). 비 특이적으로 면역자극을 유발할 수 있는 또 다른 방법은 항 분화클러스터 CD3 항체를 처리하는 것이다. 이 방법으로 종양을 이식받은 생쥐에 소량의 항 CD3항체

••• Zhao, Lijun, Cao, Yu., Frontiers in Immun- ology 10, 2019, 2250

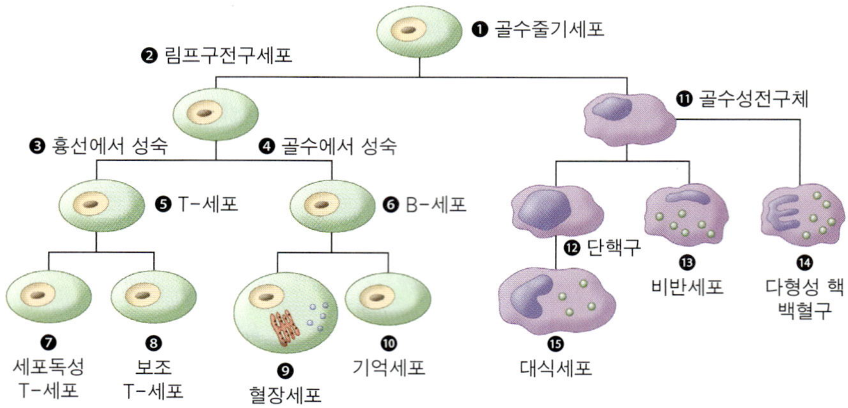

그림 7-4 모두 골수세포들로부터 유래된 항체를 형성하는 세포들이다. 우리 신체의 방어에 관여하는 적응에 의해서 면역성을 갖는 세포로 면역글로뷰린을 만드는 B세포와 T세포가 있으며, T세포는 세포독성 T세포와 보조 T세포가 있다. 선천적으로 방어체계를 위하여 만들어진 세포들로는 대식세포나 비반세포들이 관여한다.

를 처리하면 T림프구의 다 클론성 증식이 일어나며, 종양의 성장이 억제된다. 이로써 종양 환자에 항-CD3항체를 사용한 암 면역치료의 임상시도가 가능하다는 사실이 밝혀졌다•.

최근에는 항원을 다른 세포에 제시하는 기능을 가진 수지상 세포를 이용한 암 백신 개발이 활발하게 진행 중이다. 암 환자의 골수나 혈액에서 수지상 세포를 분리한 다음, 실험관에서 다양한 방법으로 수지상 세포에 종양세포관련 항원(Tumor Associated Antigen, TAA)을 주입하여 배양한다. 이렇게 종양세포관련 항원(TAA)을 세포 사이의 통신에 참여하는 기능을 가진 주된

• Reichert, JM., https://www.ncbi. nih.gov/pmc/articles/pmc3355480.mabs4 (3), 2012, 413-415

조직적합성체(MHC)와 함께 T세포를 활성화시킬 수 있는 수지상 세포를 다시 환자에게 주입하는 방법을 채택하고 있다. 이렇게 만들어 주입된 수지상 세포에 의해 T세포가 활성화되면 T세포들은 특정 암의 해당 항원을 발현하는 세포를 인식하고 파괴할 수 있다. 지금까지 전 임상결과를 통해 수지상 세포를 이용한 암 백신이 가장 강력한 항암효과와 항암 면역반응을 유도하는 것으로 밝혀졌다••.

면역항암 치료제의 연구개발 현황

현재 각광받는 면역암치료법은 면역체계를 자극하여 활용하는 방법으로, 병과 싸울 수 있는 자연적인 능력인 면역체계를 개선하여 치료가 가능하도록 한다. 그중에는 암세포인 항체에 결합하는 외부물질인 종양항원을 가진 암세포가 있다는 사실을 활용하는 방법이 있다. 이 방법을 사용하면 암세포의 항원표면 분자가 면역체계의 항체단백질에 부착되어 암세포를 확인할 수 있다. 이때 종양항원은 단백질이거나 다른 탄수화물 같은 거대분자일 수도 있다. 정상적인 항체는 외부병원균에 결합하지만 변형된 면역치료용 항체는 종양표지항원에만 부착되며, 이를 활용하여 면역체계를 방해하거나 죽이는 암세포를 확인할 수 있다. 2018년 면역학자인 엘리슨(James P. Allison)과 혼조(Tasuku Honjo)는 이렇게 면역조절의 억제를 통한 치료방법을 개발한 업적으로 노벨생리의학상을 수상하였다.

여러 암세포에는 상당수의 종양 세포에 결합 가능한 외부물질인 항원이

•• Couli PG, Hanagiri T. Takano- yama M., Int. J. Clin. Oncol. 6, 2001, 163

존재하고 있으며, 이 항원의 면역체계가 암 세포를 인식하고 면역반응을 일으켜 암 세포를 파괴하도록 하는 것을 특이적인 능동 치료법이라고 한다. 이러한 면역 치료를 위해서는 먼저 효과적으로 면역반응을 유도할 수 있는 종양 세포 관련된 항원을 찾아내야 한다. 종양세포관련 항원(Tumor Associated Antigen, TAA)을 찾는 데 사용되는 방법은 다음과 같다. 우선 종양 세포에서 얻은 유전자를 면역체계에서 항원을 제시하는 분자인 주된조직 적합성체(MHC)를 발현하는 세포에 함께 주입한다. 이후 암 세포특이적인 림프구 세포와 반응시켜 활성도를 측정하면 림파구를 활성화시킬 수 있는 항원을 찾아낼 수 있다. 또한 암환자의 암세포에서 추출한 펩타이드를 항원제시세포에 적재해 특정 항암 림파구와 반응시켜 활성의 정도를 측정함으로써 암 항원을 가려낼 수 있다.

정상 세포가 암세포로 변형되면 보통 세포표면의 당단백질로 세포 사이의 통신에 관여하는 주된조직적합성체(MHC)분자와 함께 생소한 항원을 발현하는데, 이것을 종양세포 관련 항원(Tumor Associated Antigen, TAA)이라고 부른다. 밝혀진 고체 종양항원으로는 태아성암 항원(carcinoembryonic antigen(CEA), HER-2, mucins(MUC-1), 전립선특이항원(Prostate Specific antigen, PSA) 등 여러 가지가 있다. 바이러스단백질인 간염바이러스 B(Hepatitis B, HBV), 림프에 있는 바이러스(Epstein-Barr, EBV) 역시 암 발생에서 중요한 역할을 하는 단백질도 암 항원으로 간주할 수 있다*.

최근에는 암환자의 혈청을 이용하여 암세포를 발현하는 단백질을 항원-항체반응으로 확인할 수 있는 SEREX법(Serologic Analysis of Recombinant

* Restifo, NP; Dudley, ME; Rosenberg, SA, Nature Reviews. Immunology. 12 (4), 2012, 269-281

cDNA Expression Libraries)이 개발되었다. 암세포를 DNA 미세배열(DNA Microarray)과 프로테오믹스 방법으로 정상세포와 비교하여 암 세포에서 특이적으로 발현하는 항원을 찾는 방법으로, 이러한 방법들을 사용하여 500개가 넘는 종양세포관련 항원(TAA)을 발견하였다. 그러나 종양세포관련 항원(TAA)은 대부분이 면역 측면에서 자기(self)이기 때문에 면역반응이 그렇게 강하지 않고 면역원성이 약하다는 점이 해결해야 할 과제로 남아있다.

면역 암 치료에서 입양세포 면역요법이란 항암 활성화된 면역세포를 암 환자에게 주입하는 방법이다. 현재 사용되고 있는 대표적인 방법은 림포카인-활성 살생(LAK)세포방법, 그리고 자연살생 세포(Natural killer, NK세포)와 같은 기능을 가진 세포독성 T세포방법이 있다. 림파구 세포에서 분비되어 면역체계의 세포를 조절하는 림포카인-활성 살생(LAK) 세포방법은 비특이적인 방법으로, 먼저 암 환자의 피에서 림프구를 분리, 생체 외에서 인터루킨-2(interleukin-2)와 함께 배양해서 다량의 림포카인-활성 살생세포(Lymphokine-activated killer cell, LAK)를 얻을 수 있다. 이렇게 활성화된 림포카인-활성 살생(LAK)세포를 인터루킨(IL-2)과 함께 다시 환자에게 주입한다. 인터루킨(IL-2)은 보조-T세포에서 생산되는 사이토카인으로, 자연 살생세포(Natural Killer 세포, NK세포)의 증식과 세포독성 T세포로의 활성을 유도할 수 있다. 이렇게 림포카인-활성 살생(LAK)세포와 인터루킨-2를 주입한 다음 암세포가 퇴화되는 것을 관찰할 수 있게 되었다••.

최근 각광을 받고 있는 암 치료제로 유전자 재조합방법을 사용하여 인위적으로 만들어진 면역성 T-세포의 수용체인 조작된항체수용체(Chimeric

•• Dranoff G., Nature Reviews. Cancer. 4(1), 2004, 11-22

Antigen Receptor, CAR)-T세포가 실용화 되고 있다. CAR-T세포 수용체 단백질은 T-세포의 특수단백질이 목표물질이 되도록 설계한 것이다. 이렇게 디자인된 수용체는 항체부착과 T-세포를 활성화시키는 두 가지 능력을 동시에 갖추고 있다. CAR-T세포 항암 치료제는 환자의 혈액이나 건강한 기증자의 T-세포에서 얻어 막 단백질의 항원을 인지하는 항체를 발굴하여 CAR-T세포에 탑재시킨 것이다. 이렇게 인위적으로 조작된 CAR-T세포를 환자에게 투입하면 암세포에 대항하는 살아있는 치료약물로 활용할 수 있다. 이렇게 조작된 CAR-T세포는 환자의 암세포에 부착되어 계속 성장하며 세포독성을 나타내어 암세포를 죽인다[•].

현재 CAR-T세포를 사용한 항암면역 치료제로서 미국 식약처에 승인된 표적 면역치료제인 아베크마(Abecma)는 BMS사에서 개발한 다중성 골수종 치료제로, 아이데캅타유전자(idecabtagene)를 포함하고 있다. 길리어스 사이언스사의 예스카타(Yescarta)라는 상품은 2017년 승인되었으며 림프암의 치료에 효과적이다. 2022년에 상품화된 얀센(Janssen, J&J)사의 카빅티(Carvykti)는 실타캅타유전자(ciltacabtagene)를 첨가시킨 CAR-T세포치료제이며 골수종 치료제로 승인되었다.

암 치료 시 직접적으로 면역체계를 활성화하는 대신 이미 형성된 항체, 사이토카인, 외부에서 유입되는 세포를 인식하고 죽이는 기능의 세포독성 T세포 등을 투여하여 이들이 직간접으로 암세포를 제거하는 면역반응을 활성화시키는 방법을 수동적 면역치료방법이라고 한다. 이렇게 수동 면역치료에는 세부적으로 암세포를 특수하게 공격할 수 있는 특이적인 방법과

• Sadelain M. Brentjens R. Riviera I., Cancer Discovery. 3(4), 2013, 388-398

비 특이적인 방법으로 나눌 수 있다. 수동 면역치료에서 투여된 여러 요소들은 반감기를 가지기 때문에 효과가 지속되기 위해서는 반복적으로 투여해 주어야 한다는 단점이 있긴 하지만, 어느 정도 성공을 거두고 있다. 다만 이와 같은 수동 면역치료과정에는 환자의 면역체계를 작동시키지 못하기 때문에, 암 세포에 대한 공격이 충분하지 않을 수 있다.

암 환자의 전반적인 면역력을 향상시키는 비 특이적 면역 치료법에는 특히 T세포의 활성과 분화에 중요한 면역보조 자극제가 많이 이용된다. 대표적인 보조 자극제로는 B7그룹, 암 괴사 인자(Tumor Necrosis Factor, TNF)그룹, 특정세포에서 유래된 세포조절인자, 사이토카인 그룹이 있다. B7그룹은 항원제시세포에서 T세포로 한 방향으로 신호를 보내는 보조 자극제로, 이들 중 특히 분화클러스터 CD80과 CD86에 대한 연구가 활발히 이루어지고 있다. 사이토카인은 특이적인 면역 치료법과 병행하거나 단독으로 널리 사용되는데, 사이토카인 단백질이나 유전자를 재조합 DNA나 바이러스 운반체를 통해 환자에 주입하면 환자의 면역력을 증가시킬 뿐만 아니라 면역반응을 특정한 방향으로 유도할 수 있다••.

또 다른 수동 면역치료 방법으로 생체 밖에서 만든 다량의 항체를 환자에 주입하여 항암활성을 높이는 방법이 있다. 이때 항원에 대항해서 신체에서 만들어지는 항체는 암세포를 표적하도록 고안될 수 있을 뿐만 아니라, 암세포 성장에 필요한 분자나 다른 세포 유형에 작용하도록 고안될 수도 있다. 그래서 항체가 세포를 죽이도록 유도하거나 성장인자 수용체를 차단하는 등 직접적으로 작용하여 치료효과를 나타낼 수 있으며, 간접적으

•• Dunn GP. Koebel CM, Schreiber RD, Nature Reviews. Immunology, 6(11), 2006, 836-848

로는 흡착력이 있는 식작용의 대식 세포와 같은 세포에 유독한 물질을 증가시켜 치료효과를 보여줄 수도 있다. 이렇게 항체가 매개되어 세포를 죽이는 방법을 항체에 좌우되는 세포 연계 세포독성(antibody dependent cell mediated cytotoxicity, ADCC)이라고 부른다. 한 가지 동일 항원 결정기에만 부착되는 항체인 단일클론항체가 자신과 타인을 인식하고 타인의 신호인식능력을 증폭하는 보체(complement)에 붙어 직접적으로 외부세포의 죽음을 유도하는 방법을 세포독성(complement dependent cytotoxicity, CDC)이라 부른다. 이 방법을 사용하면 면역체계에서 체액인 보체에 좌우되는 외부에서 유입되는 세포를 죽일 수 있다•.

하나의 항원 결정기에만 대응하는 항체로, 원하는 외부 항원에 대항하는 항체를 합성하는 B세포와 무한정하게 분열되는 골수종세포를 융합하여 만들어진 하이브리도마 세포에서 단일클론 항체를 많이 만들어낼 수 있다(그림 7-5). 이렇게 단일 복제세포에 의해서 합성된 항체인 단일클론항체의 항암 활성은 암세포지역에 방사성 동위원소나 약의 투여를 강화시킬 수 있다. 또한 유전자 재조합을 통해 암세포에 결합시킴과 동시에 세포의 수용체(CD3, FcR 등)를 활성화시킬 수 있어 이중특이성 항체를 사용하여 항암 활성이 강화된 치료가 가능할 수 있다. 현재 미국식약처(FDA)에 승인을 받은 첫 번째 단일클론항체이자 가장 먼저 허가되어 사용되는 항암치료제인 라이툭시맵(Rituximab)은 분화집단 CD20에 결합하며, 주로 세포연계세포독성(ADCC)을 포함하는 기작을 통해 B세포 림프종 환자들에게서 높은 비율로 치료되는 효과를 보인다••. 현재 허가되어 사용되는 단일 클론항체치

• Seidel UJ, Schlegel P. Lang P., Frontiers in Immunology 4, 2013, 7

•• Cerny GL. et al., Anti-Cancer Drugs 13 Suppl. 2, 2002, S3-10

료제가 상당수가 개발되었다(표 7-1). 단일클론항체를 이용한 수동적 면역 치료의 경우 적절한 표적항원의 선정과 항체의 반감기를 반드시 고려해야 하며, 사람이 아닌 동물에서 항체가 만들어졌을 경우 얼마나 효과적인지에

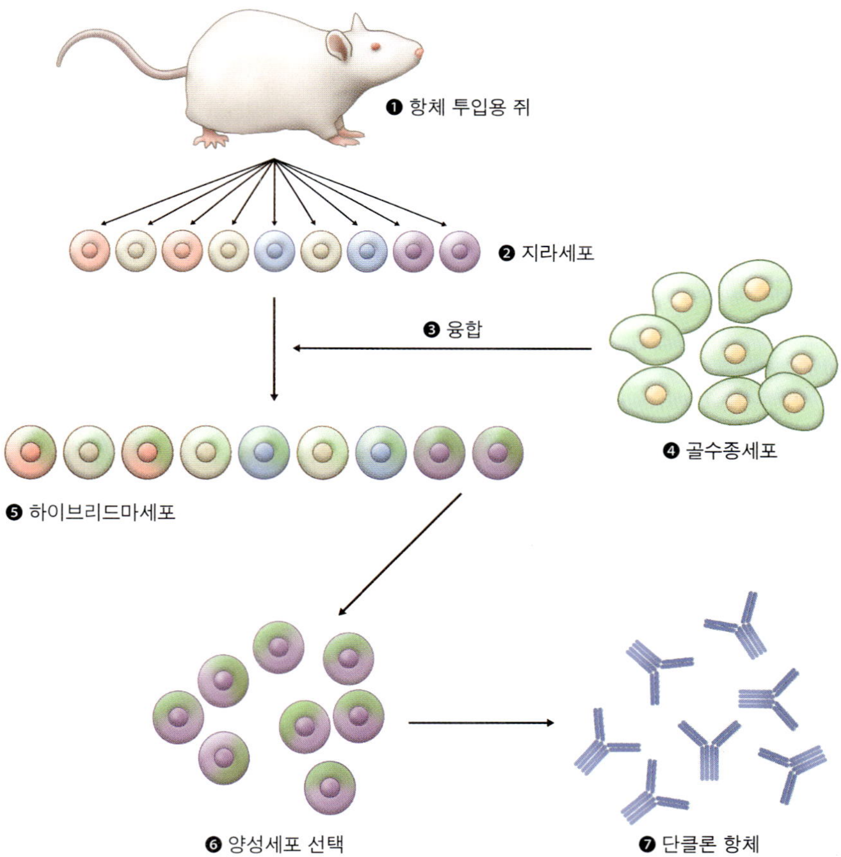

그림 7-5 단일클론항체는 하이브리도마세포를 사용하여 많은 수의 동일한 항체를 제조할 수 있는 방법이다. 쥐의 면역에 감응하는 항원을 주입하여 혈액세포인 B세포에서 주입한 항원에만 결합되는 항체를 생산할 수 있다.

대한 연구가 더 이루어져야 한다. 이때 정상조직에 통제되지 않는 부적절한 독성을 가지지 않아야 하며, 항암효과를 향상시키는 것이 앞으로 해결되어야 할 과제이다.

표 7-1 면역항암치료제 – 단일클론항체

항체명	상품명	목표 수용체	치료 암
Ofatummab	Arzerra	CD20	무반응성 만성 림프세포 백혈병
Ipilimumab	Yervoy	CTLA4	전이성 흑생종
Pembrolizumab	Keytruda	IgG4 PD-1	소세포 폐암, 위암, 자궁암
Nivolumab	Opdivo	PD-1	장암, 직장암, 소세포 폐암, 신장세포암, 간세포암
Elotuzumab	Empliciti	SLAMF7	다중성 골수암
Atezolizumab	Tecentrig	PD-L1	방광암
Cetuximab		Her1, 2	유방암
Pertuzumab		Her1, 2	유방암

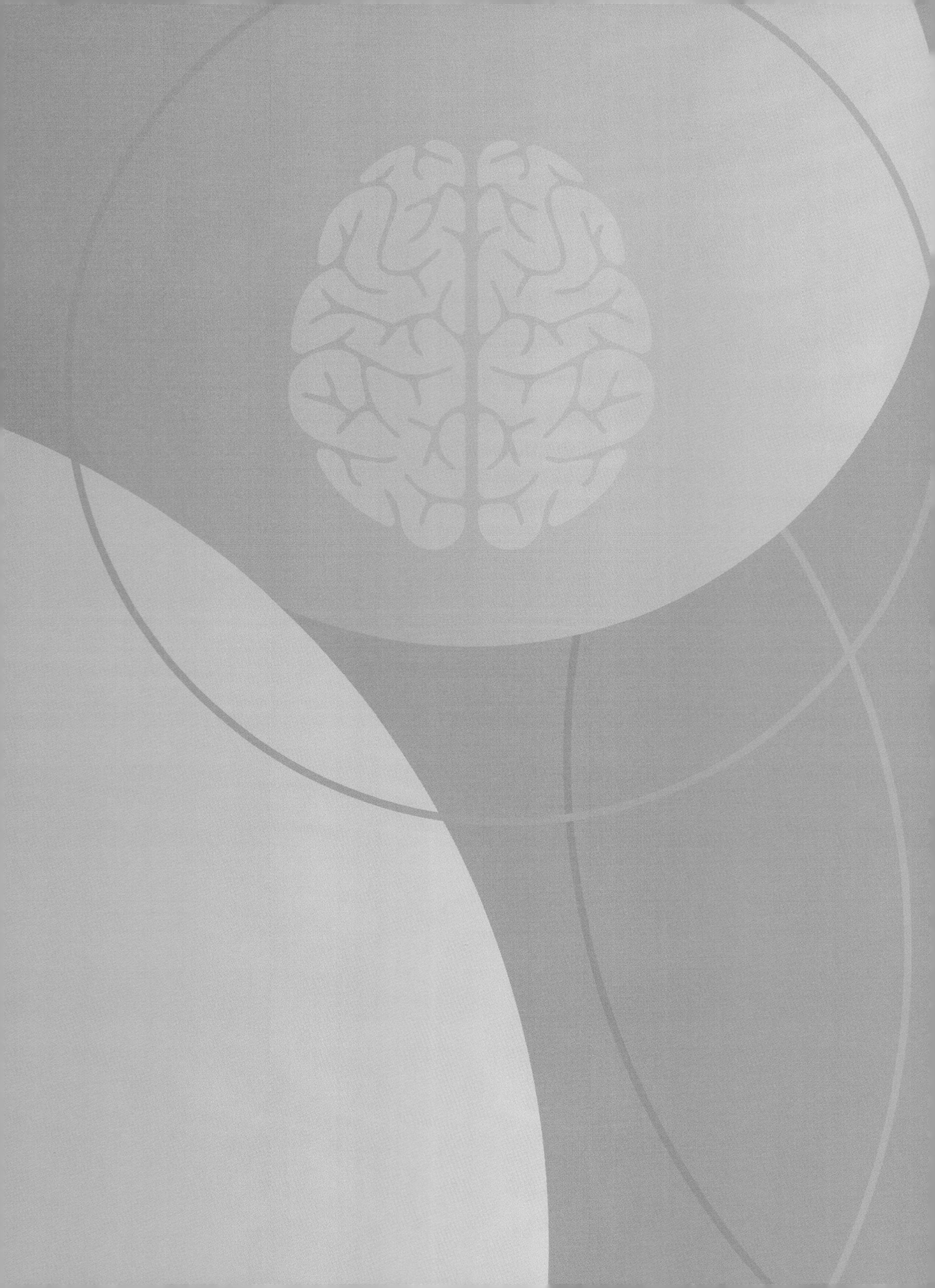

제 8 장

일생동안 건강을 지키기 위한 생명과학의 이해

1 젊고 건강한 노후를 위한 준비

젊어서부터 준비하는 현명한 노후대책

필자가 지금까지 살아온 경험을 바탕으로 돌이켜보면, 젊고 건강한 노후를 위해서는 인생의 중반기부터 미리 잘 준비해 두어야 한다. 자신의 가족력과 건강을 지키려는 노력에 근거해서 대략 얼마까지 살 수 있겠는가를 예상해보고, 자신에게 맞는 대략적인 일생의 계획을 머릿속에 그려 두어야 한다. 청년기라면 결혼 및 자녀계획을 근거로 한 재정계획이 필요할 것이다. 젊었을 때 열심히 저축하고 퇴직금은 믿을만한 연금으로 필요한 금액이 되도록 준비한다. 또한 고립되지 않도록 일찌감치 인간관계를 잘 챙기고, 진심이 통하는 친구 한두 명이 있어야 노후를 잘 보낼 수 있다.

퇴직 후의 준비는 빠를수록 좋고, 가급적이면 30대부터 미리 준비하는 것을 권장한다. 그리고 국가는 사회보장(국민연금)제도를 정치인의 선심성 선물로 가끔 사용하려고 하지 말고, 기본적인 사회보장제도(국민연금)를 빨리 재정비했으면 한다. 필자의 생각으로 국민연금도 두세 군데의 기관으로 나누어서 서로 경쟁하도록 하고, 국민이 원하면 수익이 높은 곳으로 옮길 수 있도록 하는 경쟁체제로 바꾸어야 한다고 생각한다. 오래전 서울시에서 60세 이상의 시민을 대상으로 조사한 자료에 따르면, 자녀와 같이 살고 싶지 않다고 대답한 응답자가 2005년에 50.7%에서 2011년 70.8%로 증가하였다고 한다. 그러나 2010년 기준으로 부모와 동거하고 있는 30~49세 성인이 2000년의 25만 3244명보다 91.4%가 늘었는데, 이는 주로 경제적인 이유 때문이라고 한다. 자식의 경제적 자립이 이루어지지 않은 것과 더불어 부모를 공경해야 하는 유교적인 관념 때문이라고는 하나 빨리 개선해야 할 사회문제라고 여겨진다.

앞으로는 우리나라도 선진국에서처럼 자녀가 일찍 자립할 수 있도록 교육해야 한다. 일례로 미국의 젊은이는 이른 나이에 부모 곁을 떠나 독립하여 사는 분위기가 조성되어 있는데, 우리나라와 일본은 부모에게 의존하는 성향이 강해 국가 경쟁력 자체가 흔들리는 상황에 처했다. 자녀의 독립심을 키워주지 않는 교육방식이 문제로, 이를 하루빨리 개선하여 자녀의 독립심을 키울 수 있도록 교육시켜야 하겠다. 자립해서 고생해본 자식일수록 부모가 어렵게 모은 재산도 없애지 않고 잘 관리한다. 또한 젊은 나이에 결혼을 하는 것이 대단히 중요하다. 젊은 세대의 결혼과 출생률이 높아지도록 정부가 나서 일과 가정의 양립 문제, 주택 문제 등을 해결해야 한다. 긴 인생을 함께 하는 동반자의 존재는 건강한 노후에 큰 도움이 되므로 적절한 시기에 결혼하는 것을 적극 권장한다. 필자가 어렸을 적에 항상 부친께서 말씀하시길 '훌륭한 사람이 되면 밥 먹는 것은 걱정할 필요가 없다'고 하셨다. 그래서 필자는 항상 자신이 스스로하고 싶은 일을 하면서 일생을 사는 사람이 가장 행복한 사람이라고 생각해 왔다. 그러니 앞으로의 세대는 젊어서 본인이 하고 싶은 일을 하고 살 것인지, 아니면 부를 축적하여 성공한 사업가로 살 것인지를 먼저 결정해야 한다.

한편 최근 통계자료에 의하면 우리나라 Z세대(1990년부터 2010년대 초반 태생)는 행복을 위한 필수요소 1순위로 소득과 재산을 뽑았다고 한다. 반면에 미국의 Z세대는 인간관계와 우정을 1순위로 여긴다고 한다. 한국의 지성인 선배들은 우리 사회가 왜 이렇게 변했는지 심각하게 고찰해보아야 한다. 한 개인이 큰 부를 축적하기 위한 방법은 투자나 사업이 유일하다. 만약 투자에 관심이 있다면 신문의 경제면을 매일 꼬박꼬박 읽으라고 권고하고 싶다. 모든 지식은 한 번에 습득되는 것이 아니라 단계적으로 오랜 시간에 걸쳐서 축적되어 쓸모 있도록 발전하기 때문이다. 부를 축적할 기회는 그렇게 자주 오지 않으며, 이러한 기회를 판단하는 능력은 경제적인 사고에서 온다. 따라서 꾸준한 노력이 뒷받침된 상황에 타이밍이 잘 들어맞으면 필요한 만큼의 재력을 쌓을 수 있다고 생각한다.

미국의 석유 왕 록펠러는 성공한 사람이 되려면 스스로를 끊임없이 변화시켜 행운에게 선택받는 사람이 되도록 노력해야 하며, 성공하기 위해서는 부단한 노력과 행운이 모두 필요하다고 하였다. 미국의 경제학자이자 투자가인 피터 번스타인은 포브스가 선정한 1300여 명을 대상으로 경제적 성공 요인을 분석해 보았더니, 부를 축적할 수 있는 공통점은 내적 요인인 승부욕과 경쟁심 그리고 외적 요인인 행운과 타이밍으로 압축된다고 한다. 그래서 성공의 절반은 행운에 따라 결정된다고 하였다.

현재 우리나라의 평균 수명이 급격하게 늘어나면서 80세가 넘는 장수노인을 어렵지 않게 만날 수 있게 되었다. 이에 따라 적정한 재정능력과 건강은 축복받는 100세 시대를 살아가는 데 필수불가결한 수단이자 목표로 자리매김하였다. 특히 정년퇴직을 앞둔 세대에게는 경제력이 가장 긴급한 과제일 것이다. 은퇴 후에도 현재 여건에 적절한 새로운 직업을 가진다면 경제력과 자아실현의 측면에서 일거양득이 될 수 있다. 은퇴 후에도 직업을 가지면 사회와 지속적으로 소통할 수 있고, 대인관계도 유지되며, 수입까지 발생하여 건강한 노후에 큰 도움이 된다. 필자의 생각으로는 교육을 통해 현대적이고 전문적인 컴퓨터 관련 기술을 습득하면 꾸준히 전문성을 유지하고 적정한 수입도 얻을 수 있을 것이다. 이런 방법이 가능하도록 선진국에서 성인을 대상으로 실시하는 교육활동을 우리나라의 초중고교 과정에서도 실시하는 제도를 활성화시켜야 한다. 노후에는 가능한 주택에 투자하는 비중을 줄이고, 제2의 직업으로 75세까지 건강하게 일하기를 권고한다.

행복한 노후생활은 미리 잘 준비해둔 사람만이 누릴 수 있다. 현재 우리나라의 노년층 기대여명은 계속 향상되고 있으니 우리는 앞으로도 상당히 오랫동안 살 수 있을 것이다. 하지만 현재 한국인의 노년생활 만족도는 대단히 낮고, 자신이 행복하다고 느끼는 사람이 적다는 문제가 있다. 따라서 필자는 노후에 건강하게 살 수 있도록 여러 가지를 잘 준비하고, 국가 차원에서도 노인들의 건강관리 비용을 경감시키고 노인을 불편하게 여기지 않는 사회 분위기를 조성해야 한다고 제안하고 싶다. 최근 건강보험공단의 보고에 의하면, 2017년 이후 4년 동안에 65세 이상 노인의 진료비가 13조가 늘어났다는 보고가 있다. 노인들이 건강을 지키려는 꾸준한 노력으로 우리 손주들이 부담해야 할 건보료를 낮추는 데 도움이 되어야 하겠다.

뇌가 관리하는 건강의 중요성

이 책을 통해 필자가 계속 강조하고 있는 것이 있다. 바로 우리 건강의 모든 상황을 두뇌가 모두 총괄하고 조절관리하고 있으므로 과학적으로 근거없는 민간요법 등을 그대로 믿지 말아야 하며, 이를 위해서는 올바른 지식을 축적해야 한다는 것이다. 질병 치료와 건강 관리는 원인을 정확하게 파악하고 적절한 대처가 이루어져야 가능하다. 특히 건강 관리를 위해서는 자신의 건강 상태를 제대로 파악하고, 습득한 지식을 실천 및 활용하려는 자세가 필수적이다. 노후에 젊고 건강하고 살고 싶다면 현재 자신의 몸 상태에 안주하지 말고 긍정적으로 철저하고 부지런하게 관리해야 한다. 거듭 되풀이 하는 말이지만, 건강한 삶을 살기 위해서는 두뇌를 잘 활용하여 건강관리와 관련한 올바른 지식을 쌓고 철저하고 부지런하게 실천해야 한다는 사실을 명심해야 한다.

오래 사는 사람들의 건강상태를 비교 관찰해 본 결과, 의학적인 관리와 보호보다도 건강한 생활습관과 스트레스에 강한 내면적인 특성이 더 효과적이었다. 건강하게 오래 사는 사람들은 평소 관리를 잘하여 당뇨에 걸리지 않았으며, 간염이 없고, 혈중 콜레스테롤 수치가 낮아 건강을 해치는 요인을 피해갔다는 특징을 가진다. 꾸준한 운동과 규칙적인 생활습관으로 모든 신체 내부기관을 모두 건강하게 가꾸어야 장수가 가능하다.

노후의 건강상태는 유전적 요인이 아닌 후천적으로 지켜온 평소 생활 방식에 좌우된다고 알려져 있다. 젊은 시절 속도 높은 운동을 했다면 균형 감각이 쌓여서 나이가 들어도 넘어지지 않아 낙상을 예방할 수 있게 된다. 또한 땀나는 격렬한 운동을 지속적으로 하는 것은 혈관 건강에 큰 도움을 준다. 자동차가 고속도로를 두세 시간 정도 달린 다음 시내를 주행하면 엔진의 상태가 훨씬 좋아진 것을 느낄 수 있듯이, 사람도 격렬한 운동을 하면 미세한 혈관에 축적되었던 노폐물이 제거되어 뇌경색을 예방할 수 있다. 지속적인 신체활동은 세포의 노화를 막는 항산화물질을 촉진하고 염증의 원인이 되는 물질 생성을 억제한다는 사실이 과학적으로 확인되었다. 또한 지속적인 걷기와 같은 운동을 하면 몸에 축적된 열량 소모, 관련된 신진대사 활성화, 세포의 손상된 DNA 복구가 왕성하게 이루어져 당뇨, 비만, 암, 골다공증, 알츠하이머, 우울증을 예방할 수 있다. 결론적으로 말하자면 하루에 적어도 30분 이상 운동 또는 걷기를 계속한다면 사망 위험을 크게 낮출 수 있다. 최근 선진국에서는 집안에서 움직이는 것만으로도 건강에 크게 도움이 된다는 사실을 밝혀냈으며, 목이 마를 때 직접 부엌에 가서 물을 마시는 정도로도 운동을 실천하는 셈이라고 말한다.

암 다음으로 사망률이 높은 질병은 심혈관 질환이다. 혈액의 흐름에 장애가 되는 동맥경화, 고혈압, 당뇨, 고지혈증은 운동부족, 스트레스, 유전적인 요인으로 발생하며, 자전거 타기, 수영 등 체력에 맞는 운동을 매일 30분 이상 하거나 취미생활을 통해 스트레스를 해소하는 것이 도움이 된다. 뇌졸중은 뇌혈관이 막혀서 피가 뇌로 공급되지 않거나 뇌혈관이 터져 뇌출혈이 발생하는 것으로, 46%가 아침에 발견되고 3시간 이내에 병원에 도착해야 한다. 낮과 밤의 기온차가 큰 쌀쌀한 날씨에는 심혈관 질환의 위험성이 더욱 커진다. 온도가 낮아지면 혈관이 수축하고 혈압은 상승하며 심장에 큰 부담이 오기 때문이다.

대표적인 심혈관 관련 질환으로 협심증과 심근경색이 있다. 우리의 심장은 관상동맥을 통하여 산소와 영양분을 공급받는다. 기온차로 혈관이 수축하고 불순물이 쌓여 혈관이 좁아지면 심장에 충분한 혈액이 공급되지 않아 협심증이 발생한다. 그래서 빨리 걷거나 뛸 때 가슴을 쥐어짜는 듯한 통증을 느끼게 된다. 관상동맥이 완전히 막혀 급성 심근경색이 오면 근육에 괴사가 오게 된다. 이 경우는 협심증보다 가슴 통증이 심하게 오며 안정을 취해도 통증이 계속된다. 특히 심근경색은 2시간이 골든타임으로 곧바로 병원 응급실에 가야 한다. 일상생활에서 30분 이상 통증이 지속되거나 호흡곤란, 식은땀, 구토, 현기증 등의 증상이 나타나면 심근경색을 의심하고 곧바로 병원에 가야 한다. 통계적인 수치에 의하면 뇌졸중은 주로 오전 5~9시쯤에 나타난다. 특별히 부정확한 발음, 눈동자 쏠림 등의 의심증상이 나타나면 즉시 병원에 가서 치료해야 한다. 3시간을 넘기면 효과적인 처치가 불가능하다고 한다. 따라서 환자를 발견한 즉시 119구급차를 불러야 한다. 뇌졸중으로 인한 사망을 예방하기 위해서 고혈압, 당뇨병, 고지혈증 부정맥을 꾸준히 치료하고 특히 음식물을 싱겁게 먹고 육류 섭취를 줄여야 한다. 환자는 과음이나 흡연을 가능한 피하고, 적정한 체중유지, 스트레스를 줄이고, 즐거운 마음으로 생활하는 것이 뇌졸중예방에 도움이 된다.

혈관 전문 의사들은 공통적으로 고혈압을 관리하려면 식탁에서 소금 섭취를 20% 줄이고 가능한 백미 대신 잡곡을, 지방이 포함된 육류 대신 생선을 섭취해야 하며 칼륨이 많은 채소와 과일 또한 꾸준히 섭취해야 한다고 권고한다. 현재 한국인 다섯 명 중 한 명이 고혈압 환자라고 한다. 혈압은 전신에 피를 돌게 하는 압력이다. 수축기 혈압은 박동할 때의 압력이고, 이완기는 심장이 피를 받아들이기 위해 펴질 때의 압력이다. 정상 수축기 혈압은 120mmHg이고 이완기는 80 미만이다. 수축기가 180, 이완기가 120 이상이면 고혈압의 위기상황으로 당장 의사의 진료를 받아야 한다.

약 없이 혈압을 낮추는 방법으로 과체중의 경우 체중을 10kg 줄일 때마다 5~20mmHg 낮아진다. 식이요법으로 혈압을 줄이려면 소금, 즉 나트륨의 섭취를 5분의 1로 줄이는 것이 좋다. 동시에 혈압을 낮추는 칼륨, 칼슘, 마그네슘 등 무기질 섭취를 늘려야 한다.

근육이 줄어들면 심혈관 질환의 위험이 5배나 증가한다고 의사들은 말한다. 나이가 들면 근육이 줄어들고 약해져 일상적인 활동을 하는 것이 몹시 힘들기 때문에 무기력에 빠질 수 있다. 실제로 80세 이상 노인의 절반은 근감소증으로 운동이 줄고 무기력증에 빠지기 쉬워진다. 근감소증은 운동 부족 때문이 아니라 영양 결핍으로 발생한다. 불균형한 영양 섭취는 근육에 필요한 에너지의 결핍으로 이어진다. 근육 내부에 에너지원인 글리코겐의 부족으로 영양관리 없는 운동을 지속하면 오히려 근육 에너지가 부족해진다. 그래서 영양 섭취를 위해서 에너지에 필요한 탄수화물을 반드시 섭취해야 한다. 옛말에 밥심으로 힘든 일을 견딘다고 했듯이, 힘은 탄수화물인 밥에서 얻어진다. 탄수화물을 섭취해도 몸속에서 에너지로 바꾸기 위해서는 효모에 골고루 들어있는 비타민 B군이 필수적이므로 보충해 주어야 한다. 그래서 노인의 근육관리는 적절한 탄수화물의 섭취로 에너지원을 공급하면서, 단백질을 보충하여 근육의 형성을 도와주어야 한다. 그러나 과도한 탄수화물의 섭취는 뱃살의 지방을 축적하고 혈관 질환을 초래하여 노화를 촉진하므로 대단히 조심해야 한다.

건강 관리에 균형 잡힌 영양소의 섭취는 필수적이다. 일반적인 식사만으로는 충분히 균형 잡힌 영양소를 섭취하기가 어렵다. 그래서 70세 이상이 되면 골고루 많은 음식을 섭취하기 힘들어지므로, 각종 영양 보충제의 섭취를 권고하고 있다. 건강하게 오래 살기 위해 명심해야 할 점은 식사량을 줄이는 것이 대단히 중요하다는 사실이다. 나이를 먹을수록 많은 양의 음식물을 섭취하는 것은 큰 도움이 되지 않고 노쇠를 촉진할 뿐이다. 특히 주부가 하루 세 끼를 매일 준비하는 것은 중노동에 해당한다. 저자의 경험으로 75세 이후에는 아침과 점심 두 끼만 먹고 80세가 지나면 점심 한 끼만 먹는 것을 권하고 싶다. 필자는 80세 이후 점심에 한 끼만 식사하는 생활습관을 유지하고 있는데, 덕분에 뱃살도 빠지고 혈압관리도 되어 일거양득이 되고 있다. 뿐만 아니라 식사를 준비하는 고생도 줄어든다는 이점이 있다. 노인들에게 권하고 싶은 운동은 걷기 운동이다. 특별한 장비가 필요 없고, 경비가 들지 않으며, 부상이 적은 데다 언제든지 할 수 있는 운동이기 때문이다. 하루 20분 이상 매일 걸으면 심장병 위험을 30%까지 줄일 수 있다고 한다. 특히 식사 후 곧바로 걸으면 소화에 크게 도움이 되므로 적극 권하고 싶다.

노화연구자들의 연구에 따르면 빠르게 걸을수록 노화현상을 늦출 수 있다고 한다. 최근 영국인 40만 명의 통계를 근거로 평균 56세 나이 대상자들의 유전자와 신체활동의 관찰로 얻은 결과에 의하면, 약속시간에 맞추려고 시속 6.4km 이상의 빠른 속도로 걷는 사람이 보통으로 느리게 걷는 사람(4.8km)보다 16년이나 더 살 수 있다는 연구결과를 발표했다. 빠른 속도로 걷는 사람은 노화의 척도인 유전자의 텔로미어의 길이가 연장되면서 수명도 연장된다고 한다. 운동 강도나 다른 신체활동과는 상관없이 그저 걷는 속도가 빠를수록 생명연장 척도인 텔로미어의 길이가 더 길어진다고 하니 이제부터는 빠른 속도로 걷는 것이 좋겠다. 올바르게 걷기 위해서는 시선은 정면을 보고 상체와 허리는 똑바로 세운다. 그리고 뒤꿈치가 땅을 밟고 발바닥을 굴리며 양손을 어깨 정도 높이로 올리고 힘차게 당기면서 걸으면

속도가 23% 빨라진다. 가능한 경사진 길을 자주 오르는 것이 건강에 좋다.

물건을 손으로 붙잡을 때 발휘되는 힘인 악력은 나이가 들면서 차츰 줄어든다. 그래서 장수학계에서는 악력을 건강수명의 척도라고도 부른다. 늙어서 꼿꼿하게 걸을 수 있으려면 운동과 자세유지에 가장 중요한 몸통부위 근육인 파워 하우스와 횡경막 아래 부분인 복부, 허리 엉덩이 등의 근육을 강화시켜야 한다. 그래야 안정적으로 곧게 유지되고, 몸이 움직이도록 힘을 만들 수 있다.

정형외과 의사들은 계단 오르기가 무릎 강화와 심장의 기능개선에 좋다고 말한다. 그러나 계단을 내려가는 것은 가능한 피하는 것이 좋다. 무릎에 무리를 주고 혹시 넘어지게 되면 큰 부상이 따르기 때문이다. 나이가 들면서 무릎 위아래 연골이 손상되어 염증과 통증이 있는 퇴행성관절염으로 고생하게 된다. 퇴행성관절염의 통증치료 방법으로 손상된 연골을 보완하는 히얄유론산 주사나 무릎인대와 힘줄손상에는 콜라젠 주사를 맞는다. 콘드로이친 황산염은 게 껍질 같은 각질류에 많은 연골의 구성 성분이다. 젊어서 연골을 강화하려면 꾸준한 근력강화운동으로 자전거 타기나 걷기를 지속해서 허벅지근육을 키워주어야 한다.

특히 과체중인 사람은 나이가 들면서 무릎에 무리가 오게 되므로 체중을 줄여야 하는데, 뱃살의 원인인 탄수화물을 줄이고 새우, 콩, 아보카도 같은 연골에 좋은 음식을 지속적으로 섭취하면 무릎 건강에 좋다. 브로콜리는 건강하지 못한 병적인 혈관의 생성을 억제해 염증을 막아주는 성분이 들어있다. 나이가 들면 얇고 무른 미세혈관이 몸 안에 많이 생성되는데, 이는 변형성 무릎관절증 환자에 나쁜 영향을 미친다. 염증을 억제시키는 성분은 브로콜리에 많이 들어있고 배추, 무, 콜리플라워, 유채, 방울배추에 많이 들어있다. 관절에 필요한 성분이 결핍되면 무릎관절이 쉽게 손상되므로 위에 소개한 식품을 수시로 섭취하는 것이 중요하다. 중년이 지나면 음식물을 골고루 섭취하기 힘들어지는데, 지속적으로 영양보충제인 MSM(메칠술포닐메탄), 글루코사민 또는 콘드로이친 황산염을 섭취하면 효과를 얻을 수 있다. 칼슘이 풍부한 음식물인 우유, 치즈, 새우, 멸치 같은 음식물도 섭취해야 한다. 사람은 20세 이후부터 해마다 근육이 1%씩 줄어든다고 하며, 50년이 지나 70세가 되면 근육은 절반 밖에 남지 않게 된다고 한다. 그래서 노년기를 대비할 때 가장 관심을 두어야 할 것이 뱃살은 빼고, 근육은 유지하면서 무릎건강을 잘 관리하는 것이다.

최근 뇌를 여러 가지 활동으로 활성화시키는 방법을 '뉴로빅'이라 한다. 신경세포의 지속적인 유산소운동으로, 신경세포인 '뉴런의 에어로빅'을 줄인 말이다. 뇌와 가까운 지역인 입의 운동을 활성화하면 뇌의 전체적인 혈류량이 늘어나면서 동시에 뇌가 활성화된다. 입 주위의 근육은 여러 뇌신경과 연결되어 있어서 혈류량을 증가시킨다. 특히 침에는 탄수화물을 분해시키는 효소가 들어있어서 껌을 씹으면 턱관절 근육 운동도 되고 효소가 많이 분비되어 소화에 도움이 된다. 특히 얼굴의 뇌신경세포 중 손과 손가락, 입, 입술, 혀를 담당하는 신경계세포가 압도적으로 많다는 사실이 입증되었다. 그래서 손과 입을 많이 움직이면 뇌도 활발히 활동한다.

또한 기억력을 유지하기 위해 뇌도 근육처럼 훈련시켜야 하고, 체력, 수면, 식습관을 철저히 관리해야 한다. 기억을 추억이나 감정과 연결하면 오랫동안 기억할 수 있고 메모해서 외우면 뇌에 더 오래 남는다. 새로운 일에 도전하는 방법으로 뇌의 활동을 왕성하게 할 수도 있다. 최근 독일과학자들이 과학 잡지인 네이처에 연구결과를 발표한 자료에 따르면, 뇌의 정보처리속도는 30세 때 정점에 올라가고 이후 60세까지 거의 변화가 없다고 한다. 즉, 나이가 들면 운동반사속도가 느려지고 결정을 내리는 데 더 신중해질 뿐, 뇌가 느려지는 것은 아니라는 주장이다.

노인이 되어 가면서 항상 젊게 생각하고 젊게 행동하며 젊은 사람들과 가능한 많이 교류하도록 노력해야한다. 《늙는다는 착각》을 저술한 하버드대학 심리학자 랭어(Ellen J. Langer) 교수는 뇌의 사고방식과 마음가짐은 노화에 가장 큰 영향을 끼치기 때문에 항상 젊게 생각하고 생활하는 자세가 중요하다고 하였다. 노후를 젊고 건강하게 살고 싶으면 적극적이고 진취적인 사고방식을 가지고, 나이에 상관없이 젊게 살려고 노력해야 한다. 심지어 이러한 생각은 노화를 늦추게 하며 수명의 연장도 가능하다는 사실이 입증되었다.

최근 선진국에서는 노년에는 자기가 살던 정든 집에서 살다가 생을 마감하는 것을 '살던 자리에서 늙어가기(aging in the same place)'라고 하며, 고령사회의 목표로 하고 있다고 한다. 또한 늙고 병들어 침대에 눕는 시기를 최대한 늦추는 것, 주위사람들과 잘 어울려 고립되지 않는 것 등 3가지 목표를 정하여 실행하라고 권고하고 있다. 따라서 주거는 이동에 불편함이 없는지 등을 고려하여 대중교통이 편리한 지역으로 마련하는 것이 좋다. 집주변에 편의점, 맛집, 공원이나 산책로 등이 있고, 대화상대가 많을수록 여생을 보내는 가장 좋은 조건이다.

2 점점 쇠퇴하는 우리의 몸

신체는 왜 점점 쇠퇴하는가?

최근 통계청 발표에 의하면 우리나라에서 백세를 사는 사람은 2021년 8월말 기준으로 1만 935명이다. 그중 남성은 2230명, 여성은 8705명으로, 2022년에는 2만 명을 넘을 것으로 예측되었다. 이처럼 초고령화 시대는 성큼 다가왔는데, 이제부터는 100세를 넘겨 사는 것보다 100세까지는 아니더라도 젊고 건강하는 사는 것을 더욱 중요한 목표로 삼아야 하겠다. 노인의 신체기능이 급속하게 변화하여 걷거나 외출하기, 식사준비 등 일상생활을 혼자 준비하기 힘들어진 상태를 노쇠라고 부른다. 노쇠의 원인은 에너지를 보관하는 근육량의 급격한 감소이다. 나이가 들어감에 따라 체력이 급격히 쇠퇴하는 것은 단순한 피로와는 상당히 다른 의미를 갖는다. 근본적으로 체력이 쇠퇴한다는 것은 근력이 약화되어 근육에 힘이 없어지는 상태를 말하며, 과거에 아무렇지도 않게 할 수 있었던 활동을 노쇠 후에는 힘이 없어 수행하기 힘들어한다. 근육이 줄어들면 당뇨병이나 고지혈증이 급속히 악화되고, 심혈관 질환 발생위험도 급격히 증가한다. 노쇠 때문에 기운이 급격히 없어졌다는 것은 곧 에너지가 부족한 상태를 의미하므로 에너지를 만드는 탄수화물을 곧바로 섭취하고 근육을 키우면 기운을 돌아오게 할 수 있다. 즉, 신체의 기능은 근육의 감소와 상관관계를 가지며 노쇠는 근육량이 현저하게 줄어들면서 신체의 기능이 급격하게 떨어지는 현상이다.

인류초기에는 없었던 질병인 비만, 당뇨, 근시, 치매 같은 질병들은 현대사회에 들어와 편리한 자동차가 개발되자 필수적인 신체운동량이 줄어들면서 발생했을 것이다. 우리 인류는 부지런히 몸을 움직이며 살기에 적합하도록 진화한 종이다. 그러나 문명의 발전으로 굳이 쉴새없이 움직이지 않아도 의식주 문제를 해결할 수 있게 되었다. 따라서 가능한 한 많이 신체활동을 하는 것이야말로 건강한 노후를 위한 해법이라 할 수 있다. 따라서 중년에 접어들면 여러 운동 중에서 짧은 시간에 많은 열량 소모를 할 수 있는 빠르게 걷기, 자전거 타기, 테니스, 수영 등을 하도록 권장한다. 노쇠에 따른 무기력증은 우리 몸이 생사의 경계선에 있을 때 나타나는 현상과 같고, 동시에 우리 몸의 활력이 급격히 떨어진 상태를 지속하게 한다. 특히 무기력증 때문에 나타나는 현상인 체온, 맥박, 호흡, 혈압 등 4대 활력지수가 정상치에서 크게 벗어나게 된다.

노쇠과정은 1차성 노쇠와 2차성 노쇠로 나뉜다. 1차성 노쇠는 활동부족이나 부실한 식사, 우울증이 주요원인이 되어 완만하게 진행하는 노쇠를 말하며, 2차성 노쇠는 질병이나 사고, 수술 등과 같은 요인으로 급격하게 진행된 2차성 노쇠를 말한다. 노쇠를 유발하는 원인인 질병은 뇌혈관 질환, 암, 만성폐쇄성 폐질환, 당뇨병, 무릎 관절염, 척추관 협착증, 간 부전 등이 있다. 특히 넘어져서 주로 발전되는 대퇴골(넙적다리), 골반, 고관절의 골절은 노쇠를 더욱 빠르게 악화시킨다. 노쇠 때문에 발생하는 증상들로는 체중 감소, 극도의 피로감, 보행속도 저하, 손아귀 힘(악력) 약화 등으로 이 중 한 두 개라도 동시에 나타나면 노쇠 전 단계로 진단된다. 그러나 노쇠의 초기에 나타는 여러 증세는 집중적인 영양섭취와 꾸준한 운동으로 쉽게 회복이 가능하다고 한다.

노쇠에서 가장 심각한 증상은 잘 걷지 못하게 되는 것이며, 동시에 근육감소가 빨라져 중증 노쇠상태로 발전하게 된다. 단백질이 풍부한 육류와 생선의 섭취가 부족해지면 근육의 감소에 가속도가 붙는다. 근육이 감소하면 근육 자체는 물론 뼈, 혈관, 신경, 심장, 췌장 등 신체 전반에 걸쳐 광범위한 영향을 미친다. 이에 대한 대처방법으로 60대 후반부터 동식물성 단백질을 충분히 섭취하여 필수 아미노산을 공급해주고, 근력운동, 유산소운동, 균형운동을 병행하면 근감소증을 정상으로 회복시킬 수 있다.

노인은 그동안 살아온 인생에 대한 후회나 다가오는 죽음에 대한 공포 등의 심리적인 불안 때문에 우울해지기 쉽다. 새로운 것을 즐겨 찾거나 도전적인 삶으로 늙어서도 꾸준히 적극적인 신체활동을 해야 한다. 노화보다 무서운 노쇠는 부지런하고 철저한 관리로만 이겨낼 수 있으며, 동시에 균형 잡힌 영양섭취로 극복할 수 있다. 그래서 의사들은 노쇠를 예방하는 방법으로 넓은 아량으로 마음을 다스려 스트레스 없애기, 건강한 치아를 유지하기, 영양분을 골고루 섭취하기, 고혈압, 당뇨 등 만성질환 관리하기, 가능한 사람들과 자주 어울려 대화하기, 마지막으로 매일 꾸준하게 걷기와 땀나는 운동하기 등을 적극 추천하고 있으며, 이를 곧바로 실천하는 것이 중요하다.

현재 우리나라에서 85세 이상의 노인은 절반 이상이 노쇠의 증상을 가지고 있으며, 65세 이상의 20%가 노쇠를 겪고 있는 위험인구라고 한다. 고령화 사회에서 가장 시급하게 해결해야 할 문제가 노쇠한 사람의 수를 줄이는 것이다. 현재 의료계는 신체기능의 급격한 저하로 정상적인 생활이 어려워진 노쇠한 사람(frailty)에게서 보이는 증상, 즉 근육을 포함한 몸 여러 곳의 기능이 정상 수준보다 감소한 상태를 질병으로 분류하여 치료하고 있다. 일본의 경우 후생성 보고서에 따르면 85세 이상의 노인에서 장애 원인의 1위가 노쇠라고 하며, 85~89세에서 25%, 90세 이상이 되면 43.3%를 차지한다고 한다. 앞으로 우리나라에서도 노쇠한 노인의 수는 지속적으로 증가할 것으로 예측되며, 젊고 건강한 노후를 위한 가장 중요한 실천과제는 노쇠를 예방하는 것이다.

신체가 쇠퇴하면 주로 관절이나 척추의 문제로 지속적인 운동이 어려워지는데, 관절의 질환 개선에 사용되는 정형외과 의사들의 치료법인 프롤로 치료법을 소개하려고 한다. 뼈와 뼈 사이를 연결하는 인대, 근육을 뼈에 부착시키는 힘줄에 손상이 가면 통증으로 운동이 불가능해진다. 이런 증상을 치료하기 위해 손상된 인대, 힘줄 부위에 12.5~25%의 포도당을 주입하여 인위적인 자극으로 자연회복을 유도하는 치료방법이 선진국에서 개발되어 사용되고 있다. 포도당을 주입함으로써 손상된 힘줄 인대부위를 자극하여 염증반응을 촉진시킨 다음 염증을 회복시키려는 방법으로, 그사이 섬유조직이 증식되고 굳어지는 과정에 효과적인 치료법으로 알려져 있다.

최근 밝혀진 노쇠 연구에 따르면, 노쇠는 70세 이후 노인의 혈액 줄기세포에 돌연변이가 급격히 누적되어 발생한다고 한다. 혈액줄기세포의 DNA에 돌연변이가 누적되면 혈액 구성의 다양성이 사라지고, 이 돌연변이가 기능이 떨어진 혈액을 만드는 극적인 변화를 가져와 결과적으로 노쇠가 시작된다는 것이다. 비어만(Beerman I.)은 혈액 줄기세포를 집중적으로 분석 연구한 결과 혈액세포의 다양성이 감소되고 70세 이후에 돌연변이 세포수가 기하급수적으로 증가하면서 노쇠현상이 나타난다고 발표했다•.

노쇠는 노화과정에 나타나는 하나의 필수적인 현상으로 개인에 따라 진전 속도가 크게 다르다. 평소 꾸준하게 운동을 해온 사람은 노쇠가 더디게 오거나, 아예 오지 않기도 한다. 그러나 대부분의 노인은 노쇠를 겪게 되고, 특히 85세를 전후해서 노쇠의 증세가 가장 두드러지게 나타난다고 한다. 노화는 세포가 분화하는 과정에 염색체의 양 끝에 있는 DNA인 텔로미어가 점차 줄어들면서 발생한다. 따라서 이 텔로미어는 노화의 지표라고도 하며, 텔로미어의 길이는 개체의 수명을 결정하는 중요한 척도가 된다. 미국의 생명과학자 래리(Turker Larry) 교수 연구팀은 6천여 명 연구대상의 활동량과 텔로미어의 관계를 조사하였다. 연구 대상자들로부터 얻은 결과에 따르면, 하루에 30~40분씩 규칙적인 조깅으로 꾸준히 움직이는 성인 남녀의 텔로미어의 길이가 9년이나 늦게 짧아진다고 한다. 이는 곧 부지런하게 신체활동을 많이 할수록 노쇠가 늦어지고, 수명이 연장될 수 있음을 보여주는 재미있는 연구결과인 것이다.

우리가 바라는 성공한 노화는 마지막까지 일상생활을 혼자서 꾸려가고, 노쇠를 늦추는 기능적인 능력을 키워가면서 생활하는 것이다. 이러한 기능적인 능력을 유지하려면 튼튼한 근육과 뼈를 평소에 꾸준히 관리해주는 것이 핵심이다. 미국 국립보건원에서 보고한 자료에 의하면 노인이 건강한

• Beerman I. et al., Cell stem cell 15(1), 2014, 37-50

노후를 위해서는 지속적인 신체활동을 하고, 즐거운 활동에 참여하며, 정기적인 건강검진을 하는 것을 적극 권고하고 있다. 동시에 건강한 식습관으로 음식물을 골고루 섭취하여 에너지원이나 필요한 비타민을 골고루 섭취해야 하다. 당이 많이 들어간 음료, 육류(red meat)나 가공육을 가능한 피하고 활발한 신체활동을 통하여 신체가 골고루 기능하도록 하고 왕성한 혈액순환으로 혈관 건강을 유지해주어야 한다.

지금까지 지나칠 정도로 여러 번 강조하고 있듯이, 젊고 건강하고 노쇠가 없는 일생을 살아가기 위해서는 음식물을 골고루 잘 섭취하고, 60대 이후부터 필요한 영양보충제를 매일같이 먹어야 한다. 동시에 가능한 부지런하게 많이 움직여 땀나는 운동을 하고, 60대 이후부터는 빠른 걸음으로 매일 걷거나 하는 규칙적인 운동을 해야 한다. 자동차의 사용은 가능한 줄이고 많이 걸어야만 젊게 살 수 있다. 운동을 아무리 열심히 한다 해도 식단이 형편없다면, 혹은 이와는 정반대로 건강한 식단을 유지한다고 해도 운동을 하지 않는다면 노쇠를 피할 수 없다. 또 가능한 스트레스를 적게 받고, 스스로 자신만의 해결방법을 찾아 스트레스를 빨리 없애야 암에 걸리지 않게 된다. 그래서 나이가 먹을수록 양보하고, 너그럽게 행동해야 하고, 나이에 상관없이 항시 상대방을 배려해야 한다.

영국 스포츠 의학저널이 발표한 내용에 따르면 '체육관을 아무리 열심히 다녀도 지방이 많은 음식의 나쁜 영향을 상쇄하기 어렵고, 몸에 좋은 채소를 아무리 많이 먹어도 앉아있기만 하는 습관을 당해낼 재간이 없다'고 한다. 운동이 나쁜 식단을 넘어설 수 없다는 것이 사실이다. 젊고 건강하게 사는 사람은 많이 움직이고, 좋은 식욕으로 영양분을 골고루 섭취하고 있다. 두뇌는 사용하지 않으면 퇴화하고 질병이 발생하므로 항상 두뇌활동을 해야 한다. 정기건강검진을 제때에 받고, 문제가 발생하면 곧 바로 신뢰할 수 있는 의사를 찾아 건강문제를 상담해야 한다.

수면의 중요성

인간은 생명을 유지하기 위하여 신체 내부의 역할을 밤낮으로 분담해 두었기 때문에, 평안한 잠은 건강한 생활을 보장하는 데 필수적이다. 혹시 잠을 잘 못 자게 되면 어린이는 성장이 더뎌지고, 성인은 뇌혈관 질환의 문제로 뇌졸중, 고혈압, 심장병, 당뇨병 등의 발생 빈도가 높아지며 수면장애로 인지기능도 떨어진다. 건강한 사람은 항상 정해진 시각에 정해진 곳에서 잠들어야 하고, 권장 수면인 8~9시간이 반드시 지켜져야 한다. 요새는 특히 젊은이들이 전자기기의 사용으로 수면의 질이 크게 떨어졌는데, 이는 심각한 문제이다. 일정한 시간에 잠들고 일정한 시각에 일어나는 규칙적인 생활을 해야 생체리듬을 일정하게 유지할 수 있다.

생체 내부를 관장하는 생체시계는 태양이 뜨고 지는 낮과 밤의 주기에 따라 움직이는 유전자와 호르몬에 따라 조정된다. 아침에 혈압과 맥박의 변화가 가장 크고, 수면 호르몬은 저녁 8시부터 주로 분비된다. 밤에 잠을 잘 자려면 아침에 햇빛을 반드시 쪼여야 한다. 잠이 오게 하는 호르몬인 멜라토닌은 아침에 해가 뜨면서 줄어들고 오전 10시쯤부터 각성상태가 된다. 따라서 중요한 일처리는 오전에 하는 것이 좋고, 운동은 오후 7시쯤에 하는 것이 생체리듬에 효과적이라 한다. 신체의 변화는 생체시계에 맞춰 새벽에는 체온이 낮아지고, 새벽 4시쯤에 혈압이나 심장 박동수가 가장 낮은 상태가 된다. 스트레스를 관리하는 호르몬인 코르티솔은 아침 6시경에 가장 높게 분비되고, 저녁 8시쯤에 가장 낮게 분비된다.

이렇게 우리 신체의 모든 기능이 하루를 주기로 진행되는 것은 오랜 기간 태양의 주기에 따라 유전자가 작동하도록 진화해왔기 때문이다. 그래서 질병도 특정 시간에 발생하는데, 이는 신체의 생체시계와 깊이 관련되어 있다. 만약 새벽 1시경에 배가 심하게 아프다면 위나 십이지장의 궤양 때문일 가능성이 높고, 통증으로 고생하는 통풍은 대개 밤 12시에 나타난다고 한다. 울혈성 심부전은 잠자는 시간인 새벽 2시경에 많이 나타난다. 또 류머티즘 같은 관절염증성 통증은 오전 8시쯤에 많이 나타난다. 생체시계에 따라 오후 3시쯤에는 졸음이 쏟아지고, 오후 6시경에는 미각이 가장 예민한 상태가 된다. 특히 저녁 10시쯤에 에너지 저장 효율이 높아지게 되므로 이 시간대에 음식물을 섭취하는 것은 체중의 증가로 이어진다. 또한 심혈관계를 조절하는 호르몬인 카테콜아민의 분비가 높아지므로, 주로 오전 8~9시경에 심장마비나 뇌경색 발병률이 가장 높다.

사람은 생체시계 작동에 따라 반드시 잠을 자야 한다. 수면 장애는 주로 노인이나 여성에게 많이 나타나며, 의사들은 불면증 치료에 처음부터 약물을 사용하는 것은 권고하지 않는다. 불명증이 있다면 우선 조용하고 빛이 차단되는 잠자리 환경을 만들어야 하고, 커피는 오후부터 마시지 않는 것이 좋으며, 잠자기 전 술담배는 피해야 한다. 낮에 피곤할 정도로 운동을 하는 것은 좋지만 자기 직전에는 운동을 하지 않는 것이 좋다. 침대는 졸릴 때 잠을 자는 데만 사용하고, TV나 스마트폰 보기를 자제하는 것 등과 같은 습관을 길러 수면의 질을 개선해야 한다. 여러 전문 의사들의 의견을 종합해 보면 규칙적으로 저녁 10시경 잠자리에 들고 8시간 정도를 자야 건강에 좋다는 결론이 나온다. 그래서 미국의 수면의학회는 2008년 약물을 사용하지 않는 인지행동치료가 불면증에 가장 효과적인 방법이라고 선언하고 있다. 즉 수면에 대한 인식과 행동을 바꾸고 수면을 위한 인지행동치료를 실시하는 것이 약물보다 더 효과적이라는 것이다. 불면증을 일으키는 원인은 다양한데, 신경성 스트레스, 열악한 수면환경, 불규칙적인 수면패턴, 잠들기 전 한 시간 이상의 과잉된 정신적, 육체적 자극 등이 있다.

수면 인지행동치료는 일종의 수면을 제한하는 방법으로, 누워있는 시간을 실제 수면시간에 30분 정도만 더한 수준으로 줄이라는 것이다. 다시 말해서 잠이 오지 않으면 아예 침대에 누워있지 말라고 추천하고 있다. 수면제한요법은 수면 계획을 세우고 일어나는 시간을 아침 7시로 설정했다면 저녁 11시에 침대에 눕도록 해야 한다. 전문가들의 의견에 의하면 한국인의 평균수면은 7시간 정도인데 이는 조금 부족하고, 선진국에서처럼 8시간 이상을 자는 것이 좋다. 낮잠은 가능한 자지 않는 것이 좋고, 항상 침대에 눕고 곧바로 잠이 들도록 하는 것을 습관화하는 것을 권고하고 있다.

잠을 잘 자려면 식습관도 바꾸는 것이 과학적인 대처방법이다. 잠을 유도하는 신경호르몬인 멜라토닌이 잘 생성되도록 아미노산인 트립토판, 마그네슘, 칼시움이 많이 들어있는 음식물을 섭취해야 한다. 트립토판은 몸에 흡수되면 세로토닌이 먼저 만들어지고, 햇볕에 의해서 수면 유도 호르몬인 멜라토닌이 만들어진다. 또한 마그네슘은 잠들게 하는 각성효과를 가지고, 교감신경을 자극하는 호르몬인 아드레날린의 분비를 억제한다. 그래서 마그네슘이 모자라면 수면장애를 겪을 수 있다. 트립토판과 마그네슘을 많이 포함한 식품으로 우유, 저지방 요구르트와 같은 유제품이 있고, 새우, 연어, 참치, 정어리, 대구 등에도 많이 들어있다. 특히 비타민 중에서 비타민 B6는 트립토판을 멜라토닌으로 바꾸는 데 반드시 필요한 보조효소이기 때문에, 닭고기, 해바라기 씨, 참치, 연어, 자두, 바나나, 아보카도 등을 섭취하면 효과를 볼 수 있다. 자기 전에는 가능한 수분의 섭취를 줄이며, 과식은 피하는 것이 좋다.

우리가 살아가는 기간의 거의 3분의 1을 차지하는 수면은 외부 침입자로부터 신체를 보호해주는 기능인 면역력 증진에 도움이 된다고 한다. 수면 중에 신체의 모든 체계는 생체 내부에서 물질을 만들어내는 상태로 전환되며, 면역력을 강화하는 상태로 재정비된다. 이때 신경, 골격 및 근육체계를 재건하기도 한다. 낮 동안에 일시적으로 저장된 기억은 잠을 자는 동안에 뇌세포가 변경되어 장기기억으로 저장된다. 잠을 자는 동안 인체는 낮 동안의 활동을 손상된 신체 내부나 손상된 조직들을 복구하고, 호르몬을 분비하여 노폐물도 청소하는 기능을 수행한다.

수면 중에 가끔 나타나는 꿈이란 무엇일까? 꿈은 사람이 자는 동안에 무의식적으로 뇌에서 과거에 일어났던 사건, 모습, 감정 등이 이음매 없이 연속적으로 나타나는 현상이다. 꿈은 신속한 눈동자 운동(REM)의 수면과정에 모든 수의근이 방해된 상태가 되며, 생각과 신체가 되풀이되는 주위환경과의 상호작용이 단절된 상태에서 꿈을 꾸게 된다. 꿈을 꾸면서 우리는 사는 동안 경험했던 모든 일들이 기억으로 잘 정리되어 있다는 사실을 알게 된다. 필자의 경험을 이야기해보자면 어린 시절에는 높은 낭떠러지에서 떨어지는 꿈을 꾸곤 했으나, 근래에는 연구실에서 문제가 좀처럼 해결되지 않아 고민하던 과거의 일들이 꿈에 나타나곤 한다. 꿈은 뇌의 활동으로, 예측 못한 1인칭의 경험이 표현하기 어려우며, 비합리적이고, 초현실적인 사건으로 일어난다. 주로 부정적인 걱정거리가 주마등처럼 혼합되어 나타나고, 과장되거나 황당한 형태의 사건으로 꿈과 수면이 뒤얽혀 가끔 순서나 관련

없는 사건들이 벌어지는 것이다. 꿈의 발상지가 뇌의 어느 부분에서 어떤 목적으로 발생하는지는 아직 밝혀지지 않았다.

수면과 관련된 질병으로 불면증(insomnia), 호흡일시 정지(sleep apnea), 기면발작, 몽유병 등이 있다. 가장 흔하게 나타나는 수면질환인 불면증은 잠들기가 어려워 잠을 못 자고 깨어있는 증상을 호소한다. 불면증은 우울증이나 치매 등의 정신질환의 발병뿐만 아니라 심혈관계 질환을 유발 또는 악화시키는 원인이 될 수 있다. 기질적으로 성격이 예민하거나 스트레스가 많은 사람은 급성 불면증을 일으킬 수 있다. 현재 미국에서는 불면치료에 인지행동 치료로 사용되는 디지털앱으로 캄(Calm), 슬립사이클(Sleep cycle), 등이 있다. 국내에서 불면증 치료용 앱으로 슬립모니터(Sleep Monitor), 슬립싸이클(Sleep Cycle), 베터슬립(BetterSleep) 등이 개발되어 사용 중이다.

3 통증의 원인과 대비

통증은 우리 신체를 내·외부의 위험상황으로부터 보호해주는 일종의 경고용 신호로, 고통스러운 자극을 받으면 반사적인 위축동작이 만들어진다. 즉 통증은 상처받은 신체부위가 치유될 수 있도록 보호해주고, 위험에 처한 경우 즉시 피할 수 있도록 해주는 우리 신체에 반드시 필요한 방어체계이다. 만약 외부 위험으로부터 발생하는 통증에 대한 선천적인 민감성을 갖지 못한다면 결과적으로 수명이 감소할 수도 있다. 예를 들어 당뇨로 인한 발바닥 상처는 신경손상으로 감각이 무뎌진 탓에 통증이 느껴지지 않는다. 그러면 적절한 치료시기를 놓치게 되고, 심각한 상황를 초래할 수 있다.

통증은 강한 또는 파괴적인 충격에 의해서 느끼게 되는 고통으로, 의학적으로 통증도 하나의 질병의 증상으로 보고 치료하고 있다. 대부분의 고통은 자극을 제거하면 머지않아 해결되지만, 때에 따라서 감지할 만한 자극, 손상, 질병 없이 일어나기도 한다. 통증은 삶의 질이나 일반적인 기능에 크게 영향을 미치고 오랫동안 고통을 겪게 한다. 견디기 힘든 통증으로는 류마티스 관절염, 말초성 신경장애, 암이 있으며 사람에 따라 고유한 통증이 수년 동안 지속되기도 한다. 이렇게 통증이 6개월 이상 지속적으로 진행될 때를 만성통증이라 하고, 30일 이내로 빨리 해결되는 통증은 급성이라 한다.

신체에서 통증을 감지하는 감각수용체(nociceptor)는 통증 수용체라는 의미로, 외부에서 받은 위험신호를 척추나 뇌에 보내 손상 또는 손상될 충격에 대응하는 신체의 통증감각을 접촉하는 신경세포의 말단부분을 말한다. 이렇게 수용체를 통하여 통증이 뇌에 전달되면, 뇌는 신체에 경고를 주기 위하여 통증을 만들어 곧바로 전달하고 우리를 위해상황으로부터 보호해 주는 방어체계를 작동시킨다. 통증감각의 수용체는 특수하게 열, 기계적, 화학적인 통증정보를 신경세포 말단에서 받아 이온 채널을 통하여 뇌에 전달해준다. 모든 통증의 신호는 신체 각 부분의 수용체로부터 접수하여 척추를 통하여 운송되고 뇌에 전달한다.

노화과정에서 충분한 운동과 과학적인 영양섭취로 신체를 잘 관리하는 일부를 제외한 대부분의 사람들은 몸 어딘가에 문제가 발생하고 고장이 나서 노후에 통증으로 고생하게 된다. 만약 사람의 신체를 기계라고 가정해 보자. 수십 년을 계속 사용할 동안 몇 번이나 수리하고 부품을 교체했을 것이다. 그러나 육체적인 통증은 철저하게 주관적이고 개별적인 것이므로 이러한 상황을 해결하려면 여러 분야의 도움을 받아야 한다. 환자가 겪는 극심한 고통을 이해하고 적극적으로 통증의 완화해줄 전문의사의 치료가 필수적이다. 일례로 신체 내부의 심한 고통으로 몸을 꼬면서 통증을 호소하던 어떤 환자는 시간이 경과한 후 췌장암으로 사망하였다고 한다. 이처럼 통증은 신체의 중요한 기능에 문제가 발생했을 때 나타나기 때문에 참고

견디기만 할 일이 아니다.

노화에 동반되는 척추협착증은 디스크의 탈출에 의해 나타나는 통증으로, 신경회로의 변화에 의한 척추 주위의 긴장 때문에 나타난다. 만약 허리 통증이 3개월 이상 지속된다면 이는 만성통증으로 분류된다. 자주 반복되는 통증은 신경회로에 강하게 남는다. 뇌를 포함한 신경회로에 새로운 신경세포가 형성됨에 따라 점점 더 강한 신경회로로 발전하는데, 신경회로가 강하면 강할수록 허리는 더욱 긴장되고, 통증은 더욱 심해진다. 오랜 기간 긴장 상태가 지속되면 허리의 뼈와 뼈 사이가 흔들리게 되는데 이를 척추측만증이라고 한다. 정형외과에서는 척추를 더 많이 움직이게 함으로써 반사적으로 신경회로의 변화를 이끌어내는 방법으로 척추측만증을 치료한다.

여러 정형외과의사들의 의견을 종합해 보면, 만성요통의 80%는 근본원인을 정확하게 파악할 수 없다고 한다. 만약 통증이 지속적으로 나타나면 사람들은 공포에 질리고, 그 탓에 주변의 멀쩡한 신경까지 자극해서 통증을 더욱 악화시킨다. 이렇게 악화된 통증은 결국에는 헤어날 수 없는 만성통증으로 발전하여 고생하게 된다. 그래서 정형외과의사들은 이러한 요통이 신체의 장기나 생명에 직접적인 큰 위협이 되지 않는다는 사실을 환자에게 충분히 이해시키는 것이 치료의 첫 단계라고 말한다. 이처럼 통증 치료에는 심리적인 안정을 통하여 만성요통의 고통을 줄이는 방법이 사용된다.

암성신경병증은 항암치료 시 환자를 괴롭히는 심한 통증으로, 말초신경에 염증성 변성이 발생하면서 나타나는 통증이다. 이러한 통증은 항암치료 시 손상된 신경조직 때문에 발생하며, 약물로는 30% 정도의 효과밖에 볼 수 없다고 한다. 암 치료과정에 신경의 손상으로 발생하는 통증은 가장 고통스러운 것으로, 마치 칼로 벤듯하거나 톡톡 쏘는 발작적인 통증, 그리고 특정 부위가 타는 것 같은 통증으로 나타난다. 이러한 신경병증성 통증은 주로 말초신경의 이온 통로의 활성도를 낮추도록 조절하는 아편계통의 약물 등을 사용하여 치료한다.

정형외과의사들은 무릎 통증이 심하다고 곧바로 수술을 하면 오히려 장애를 더 키울 수 있으므로 생활에 무리가 없는 한 수술은 최대한 미루는 것이 좋다고 권고한다. 최근 운동이나 산행을 하는 인구가 늘면서 퇴행성 무릎관절염 환자가 70~80대에서 급격히 많이 발생하고 있다. 이러한 고관절 통증은 무릎 통증을 동반하는데, 고관절 주위의 근육이 긴장하거나 약해지면서 무릎 통증이 발생하는 것이다. 특히 무릎관절은 관절을 잡는 근육의 힘이 약해지면 관절을 움직일 때마다 불안정한 상태가 되고, 이는 퇴행성 관절염의 주된 원인이 된다. 허리를 지배하는 신경은 모두 허리를 통과하여 내려오기 때문에 허리에 문제가 발생하면 신경들이 반복적으로 손상되어 무릎 앞뒤로 통증이 발생할 수 있다. 특히 무릎관절은 반사경로가 가장 발달한 관절이므로, 무릎 안쪽에 통증이 발생하면 일상생활에 어려움을 느낄 수도 있다. 퇴행성관절염의 위험요인은 첫 번째가 무릎의 손상이고, 두 번째는 체중이다. 그래서 의사들은 통증을 완화하기 위한 가장 좋은 방법으로 운동을 추천한다. 특히 젊어서 강도 높은 운동을 했다면 나이를 먹어서도 운동을 계속하여 근육혈관과 신경문제를 개선할 수 있다고 한다. 관절염의 완벽한 치료제는 아직 존재하지 않으며, 모든 노인들의 통증 관리, 특히 건강한 무릎을 위해서는 지속적으로 운동을 해야 한다는 것이 정형외과의사들의 공통된 의견이다.

운동하는 사람이 급증하면서 퇴행성관절염이나 인대, 근막질환을 앓는 사람이 많아지고 있다. 발목 염좌의 경우 방치하였다간 관절염이 될 수도 있으니 주의해야 한다. 건강보험공단의 통계자료에 의하면, 족저근막염의 환자가 지난 10년 사이 3배로 급증했다고 한다. 높은 곳에서 내려오다 발을 헛디뎌 발목을 삐끗하면 발바닥뼈에 가시처럼 튀어나온 골극이 발생한다. 이는 족저 근막염과 족관절염으로 진단된다. 또한 50~60대 사이에서 발바닥질환 환자가 급격히 증가하는 추세이다. 만약 족저근막염과 발뒤꿈치가 아픈 아킬레스건염이 발생하면 우선 운동량을 줄여야 하며, 까치발 들기, 캔 굴리기 등 발바닥의 근육강화운동을 통해 예방할 수 있다.

편두통의 원인은 아직 정확히 밝혀지지 않았으나, 스트레스와 관련이 있고 진단과 치료가 활발히 이루어지면서 환자가 급격히 늘고 있다. 편두통은 머리 한쪽만 아픈 증상이 아니라 메스꺼움을 동반한 반복적인 두통을 말한다. 즉, 위치에 국한되지 않고 체했을 때처럼 메스꺼움이나 울렁거림 등의 전조증상과 함께 반복되는 것이 편두통이다. 만성 소화불량이 있다면 뇌의 문제 때문에 두통을 느낄 수도 있다. 두통의 20%는 뇌 속의 지주막하에 출혈이 발생하거나 목에서 뇌로 올라가는 경동맥 안에서 박리되어 뇌졸중 증상이 있을 때 나타난다. 이 같은 두통은 뇌압상승과 연관이 있기에 반드시 정밀검사가 필요하다. 최근의 연구에서 편두통을 유발하는 신경전달물질인 칼시토닌 유전자 관련 펩타이드(calcitonin-generelated peptide, CGRP)에 달라붙어 두통의 유발을 차단하는 항체를 사용하는 치료가 가능해졌다. 국내에서는 지난해 초부터 '엠갤러티(Erngality)'라는 항체주사 치료제를 사용하기 시작했다.

고대에는 양귀비, 삼(hemp), 사리풀(henabene)과 같은 약초를 통증치료제로 사용하였다. 기원전 약 2700년부터 중국에서 침술이 사용되었고, 중국의학사의 주요인물인 '화타'는 몇 가지 약과 침, 바늘, 뜸으로 치료를 시도하였다고 기술되어 있다. 잉카인들은 이미 오래전부터 코카(coca)잎을 진통과 수술에 사용하였다. 통증 치료제는 19세기 들어서 양귀비에서의 모르핀 분리, 코데인(codeine) 분리, 아스피린의 합성 같은 연구를 통해 발전하였으며, 치료법 또한 다양해졌다. 이와 거의 비슷한 시기에 동맥혈관의 응고 치료를 위한 주사기와 바늘이 발명되어 피하에 진통제를 주입할 수 있게 되었다. 수술 시 통증을 제거하기 위해 국소마취제의 필요성이 대두되었고, 코카인이 분리되어 진통과 국소마취용으로 활용되었다. 날카로운 통증 치료에는 진통제나 마취제를 사용하기 시작했다.

통증 치료는 크게 약물 투여법, 물리치료법, 심리치료법으로 구분되어 사용된다. 미약한 통증의 경우 아세토아미노펜논과 같은 약물을 사용하는데, 이들의 대부분은 효소 싸이클로옥시지네이스(cyclooxygenase)의 활성을 억제하여 프로스타글랜딘과 트롬복산, 아라키돈산 등 통증을 인식하는 물질들의 합성을 막아 진통효과를 나타낸다. 심한 통증의 치료에는 위와 같은 통증유발억제 물질의 합성을 억제하는 약물을 사용하거나, 모르핀 같은 약물을 함께 처방해 그 효과를 높이고 있다. 강한 통증을 가라앉히기 위해 모르핀의 200배나 강한 마약성 펜타닐계의 약물이 사용될 수 있는데, 이는 신경전달물질 히스타민을 소량 생성하게 하여 부작용을 줄이고, 옥시코돈과 함께 만성통증을 해결하는 데 사용한다. 모르핀에 의한 진통효과는 모르핀이 시냅토솜에 존재하는 모르핀 수용체에 결합하여 신경전달 물질이 신경세포 말단에서 분비되는 것을 억제함으로써 통증을 제거한다. 그러나 펜타닐이나 모르핀은 마약성 물질이기에 중독성을 가지고 있고, 따라서 과도한 사용은 금지되어 있다. 우리도 청소년들에게 약물중독예방 교육을 조기에 도입하여 위험성을 알리는 일을 신속하게 진행해야 한다.

냉찜질은 옛날부터 오늘날까지 꾸준히 사용되는 가장 대표적인 통증 물리치료법이다. 냉찜질은 다친 부위의 온도를 낮춤으로써 채액이 세포 내부에서 빠져나와 세포 사이의 공간으로 흘러들어가는 것을 막아주기 때문에 붓기를 가라앉히는 효과가 있다. 냉찜질을 사용하면 상처부위에 가해지는 압력을 크게 감소할 수 있고, 통증도 상당히 완화시킬 수 있다. 동양의 침술도 전통적인 물리치료법의 한 가지로 볼 수 있는데, 이는 특정 부위의 통증을 완화시키는 효과가 있고 응용도가 높아 오늘날에도 즐겨 사용된다. 그동안 경험적으로 알고 있던 침술의 진통효과는 면역감응에도 영향을 미친다고 알려져 있다. 냉찜질과 침술, 이 두 가지 진통효과는 신경전달의 진로에 존재하는 공통적인 분자인 아편성 펩타이드의 활성에 의해서 얻어진다. 아편성 펩타이드의 수용체는 동물세포의 세포막에 상당량 존재하고 있으며, 둘 사이의 강한 결합을 통해서 통증이 전달되는 것을 억제한다.

정형외과의사들과 통증치료의사들의 통증에 관한 공통된 의견을 종합해 보면, 우울증과 만성 통증의 치료는 정확한 원인을 찾는 것이 중요하다. 통증은 신체에 이상이 있음을 알리는 일종의 경고신호이다. 통증은 인간이 생명을 유지하는 데 필수 방어체계이지만 만성으로 진행되면 우울증을 동반한다. 그러나 문제는 통증의 원인을 정확하게 진단하기가 쉽지 않다는 것이다. 특히 목, 허리 디스크로 인한 급 만성통증의 발생원인은 대단히 복잡하여 정확하게 원인을 알아낼 수 없다고 한다. 그래서 척추협착증, 삼차신경통, 턱관절통증의 환자는 각종 수술을 받아도 호전되지 않는 경우가 허다하다. 만성통증의 환자는 신경차단술을 비롯해서 통증 유발점 주사, 인대 건강화술 등의 여러 방법으로 치료효과를 극대화하고 있다. 바늘을 활용한 통증 치료는 통증 부위에 꽂아 주변 장기나 조직의 손상이 없고, 출혈도 거의 없이 치료가 가능하다.

4 생명 정지과정의 생명과학

죽음의 생명과학

사람이 자신의 죽음을 심각하게 생각하기 시작하는 것은 70대가 지날 즈음 가족이나 친한 동료의 사망을 겪으면서인 것 같다. 그때부터 죽음이라는 것을 한층 더 심각하게 생각하게 된다. 특히 지인의 사망이라는 사건은 그동안 쌓인 정과 추억 때문에 깊은 슬픔으로 남을뿐더러 기억에도 오래 남는 사건으로 자리잡는다. 생명과학자의 입장에서 죽음이란 유기체가 살아있도록 유지해주는 생명활동인 생물학적 기능이 영구적으로 중단된 상태이다. 이때 정상적인 죽음에 이르는 공통적인 주된 원인은 주로 축적된 노쇠나 지병이다. 대부분의 생명체는 죽고나면 바로 부패하기 시작하여 토양이나 주위 환경의 화학분자 형태로 변화하고 흩어진다. 한편 사망이라는 사건을 앞에 두면 죽음이나 시체에 대한 공포, 걱정, 비통함, 정서적인 고통, 동정, 외로움 등이 한꺼번에 몰려와 큰 심리적인 고통을 겪게 된다. 그래서 사후세계를 그리는 문화나 종교가 많으며, 보상 또는 심판을 염두에 두고 과거에 지은 죄를 되돌아보기도 한다.

생명체가 죽음에 이르는 주된 원인은 호흡기능의 상실로 산소공급이 차단되는 경우, 심장박동이 정지하여 생명활동에 필요한 물질이 필요한 장소에 공급되지 않는 경우, 신경활동의 정지로 인한 뇌사 때문에 신체 내부의 모든 조절이 중단되는 경우가 있다. 죽음과 동시에 체온은 하락하고, 사지가 굳어지며, 시체는 부패하여 형체가 없어지기 시작한다. 의학적인 측면에서 뇌의 사망은 뇌의 활동이 정지되는 시점으로 정의된다. 인식 측면에서 생명을 정의한다면 인식이 정지하면 생명체가 죽었다고 말할 수 있다. 죽음은 돌이킬 수 없는 비가역인 과정이며, 죽으면 사람으로서의 존재를 잃게 되는 것이다.

개발도상국가는 폐병이나 박테리아에 의한 전염성질병으로 인한 사망률이 높은 반면, 선진국은 혈관질환에서 발달한 심장질환, 뇌졸중, 암, 비만 관련 질환, 노화로 인한 사망률이 높다. 여기서 노화로 인한 사망이란 여러 가지 복합적인 원인으로 생물학적인 주된 기능이 상실하여 발생한다. 전 세계적으로 하루에 150만 명꼴로 사망하며, 그중 3분의 2는 늙어서 사망한다고 한다. 현재 의학적인 연구로 냉동보존된 사람이 있기는 하나, 현재까지의 기술로는 재생이 불투명하다고 알려진다.

의학적으로는 뇌와 심장, 폐 기능의 완전한 상실이 죽음으로 정의되는데, 최근에는 죽음에 대한 정의와 논쟁 문제를 다시 생각해보게 하는 연구 결과가 발표되었다. 이는 삶과 죽음을 나누는 경계를 무너뜨려 죽음에 도전하려는 일대의 사건으로, 자세한 내용은 다음과 같다. 예일대학의 레나드 세스탄 교수가 2022년 8월 3일 네이처에 발표한 연구논문에 따르면 피의 대체물질을 투입하여 죽은 돼지의 뇌와 심장, 간, 신장 등의 핵심장기를 되살리는 데 성공하였다. 영양제, 항염증제, 혈액응고 방지제, 세포사 예방제, 인공 헤모글로빈과 돼지의 피 등을 혼합하여 만든 '오르간엑스(OrganEx)'라는 용액을 죽은 돼지에 투입하였더니 산소가 공급되면서 세포활동이 재개되고 심장 작동과 함께 신지대사가 활성화되었으며 간에서 알부민이 합성되었다고 한다. 이로써 사망상태의 장기를 되살려 생명 연장을 하는 것이 가능해졌고, 사망 단계에서 장기이식을 하는 획기적인 방법으로 문제를 해결할 수 있게 되었다. 다만 뇌는 신경을 차단하였기 때문에 뇌세포는 살아나지 못했다고 한다

과학적으로 평균수명을 연장하는 방법은 균형 잡힌 식사, 꾸준한 운동, 그리고 위험한 물질을 피하는 것이다. 수명은 유전자와 노화되는 비율에 따라 결정되지만, 가능한 암에 걸리지 않아야 하고 혈관질환을 일으키는 요인을 제거해야 한다. 이론적으로는 노화를 유발하는 손상조직을 대체하거나 분자수준의 수선, 노화된 세포나 조직을 회춘시키는 방법으로 수명을 연장할 수 있다고 한다. 생명연장을 연구하는 노화연구자들은 노화의 본질을 이해하려고 시도 중이다. 노화 과정을 회복시키는 처치방법을 개발하고 완만하게 진행하도록 하거나 건강을 증진시키고 각각 단계의 생활에서 젊은 활력을 유지할 수 있게 하는 방법을 찾고 있다. 최근에는 칼로리의 제한(restriction) 방법이 개발 중이며 영양의 과다섭취를 피하고 특히 탄수화물을 줄이는 식단을 채택하라고 권고하고 있다.

문명이 발전하면서 사망의 본성과 언제가는 죽게 될 운명을 아는 인간들은 주로 종교나 철학적인 관점에서 죽음을 바라보기 시작했다. 특히 아브라함의 종교는 부활과 사후세계, 환생에 관심을 가졌다. 무신론자들은 영구

적인 망각과 단절 등으로 죽음을 이미지화하였다. 티베트 불교와 같이 특정 지역에서는 죽음을 한 사람의 정신적인 달성이 다른 신체로 이전되는 환생이라 생각하기 때문에 시체를 준비하여 처리하는 방식으로 장례절차가 이루어진다. 한편 신체가 사망하면 의식은 어떻게 되는지에 관한 논쟁은 끊이지 않고 계속되고 있다. 의식의 영구적인 상실을 믿는 이들은 생명체의 죽음을 '영구적인 망각'이라고 하기도 한다. 최근 발전한 뇌과학 연구에서는 사고나 의식은 신경세포 집단의 형성으로 구성되며, 신경세포가 소멸하면 모든 의식도 소멸한다고 생각한다. 일부 종교에서 의식은 영혼의 형태로 변경되고 영구불변하다고 믿기도 한다.

어떤 죽음을 원하는가? 작가이자 의사였던 안톤 체홉은 죽기 전에 다른 의사들에게 "나는 죽소"라고 말하고 산소통 대신 주문한 샴페인을 천천히 비우고 침대에 누워 영면하였다고 한다. 또 죽음에 집착했던 톨스토이는 마지막 순간까지도 집요하게 죽음을 탐구하려 하였기에 고통을 줄이기 위한 진통제도 사용하지 않았다. 그리고 끝내 폐렴으로 사망하면서 남긴 말이 '신은 무한한 전체이고, 인간은 자신이 그 전체의 유일한 일부임을 안다고 하고, 인간은 시간과 공간과 물체로서 드러난 신의 모습이다'라고 전해진다.

종교와 사후세계

전 세계적으로 무수한 종교가 있으나 주요 4대 종교로 기독교, 이스람교, 힌두교, 불교가 있다. 기독교의 종파로는 개신교, 천주교, 정교회가 있으며, 신도의 수가 24억으로 세계적으로 가장 많은 신자를 갖는 영향력이 있는 종교이다. 죽음에 대한 견해는 각 종교마다 서로 다르게 나타나고 있다. 그 중에서도 한 뿌리에서 유래된 서양 종교인 유대교, 기독교, 이슬람교는 같은 신을 믿는 유일신에 의한 창조의 종말, 최후의 심판, 영원한 내세 등 몇 가지 동일한 종교관을 공유한다는 특징을 가진다. 특히 이 세 종교가 강조하는 죽음 이후의 부활과 최후의 심판 개념은 다른 종교와 차별화되는 고유한 특징이다.

기독교, 이슬람교의 모태는 유대교이다. 유대교의 기원은 기원전 2000년경 아브라함에서 시작하였으며 기원전 13세기경 이집트를 탈출하던 모세가 시내산에서 하나님으로부터 십계명을 받으면서 발전하였다. 그후 기독교는 기원후 1세기경 예수의 제자들이 유대교로부터 분리되면서 시작되었다. 그리고 기독교보다 약 600년 뒤에 이슬람교가 무함마드에 의해 만들어졌다. 유대교는 구약만을 성서로 채택하고, 기독교는 구약과 함께 예수 이후의 복음서인 신약을 성서로 믿고 있다. 또한 이슬람교는 무함마드가 쓴 코란에 구약과 신약의 일부가 첨가되어 있다.

기독교와 이슬람교는 부활과 구원에 관한 교리를 믿고 있다. 한편 유대교에서 부활과 최후의 심판 사상이 명료하게 확립된 시기는 6세기경 바빌론 포로 시기였다. 유대인들은 죽으면 지하 깊숙이 있는 '스홀'에 간다고 생각했으며, '스홀'은 죽은 사람의 영혼이 반수면 상태에서 목적 없이 존재하는 음침한 곳이라고 하였다. 유대인들은 자기들을 바빌론의 압제에서 해방시켜준 페르시아의 키루스(고레스) 왕을 흠모하였으므로, 페르시아의 사상인 조로아스터교의 일부 사상을 받아들이게 되었다고 한다. 그중 대표적인 것이 인간의 도덕적인 선행의무를 알게 해준 조로아스터교에서 믿는 '선과 악' 사상이다. 그래서 천사와 악마, 부활과 심판 등의 사상이 받아들여진 것이다.

기독교에서는 최후의 심판개념을 더욱 발전시켜 그리스도가 재림하면 신자를 포함한 모든 인간이 최후의 심판을 받게 된다고 믿는다. 이슬람교에서도 '부활의 날' 또는 '심판의 날'에 종말이 올 거라고 믿는다. 이슬람교에서는 특히 심판의 날을 5대 신앙 중 하나로 중시하며, 부활의 날이 오면 세상이 처음 생겼을 때부터 살았던 모든 인간이 되살아나 '알라' 앞에 서게 된다고 믿는다. 세 종교의 가장 큰 차이점은 예수에 대한 관점 차이이다. 기독교에서는 예수를 삼위일체설에 근거하여 하나님의 아들이자 신이라고 믿지만, 유대교와 이슬람교에서는 예수를 단지 하나님이 보내신 선지자 가운데 한 명이라고 생각한다. 유대교에서 예수는 유대교 일파를 이끌다가 순교한 선지자 중 하나이다. 한편 기독교에서는 영혼을 육체와 달리 초인간적인 영원한 실체로 인정한다. 영혼은 신의 속성을 가지고 창조되었기에 예수가 재림하면 그 영혼을 구원하리라고 믿는다.

힌두교는 세계에서 3번째로 많은 12억 인구(세계 인구의 16%)를 차지하는 가장 오래된 종교이다. 다른 종교와 달리 힌두교는 하나의 선지자도 주장하지 않고, 하나의 신을 공경하는 것도 아니다. 힌두교의 믿음에는 4가지 목표가 있다. 우선 다르마(Dharma)는 윤리의무이며 둘째로 삼사라(Samsara)는 수난에 지속적으로 연루되면서 결과적으로 생명, 죽음, 재환생을 믿는 것이다. 셋째인 카르마(Karma)는 활성, 의지의 결과를, 마지막인 목샤(Moksha)는 집착으로부터 해방된 신앙을 의미한다. 힌두교에서는 특히 정직, 생명체의 살생억제, 인내심, 자기억제, 선행 같은 영원한 의무를 지키도록 한다. 힌두교의 주목할 만한 특징은 자신의 존재에 대한 믿음과 한 사람의 환생, 의무, 권리, 법, 선행에 대한 믿음을 가진다는 것이다. 인도 계통의 종교인 힌두교, 자이나교, 불교의 신앙에는 공통적으로 윤회사상이 담겨 있어 생명의 탄생, 인생, 죽음, 재환생의 순환 회전(cycle) 사상이 일치한다.

불교의 창시자는 인도의 석가모니이다. 기원전 5~6세기경에 시작되었으며, 신도가 5억 7천만으로 4번째로 큰 종교이다. 불교의 교리나 정론을 따르면 사망은 중요한 역할을 수행한다고 한다. 불교의 교리에서 사망이란 인간으로 태어난 가치를 회고하게 해주는 것이다. 사람이 환생하는 것은 깨달음을 얻는 과정으로 여긴다. 불교신자는 환생을 믿으므로 죽음을 두려워할 필요가 없다. 환생과정에서 모든 존재는 고통으로 충만해지며 여러 번 진행될 동안 꼭 필요한 의미를 가진다. 불교나 힌두교에서 환생이란 말로 쓰이는 삼사라는 산스크리트어로 '정처없이 헤맨다'는 의미이며, 여기에는 끝없이 반복된다는 의미도 내포되어 있다. 불교에서는 윤회를 통해 사망한 뒤 영혼이 되었다가 다시 태어나기를 반복한다고 믿는다. 그러다 깨달음을 얻어 해탈하면 비로소 번뇌와 업의 윤회가 끝난다고 한다.

환생에 관한 흥미로운 체험담은 많다. 환생 연구자 짐 케머런이 그동안 환생했다고 주장하는 110명을 상담하여 얻어낸 사실을 정리하면, 우선 유체이탈을 하게 되고, 하얀 터널을 지나는 동안 일생이 파노라마처럼 펼쳐지며, 가족이나 친구 중 누군가와 재회한다고 한다. 사망 후 다른 사람으로 환생하는가 하면 동물로 환생하는 경우도 있다. 흥미로운 점은 이러한 사후체험이 체험한 사람의 종교와 밀접한 연관이 있다는 사실이다. 러시아의 유명한 소설가 톨스토이는 〈이반 일리치의 죽음〉이라는 소설에서 췌장암에 걸려 고통 끝에 죽음을 맞이하는 이반 일리치(Ivan Ilyich)의 이야기를 다룬다. 톨스토이는 40대의 성공한 판사 이반이라는 인물의 죽음을 통해 인생의 허무함을 묘사하였고, 느닷없이 찾아오는 죽음은 마치 비현실의 세계와도 같다고 하였다. 소설에 따르면 죽음은 어느날 갑자기 우리를 찾아와 '파도가 모래밭에 남겨진 발자국들을 지워버리듯이' 심각하거나 시시콜콜했던 과거사를 말끔히 정리해버린다. 톨스토이는 이반의 마지막 순간을 통해 사람은 죽음을 직시하면서 솔직해지고, 남은 시간은 죽음이 아니라 삶을 향해 나아간다고 표현하였다.

독일의 뇌 과학자 비르바우머는 그의 저서에서 '죽음에 이른 인간이 느끼는 심리는 무엇일까?'라는 의문에 대해 "인간은 죽음 직전에 긍정"에 이른다고 하였으며, 따라서 죽음을 두려워 할 필요가 없다고 하였다. 비르바우머는 "실제로 죽는 순간까지 죽음을 두려워하지 말고, 미리 죽음을 맞이할 준비가 필요하며, 이것이 현명한 죽음을 맞이하는 것이다"라고 하였다. 또한 그는 인생에는 여러 가지 막이 있듯이 죽음 또한 인생에서 하나의 막을 내리는 과정이라고 하였다.

건강을 지켜주는
뇌와 신체의 생명과학 이야기

저　　자　양철학
발 행 인　김지영
발 행 처　자유아카데미
주　　소　경기도 파주시 회동길 37-42
　　　　　파주출판도시
전　　화　031-955-1321
팩　　스　031-955-1322
홈페이지　www.freeaca.com
전자우편　main@freeaca.com(대표)
　　　　　editor@freeaca.com(편집)
　　　　　crm@freeaca.com(영업)
등　　록　제406-2003-017호, 1980. 7. 12.
제1판1쇄　2024년 1월 31일 발행
제1판2쇄　2024년 4월 20일 발행

ISBN 979-11-5808-570-4　93510